钢筋工程

手工算量实战指南

第2版

惠雅莉 闫 杰 编著

中国电力出版社
CHINA ELECTRIC POWER PRESS

内 容 提 要

本书主要讲述工程计价环节中钢筋工程量基本参数的设定方法及钢筋施工基本知识、混凝土构件平面标注的主要内容及基本方法、钢筋预算长度与钢筋下料长度的区别等,系统阐述构件钢筋的基本设置、构造要求及钢筋长度计算的基本方法。具体内容包括钢筋工程量计算基本参数、柱钢筋工程量计算、梁钢筋工程量计算、板钢筋工程量计算、剪力墙钢筋工程量计算、钢筋混凝土基础钢筋工程量计算、钢筋计算综合实例。

本书可作为广大工程造价员、施工人员及工程管理人员学习钢筋知识、掌握软件算量的基本工具,也是广大工程造价专业初学人员的参考用书,同时也可作为工程造价专业教学实训教材。

图书在版编目(CIP)数据

钢筋工程手工算量实战指南/惠雅莉,闫杰编著 . —2 版 . —北京:中国电力出版社,2019.5
ISBN 978 - 7 - 5198 - 1871 - 5

Ⅰ.①钢… Ⅱ.①惠…②闫… Ⅲ.①配筋工程－工程计算－指南 Ⅳ.①TU755.3 - 62

中国版本图书馆 CIP 数据核字(2018)第 061899 号

出版发行:中国电力出版社
地　　　址:北京市东城区北京站西街 19 号(邮政编码 100005)
网　　　址:http://www.cepp.sgcc.com.cn
责任编辑:未翠霞 (010－63412611)
责任校对:黄　蓓　常燕昆
装帧设计:王英磊
责任印制:杨晓东

印　　刷:三河市航远印刷有限公司
版　　次:2013 年 12 月第一版　2019 年 5 月第二版
印　　次:2019 年 5 月北京第五次印刷
开　　本:710 毫米×1000 毫米　16 开本
印　　张:19
字　　数:365 千字
定　　价:68.00 元

前　　言

　　工程造价计算中钢筋工程量大、综合单价高、型号多、锚固搭接等构造要求多，对工程造价的影响较大，因此，钢筋工程量的计算是造价人员算量工作的重点和难点。

　　尽管当前工程中多采用软件算量，但是软件算量是建立在较强的识图能力、熟练掌握手工算量基本方法的基础之上，否则很难保证计算结果的完整性与准确性。因此具备较强的手工算量能力是进行软件算量、核对工程量的基本前提。

　　根据长期教学及工程实践中遇到的问题，总结经验与技巧，结合平面标注相关标准图集，紧扣混凝土结构设计规范相关规定，阐述各类混凝土构件中钢筋计算类型、计算基本方法以及常见问题解决，编写成这本关于手工计算钢筋工程量的书籍，希望对广大造价人员有所帮助。

　　本书包括钢筋工程量计算基本参数、柱钢筋工程量计算、梁钢筋工程量计算、板钢筋工程量计算、剪力墙钢筋工程量计算、钢筋混凝土基础钢筋工程量计算、钢筋计算综合实例共 7 章内容。以钢筋工程计算基本参数、钢筋平面标注施工图的识读、钢筋长度基本计算方法的讲解为基础，分别针对不同结构构件，讲述构件钢筋设置的基本类型、常规做法及构造要求，并配以节点做法详图，总结出每类构件钢筋工程量计算的基本方法及基本计算公式，同时在每章中，均编制有典型工程计算实例，以表格的形式反映构件每根钢筋的详细计算过程，广大读者可以根据图纸，逐步学习各类钢筋工程量计算方法。

　　为了加强读者对各类构件钢筋计算基本方法的理解和掌握，在本书的最后一章，编入一套框架教学楼施工图，对部分相关典型构件钢筋工程量做了详细的计算，作为学习的参考。

　　本书共分七章内容，由惠雅莉、闫杰编著。其中第 1 章、第 6 章、第 7 章由闫杰编写，第 2～5 章由惠雅莉编写。

　　本书在编写过程中得到了许多专家和相关人员的帮助，在此表示衷心的感谢。

　　由于时间所限，加之本人对规范、图集的理解有不到之处，书中难免有疏漏、偏差，恳请专家、同仁和广大读者不吝指教，批评指正。

编著者

2019.4

第 一 版 前 言

钢筋工程在工程造价中计算内容多，钢筋型号多，锚固、搭接等构造要求多，且数量大，造价高，因此钢筋工程量计算准确程度，对工程总造价的影响较大。钢筋工程量的计算是造价人员在算量工作中的重点和难点。

尽管当前工程中多采用软件算量，但是软件算量建立在较强的识图能力、熟练掌握手工算量基本方法的基础之上，否则很难保证计算结果的完整性与准确性。因此手工算量是软件算量、核对工程量的基本前提。

根据长期教学及工程实践经验与技巧，结合 11G101、03G101、04G101 平面整体表示方法、制图规则和构造详图等图集相关规定，紧扣混凝土结构设计规范相关规定，阐述各类混凝土构件钢筋计算类型、计算基本方法以及常见问题解决。

本书内容包括钢筋工程量计算基本参数、柱钢筋工程量计算、梁钢筋工程量计算、板钢筋工程量计算、剪力墙钢筋工程量计算、钢筋混凝土基础钢筋工程量计算、钢筋计算综合实例共 7 章内容。以钢筋工程计算基本参数、钢筋平面整体表示法标注结构施工图的识读、钢筋长度基本计算方法的讲解为基础，分别针对不同结构构件，讲述构件钢筋设置的基本类型、常规做法及构造要求，并配以节点做法详图，总结出每类构件钢筋工程量计算的基本方法及基本计算公式，同时在每章中，均编制有典型工程计算实例，以表格的形式反映构件每根钢筋的详细计算过程。

为了加强读者对各类构件钢筋计算基本方法的理解和掌握，在本书的最后一章，编入一套框架教学楼施工图，对部分相关典型构件钢筋工程量做了详细的计算，作为学习算量的参考。

本书共分 7 章内容，由惠雅莉担任主编，闫杰、王瑞利担任副主编，其中第 1 章、第 6 章、第 7 章由闫杰编写，第 2～5 章由惠雅莉编写，第 5 章工程实例由王瑞利编写，其中书中图形由闫杰、惠雅莉绘制。

本书在编写过程中得到了许多专家和相关人员的指正，在此一并表示衷心的感谢。

由于时间所限，加之本人对规范、图集的理解有不到之处，书中疏漏、偏差在所难免，恳请专家、同仁和广大读者不吝指教，批评指正。

编著者

目　　录

第1章 钢筋工程量计算基本参数

1.1 混凝土结构常用钢筋

钢筋种类很多，钢筋混凝土结构的常用钢筋主要有碳素结构钢和优质碳素钢组成。

1. 热轧钢筋

混凝土结构用热轧钢筋要求钢筋具有较高的强度，并具有一定的塑性、韧性、冷弯性和可焊性。

(1) 钢筋的牌号和技术要求。热轧钢筋根据表面形状分为光圆钢筋和带肋钢筋。其中热轧光圆钢筋由碳素结构钢轧制而成，带肋钢筋由低合金钢轧制而成。常见热轧光圆钢筋有 HPB300，带肋钢筋分为普通型和细晶粒型两种，各有三个牌号，分别为：HRB335、HRB400、HRB500 和 HRBF335、HRBF400、HRBF500，其中"H"表"热轧"，"P"表示"光面"，"R"表示"带肋"，"B"表示"钢筋"，"F"表示"细晶"。

热轧钢筋的力学性能和工艺性能的要求见表 1-1。

表 1-1　　　　　　　　　　　热轧钢筋的力学性能和工艺性能

表面形状	牌号	公称直径 d/mm	屈服强度 R_{el}/MPa	抗拉强度 R_m/MPa	断后伸长率 A（%）	断后伸长率 A_{gt}（%）	冷弯试验
			不小于				
光圆钢筋	HPB300	6～22	300	420	25.0	10.0	$D=d$
热轧带肋钢筋	HRB335 HRBF335	6～25 28～40 >40～50	335	455	17	7.5	$D=3d$ $D=4d$ $D=5d$
	HRB400 HRBF400		400	540	16		$D=4d$ $D=5d$ $D=6d$
	HRB500 HRBF500		500	630	15		$D=6d$ $D=7d$ $D=8d$

注：D 为弯心直径，d 为钢筋直径。

（2）热轧钢筋的适用范围。热轧光圆钢筋的强度较低，但塑性好，伸长率高，便于弯折成型，焊接性好，常用 HPB300 钢筋作为中、小型钢筋混凝土结构的主要受力钢筋，构件的箍筋及钢木结构的拉杆等。也可作为冷轧带肋钢筋的原材料，盘条还可作为冷拔低碳钢丝的原材料。

热轧带肋钢筋中，HRB335、HRB400 钢筋的强度较高，塑性及焊接性也较好，与混凝土的粘结力较好，广泛应用于大、中型钢筋混凝土结构的主要受力钢筋，经过冷拉处理后也可作为预应力钢筋。

HRB500 钢筋使用中碳低合金镇静钢轧制而成，除以硅、锰为主要合金元素外，还加入钒和钛作为固溶弥散强化元素，使其在提高强度的同时保证塑性和韧性。HRB500 钢筋表面形状与 HRB335、HRB400 钢筋相同，与混凝土的粘结力较强。主要用于工程中的预应力钢筋。

2. 冷加工钢筋

冷加工钢筋是在常温下，钢材经机械方式冷加工而成，其加工方式有冷拉、冷轧、冷拔或综合方式，可提高钢筋的屈服点，从而提高钢筋的强度，达到节省钢材的目的，钢筋经过冷加工后，在工程上可节省钢材。

冷拉是将热轧后的小直径钢筋，用拉伸设备予以拉长，使之产生一定的塑性变形，使冷拉后的钢筋屈服强度提高，钢筋长度增加，从而节约钢材。

钢筋冷拔就是把钢筋在常温下通过冷拔机上的孔模，拔成一定截面尺寸的冷拔低碳钢丝，可提高钢筋的屈服点，同时钢筋的和韧性降低。钢筋冷拔工艺比较复杂，钢筋冷拔并非一次拔成，而要反复多次。

冷轧是使用热轧钢为原料，经酸洗去除氧化皮后室温下进行轧制。由于连续冷变形引起的冷却硬化和残余应力使轧件的强度、硬度上升、韧性指标下降。产品成型速度快、产量高，表面质量好。

3. 分类

（1）钢筋根据生产工艺分为热轧、冷轧、冷拉钢筋，还有以Ⅳ级钢筋经热处理而成的热处理钢筋，钢筋强度更高。

（2）钢筋按钢筋在结构中的作用，分为受压钢筋、受拉钢筋、架立钢筋、分布钢筋、箍筋等。

1.2　预算长度与下料长度

钢筋长度分预算长度和下料长度。预算长度指工程造价人员在确定工程造价过程中，根据施工图纸及钢筋工程量计算规则计算的每根钢筋长度；下料长度是钢筋工根据施工图纸及施工规范，计算的钢筋施工配制尺寸。两者主要区别为以下几点。

（1）从内涵上，预算长度按设计图示尺寸计算，包括设计规定的锚固长度、搭接长度，对设计未规定的搭接长度不计算（设计未规定的搭接长度考虑在定额损耗量里，清单计价规则考虑在价格组成里），同时要考虑工程量计算规则中规定的增减长度。

下料长度，则是根据施工图纸结合施工工艺及施工流程，考虑钢筋连接方式、钢筋接头数量、位置等具体规定要求考虑全部搭接在内的计算长度，但不包括制作损耗量，如果是分段施工还需要考虑两个流水段之间的钢筋连接。对于柱、墙竖向构件基础插筋，上、下层间钢筋的搭接，封闭圈梁纵筋以及圆形箍筋、焊接封闭箍筋的首尾搭接，均视为设计规定的搭接，预算长度和下料长度中均应计算在工程量内。对钢筋既有长度相对构件布筋长度较短而产生的钢筋搭接，属于设计未规定的搭接，预算长度中不计算，施工下料却要根据构件钢筋受力情况统筹考虑，例如 50m 长的筏形基础，一根钢筋中间需要多少搭接接头，预算长度不考虑，而下料长度必须考虑。

（2）从精度上，预算长度按图示尺寸计算，即构件几何尺寸、钢筋保护层厚度和弯曲调整值，并不考虑钢筋加工过程中图示尺寸与钢筋制作的实际尺寸之间的量度差值，下料长度则必须计算每个弯钩的量度差值。比如一个矩形箍筋，预算长度只考虑构件截面宽、截面高，钢筋保护层厚度及两个 135°弯钩，不考虑箍筋中三个 90°直弯，而下料长度则必须扣减三个 90°弯钩的长度增加值。区分预算长度和下料长度，准确计算钢筋预算工程量，合理计算钢筋下料长度，是工程造价员和钢筋工必须具备的基本技能。

（3）在计算难度上，下料长度比预算长度要求高，例如：计算一个异形、高低、大小不一的复杂集水坑，钢筋下料长度计算必须高度精确，而且要有钢筋的下料图，图中标明每段的尺寸及弯钩角度，而预算长度只需按照工程量计算规则算出钢筋长度。

1.3　钢筋工程量计算参数

1.3.1　混凝土保护层

影响混凝土保护层厚度的因素包括：构件类型、混凝土结构环境类别、混凝土强度等级等。

1. 混凝土结构环境类别划分表（见表 1-2）

表 1-2　　　　　　　　　混凝土结构环境类别　　　　　　　　　mm

环境类别		条　　件
一		室内干燥环境；无浸蚀性静水浸没环境
二	a	室内潮湿环境；非严寒和非寒冷地区的露天环境；非严寒和非寒冷地区与无侵蚀性的水或土壤直接接触的环境
	b	干湿交替环境；水位频繁变动环境；严寒和寒冷地区的露天环境；严寒和寒冷地区冰冻线以上与无侵蚀性的水或土壤直接接触的环境

续表

环境类别		条 件
三	a	严寒和寒冷地区冬季水位变动的环境；受除冰盐影响环境；海风环境
	b	盐渍土环境；使用除冰盐作用环境；海岸环境
四		海水环境
五		受人为或自然的侵蚀性物质影响的环境

注：严寒和寒冷地区的区分应符合《民用建筑热工设计规程》GB 50167 的有关规定。

2. 混凝土结构保护层最小厚度（见表 1-3）

钢筋混凝土结构保护层厚度 C，指外层钢筋外边缘至混凝土表面的距离适用于设计使用年限为 50 年的混凝土结构，应符合表 1-3 规定，构件中受力钢筋上午保护层厚度不应小于钢筋的公称直径。

表 1-3   **混凝土结构保护层最小厚度**   mm

环境类别		板、墙	梁、柱
一		15	20
二	a	20	25
	b	25	35
三	a	30	40
	b	40	50

注：1. 受力钢筋外边缘至混凝土表面的距离，除符合表中规定外，不应小于钢筋的公称直径。

    2. 机械连接接头连接件的混凝土保护层厚度应满足受力钢筋保护层最小厚度的要求，连接件之间的横向净距不宜小于 25mm。

    3. 一类环境中，设计使用年限为 100 年的结构，最外层钢筋保护层厚度不应小于表中数值的 1.4 倍，二、三类环境中，设计使用年限为 100 年的结构混凝土保护层厚度应采取专门有效措施。

    4. 混凝土强度等级不大于 C25 时，表中保护层厚度数值应增加 5。

    5. 基础底面钢筋的保护层厚度，有混凝土垫层时应从垫层顶面算起，且不应小于 40mm。

当梁、柱、墙中纵向受力钢筋的保护层厚度大于 50mm 时，应当在保护层内配置防裂、防剥落的钢筋网片，网片钢筋的保护层厚度不应小于 25mm。

1.3.2 受拉钢筋锚固长度

受拉钢筋锚固长度是指一定强度、一定直径的钢筋，在一定强度的混凝土中锚固，长度达到规定限值以后，混凝土对钢筋的握裹力达到共同作用的最大值，这个限值就是受拉钢筋锚固长度。在《混凝土结构施工图平面整体表示方法制图规则和构造详图》（简称《平法图集》）有列表讲述。锚固长度在《平法图集》中总分两种：非抗震钢筋锚固长度 l_a 与抗震锚固长度 l_{aE}。选择钢筋锚固长度的前提条件是构件混凝土强度等级与建筑物抗震设防等级，然后参照钢筋种类决定。在任何情况下，锚固长度不得小于 250mm。

受拉钢筋抗震锚固长度 l_{aE} 或非抗震锚固长度值 l_a，取决于构件钢筋的种类、直径以及构件的混凝土强度等级等多种因素，见表 1-4、表 1-5。

当边柱内侧柱筋顶部和中柱柱筋顶部的直锚长度小于锚固长度时，可向内或向外侧弯 $12d$ 直角钩。当柱、墙插筋的竖直锚固长度小于规定值时，需在基础中加直角弯钩。

1.3.3 纵向受拉钢筋绑扎搭接长度

纵向受拉钢筋的绑扎搭接长度是在锚固长度的基础上，再根据纵向钢筋搭接接头的面积百分率给出 3 个修正系数来计算。在任何情况下钢筋搭接长度不得小于 300mm。

影响纵向受拉钢筋抗震绑扎搭接长度 l_{lE} 或绑扎搭接长度 l_l 的主要因素为钢筋搭接长度修正系数 ξ 及钢筋锚固长度值，见表 1-6、表 1-7。

表 1 - 4　受拉钢筋锚固长度 l_a

混凝土强度等级

钢筋种类	C20		C25		C30		C35		C40		C45		C50		C55		≥C60	
	$d{\le}25$	$d{>}25$	$d{\le}25$	$d{>}25$	$d{\le}25$	$d{>}25$	$d{\le}25$	$d{>}25$	$d{\le}25$	$d{>}25$	$d{\le}25$	$d{>}25$	$d{\le}25$	$d{>}25$	$d{\le}25$	$d{>}25$	$d{\le}25$	$d{>}25$
HPB300	39d	—	34d	—	30d	—	28d	—	25d	—	24d	—	23d	—	22d	—	21d	—
HRB335 HRBF335	38d	—	33d	—	29d	—	27d	—	25d	—	23d	—	22d	—	21d	—	21d	—
HRB400 HRBF400 RRB400	—	—	40d	44d	35d	39d	32d	35d	29d	32d	28d	31d	27d	29d	26d	29d	25d	28d
HRB500 HRBF500	—	—	48d	53d	43d	47d	39d	43d	36d	40d	34d	37d	32d	34d	31d	34d	30d	33d

表 1 - 5　受拉钢筋抗震锚固长度 l_{aE}

混凝土强度等级

钢筋种类及抗震等级		C20		C25		C30		C35		C40		C45		C50		C55		≥C60	
		$d{\le}25$	$d{>}25$	$d{\le}25$	$d{>}25$	$d{\le}25$	$d{>}25$	$d{\le}25$	$d{>}25$	$d{\le}25$	$d{>}25$	$d{\le}25$	$d{>}25$	$d{\le}25$	$d{>}25$	$d{\le}25$	$d{>}25$	$d{\le}25$	$d{>}25$
HPB300	一级二级	45d	—	39d	—	35d	—	32d	—	29d	—	28d	—	26d	—	25d	—	24d	—
	三级	41d	—	36d	—	32d	—	29d	—	26d	—	25d	—	24d	—	23d	—	22d	—
HRB335 HRBF335	一级二级	44d	—	38d	—	33d	—	31d	—	29d	—	26d	—	25d	—	24d	—	24d	—
	三级	40d	—	35d	—	30d	—	28d	—	26d	—	24d	—	23d	—	22d	—	22d	—

续表

钢筋种类及抗震等级		混凝土强度等级																
		C20	C25		C30		C35		C40		C45		C50		C55		≥C60	
		d≤25	d≤25	d>25	d≤25	d>25	d≤25	d>25	d≤25	d>25	d≤25	d>25	d≤25	d>25	d≤25	d>25	d≤25	d>25
HRB400 HRBF400	一级 二级	—	46d	51d	40d	45d	37d	40d	33d	37d	32d	36d	31d	35d	30d	33d	29d	32d
	三级	—	42d	46d	37d	41d	34d	37d	30d	34d	29d	33d	28d	32d	27d	30d	26d	29d
HRB500 HRBF500	一级 二级	—	55d	61d	49d	54d	45d	49d	41d	46d	39d	43d	37d	40d	36d	39d	35d	38d
	三级	—	50d	56d	45d	49d	41d	45d	38d	42d	36d	39d	34d	37d	33d	36d	32d	35d

注:1. 当为环氧树脂涂层带肋钢筋时,表中数据尚应乘以1.25。

2. 当钢筋在混凝土施工过程中易受扰动(如滑模施工)时,其锚固长度应乘以修正系数1.1。

3. 当锚固长度范围内纵向受力钢筋周边保护层厚度为3d、5d(d为锚固钢筋的直径)时,表中数据可分别乘以0.8、0.7;中间时按内插值。

4. 受拉钢筋的锚固长度 l_a、l_{aE} 计算值不应小于200mm。

5. 纵向受拉普通钢筋锚固长度修正系数多于一项时,可按连乘计算。

6. 四级抗震等级,$l_{aE}=l_a$。

7. 当锚固钢筋的保护层厚度不大于5d时,锚固钢筋长度范围内应设置横向构造钢筋,其直径不应小于d/4(d为锚固钢筋的最大直径),对梁、柱等构件间距不应大于5d,对板、墙等构件间距不应大于10d,且均不应大于100(d为锚固钢筋的最小直径)。

表 1-6　纵向受拉钢筋锚固长度 l_l

混凝土强度等级

钢筋种类及同一区段内搭接钢筋面积百分率		C20	C25		C30		C35		C40		C45		C50		C55		≥C60	
		d≤25	d≤25	d>25	d≤25	d>25	d≤25	d>25	d≤25	d>25	d≤25	d>25	d≤25	d>25	d≤25	d>25	d≤25	d>25
HPB300	≤25%	47d	41d	—	36d	—	34d	—	30d	—	29d	—	28d	—	26d	—	25d	—
	50%	55d	48d	—	42d	—	39d	—	35d	—	34d	—	32d	—	31d	—	29d	—
	100%	62d	54d	—	48d	—	45d	—	40d	—	38d	—	37d	—	35d	—	34d	—
HRB335 HRBF335	≤25%	46d	40d	—	35d	—	32d	—	30d	—	28d	—	26d	—	25d	—	25d	—
	50%	53d	46d	—	41d	—	38d	—	35d	—	32d	—	31d	—	29d	—	29d	—
	100%	61d	53d	—	46d	—	43d	—	40d	—	37d	—	35d	—	34d	—	34d	—
HRB400 HRBF400 RRB400	≤25%	—	48d	53d	42d	47d	38d	42d	35d	38d	34d	37d	32d	36d	31d	35d	30d	34d
	50%	—	56d	62d	49d	55d	45d	49d	41d	45d	39d	43d	38d	42d	36d	41d	35d	39d
	100%	—	64d	70d	56d	62d	51d	56d	46d	51d	45d	50d	43d	48d	42d	46d	40d	45d
HRB500 HRBF500	≤25%	58d	58d	64d	52d	56d	47d	52d	43d	48d	41d	44d	38d	42d	37d	41d	36d	40d
	50%	67d	67d	74d	60d	66d	55d	60d	50d	56d	48d	52d	45d	49d	43d	48d	42d	46d
	100%	77d	77d	85d	69d	75d	62d	69d	58d	64d	54d	59d	51d	56d	50d	54d	48d	53d

注：1. 表中数值为纵向受拉钢筋绑扎搭接接头的搭接长度。

2. 两根不同直径钢筋搭接时，d 取较细钢筋直径。

3. 当为环氧树脂涂层带肋钢筋时，表中数据尚应乘以 1.25。

4. 当混凝土在施工过程中易受扰动（如滑模施工）时，其锚固长度应乘以修正系数 1.1。

5. 当锚固长度范围内纵向受力钢筋周边保护层厚度为 3d、5d（d 为锚固钢筋的直径）时，表中数据可分别乘以 0.8、0.7，中间时按内插值。

6. 当纵向受拉普通钢筋锚固长度修正系数多于一项时，可按连乘计算。

7. 任何情况下，搭接长度不应小于 300mm。

纵向受拉钢筋抗震锚固长度 l_{aE}

表 1-7

钢筋种类及同一区段内搭接钢筋面积百分率		混凝土强度等级																
		C20	C25		C30		C35		C40		C45		C50		C55		≥C60	
		d≤25	d≤25	d>25	d≤25	d>25	d≤25	d>25	d≤25	d>25	d≤25	d>25	d≤25	d>25	d≤25	d>25	d≤25	d>25
二级抗震等级																		
HPB300	≤25%	54d	47d	—	42d	—	34d	—	35d	—	34d	—	31d	—	30d	—	29d	—
	50%	63d	55d	—	49d	—	39d	—	41d	—	39d	—	36d	—	35d	—	34d	—
HRB335、HRBF335	≤25%	53d	46d	—	40d	—	32d	—	35d	—	31d	—	30d	—	29d	—	29d	—
	50%	62d	53d	—	46d	—	38d	—	41d	—	36d	—	35d	—	34d	—	34d	—
HRB400、HRBF400	≤25%	—	55d	61d	48d	54d	38d	48d	40d	44d	38d	43d	37d	42d	36d	40d	35d	38d
	50%	—	64d	71d	56d	63d	45d	56d	46d	52d	45d	50d	43d	49d	42d	46d	41d	45d
HRB500、HRBF500	≤25%	—	66d	73d	59d	65d	47d	59d	49d	55d	47d	52d	44d	48d	43d	47d	42d	46d
	50%	—	77d	85d	69d	76d	55d	69d	57d	64d	55d	60d	52d	56d	50d	55d	49d	53d
三级抗震等级																		
HPB300	≤25%	49d	43d	—	38d	—	34d	—	31d	—	30d	—	29d	—	28d	—	26d	—
	50%	57d	50d	—	45d	—	39d	—	36d	—	35d	—	34d	—	32d	—	31d	—
HRB335、HRBF335	≤25%	48d	42d	—	36d	—	32d	—	31d	—	29d	—	28d	—	27d	—	26d	—
	50%	56d	49d	—	42d	—	38d	—	36d	—	34d	—	32d	—	31d	—	31d	—
HRB400、HRBF400	≤25%	—	50d	55d	44d	49d	38d	44d	36d	41d	35d	40d	34d	38d	32d	36d	31d	35d
	50%	—	59d	64d	52d	57d	45d	52d	42d	48d	41d	46d	39d	45d	38d	42d	36d	41d
HRB500、HRBF500	≤25%	—	60d	67d	54d	59d	47d	54d	46d	50d	43d	47d	41d	44d	40d	43d	38d	42d
	50%	—	70d	78d	63d	69d	57d	63d	53d	59d	50d	55d	48d	52d	46d	50d	45d	49d

注：1. 表中数值为纵向受拉钢筋绑扎搭接接头的搭接长度。

2. 两根不同直径钢筋搭接时，d 取较细钢筋直径。

3. 当为环氧树脂涂层带肋钢筋时，表中数据尚应乘以修正系数 1.25。

4. 当钢筋在混凝土过程中易受扰动（如滑模施工）时，其锚固长度应乘以修正系数 1.1。

5. 当锚固长度范围内纵向受力钢筋周边保护层厚度为 3d、5d（d 为锚固钢筋的直径，表中数据可分别乘以 0.8、0.7；中间时按内插值。

6. 当纵向受拉普通钢筋锚固长度修正系数多于一项时，可按连乘计算。

7. 任何情况下，搭接长度不应小于 300mm。

8. 四级抗震等级时，$l_{aE}=l_a$。

1.4 钢筋长度计算

1.4.1 钢筋弯曲加工规定

1. HPB300 级钢筋

HPB300 级钢筋末端应作 180°弯钩，其弯钩内直径不应小于钢筋直径的 2.5 倍，弯钩的弯后平直部分长度不应小于钢筋直径的 3 倍。

每个弯钩应增加长度为：

$$3d + \pi \times (1+2.5) \times d/2 - (1+1.25) \times d = 6.25d \qquad (1\text{-}1)$$

2. HRB335、HRB400 级钢筋

HRB335、HRB400 级钢筋末端作 135°弯折时，弯弧内直径 D 不应小于钢筋直径的 4 倍，弯后平直部分长度 X 应符合设计规定。

HRB335 级钢筋弯折增加长度为：

$$平直部分长度 + 3\pi/8 \times (1+4) \times d - (1+2) \times d = X + 2.9d \qquad (1\text{-}2)$$

HRB400 级钢筋弯折增加长度为：

$$平直部分长度 + 3\pi/8 \times (1+5) \times d - (1+2.5) \times d = X + 3.6d \qquad (1\text{-}3)$$

HPB300、HRB335、HRB400 级钢筋末端作 90°弯折时，HPB300 级钢筋的弯曲直径 D 不应小于钢筋直径的 2.5 倍；HRB335 级钢筋的弯曲直径 D 不应小于钢筋直径的 4 倍；HRB400 级钢筋的弯曲直径 D 不应小于钢筋直径的 5 倍；平直部分长度 X 应由设计确定，则弯折增加长度的计算如下。

HPB300 级钢筋：

$$平直部分长度 + \pi \times (1+2.5) d/4 - (1+2.5) \times d = X + 0.5d \qquad (1\text{-}4)$$

HRB335 级钢筋：

$$平直部分长度 + \pi \times (1+4) d/4 - (1+2.5) \times d = X + 0.9d \qquad (1\text{-}5)$$

HRB400 级钢筋：

$$平直部分长度 + \pi \times (1+5) d/4 - (1+2.5) \times d = X + 1.2d \qquad (1\text{-}6)$$

3. 箍筋绑扎接头规定

除焊接封闭环式箍筋外，箍筋末端应作弯钩，对于一般结构，不宜小于 90°，对于有抗震要求的结构应为 135°。弯钩形式应符合设计要求，当设计无具体要求时，应符合下列规定：箍筋的圆弧内径应符合钢筋弯曲加工规定，且不小于受力钢筋直径。弯曲后平直部分长度，对于一般结构，不宜小于箍筋直径的 5 倍，对有抗震要求的结构，不宜小于箍筋直径的 10 倍。

箍筋弯弧内径 $D = 2.5d$ 时，弯曲的增加长度和弯钩长度分别如下。

（1）末端作 90°弯钩。

$$弯曲增加长度 = \pi (d+D)/4 - (d+D/2) = 0.5d \qquad (1\text{-}7)$$

弯钩计算长度：$5d + 0.5d = 5.5d$ 一般结构

$$10d+0.5d=10.5d \qquad 抗震结构$$

（2）末端作 135°弯钩。

弯曲增加长度 $=135/360 \times \pi(d+D)-(d+1.25d)=1.9d$　　　　　　（1-8）

弯钩计算长度：$5d+1.9d=6.9d$　　　　　　一般结构

$$10d+1.9d=11.9d \qquad 抗震结构$$

（3）末端作 180°弯钩。

弯曲增加长度 $=\pi(d+D)/2-(d+1.25d)=3.25d$　　　　　　（1-9）

弯钩计算长度：$5d+3.25d=8.25d$　　　　　　一般结构

$$10d+3.25d=13.25d \qquad 抗震结构$$

1.4.2　直钢筋长度计算

1. 非预应力钢筋

非预应力钢筋常用的钢筋种类有 HPB300 级钢筋、HRB335 级钢筋、HRB400 级钢筋，钢筋长度计算分为以下两种情况。

（1）两端无弯钩直钢筋。

$$钢筋长度=构件长度-保护层厚度 \qquad （1-10）$$

（2）两端有弯钩直钢筋。

$$钢筋长度=构件长度-保护层厚度+弯钩增加长度 \qquad （1-11）$$

式中，弯钩增加长度参照钢筋弯曲加工规定取用。

2. 预应力钢筋

先张法预应力钢筋，按构件外形尺寸计算长度，后张法预应力钢筋按设计图规定的预应力钢筋预留孔道长度，并区别不同的锚具类型，分别按下列规定计算。

（1）低合金钢筋两端采用螺杆锚具时，预应力的钢筋按预留孔道长度减 0.35m，螺杆另行计算。

（2）低合金钢筋一端采用镦头插片，另一端螺杆锚具时，预应力钢筋长度按预留孔道长度计算。

（3）低合金钢筋一端采用镦头插片，另一端采用帮条锚具时，预应力钢筋增加 0.15m，两端均采用帮条锚具时预应力钢筋共增加 0.3m 计算。

（4）低合金钢筋采用后张混凝土自锚时，预应力钢筋长度增加 0.35m 计算。计算，螺杆另行计算。

（5）低合金钢筋或钢绞线采用 JM、XM、QM 型锚具，孔道长度在 20m 以内时，预应力钢筋长度增加 1.0m；孔道长度 20m 以上时预应力钢筋长度增加 1.8m 计算。

（6）碳素钢丝采用锥形锚具，孔道长在 20m 以内时，预应力钢筋长度增加 1m；孔道长在 20m 以上时，预应力钢筋长度增加 1.8m。

（7）碳素钢丝两端采用镦粗头时，预应力钢丝长度增加 0.35m 计算。

1.4.3 弯起钢筋长度计算

弯起钢筋是混凝土结构构件下部（或上部）设置的纵向受拉钢筋，按规定的部位和角度弯至构件上部（或下部）后，并满足锚固要求的钢筋。弯起钢筋在跨中附近和纵向受拉钢筋一样可以承担正弯矩；在支座附近弯起后，其弯起段可以承受弯矩和剪力共同产生的主拉应力；弯起后的水平段有时还可以承受支座处的负弯矩。

《混凝土结构设计规范》（GB 50010—2010）对梁中弯起钢筋的构造要求包括：在采用绑扎骨架的钢筋混凝土梁中，当设置弯起钢筋时，弯起钢筋的弯折点外应留有锚固长度，其长度在受拉区不应小于 $20d$，在受压区不应小于 $10d$；对光圆钢筋在末端应设置弯钩。位于梁底层两侧的钢筋不应弯起。

当梁高小于等于 800mm 时，梁中弯起钢筋的弯起角度为 45°，当梁高大于 800mm 时，梁中弯起钢筋的弯起角度为 60°，板中弯起钢筋的弯起角度一般为 45°。

弯起钢筋长度＝构件长度－保护层厚度＋弯起增加长度＋端部弯钩（或弯折）增加长度

1.4.4 箍筋长度计算

构件箍筋类型分为非复合箍筋和复合箍筋两大类。非复合箍筋如图 1-1 所示，复合箍筋如图 1-2 所示。

计算构件箍筋长度通常有两种方法，按照中心线计算或按照外皮计算。

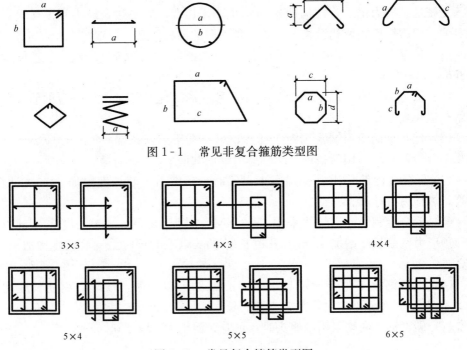

图 1-1 常见非复合箍筋类型图

3×3   4×3   4×4

5×4   5×5   6×5

图 1-2 常见复合箍筋类型图

1. 按照中心线计算

（1）矩形箍筋。

$$
\begin{aligned}
箍筋长度 &=(B-2\times C+d/2\times2)\times2+(H-2\times C+d/2\times2)\times2+1.9d\times2+\\
&\quad \max(10d,75\text{mm})\times2\\
&=(B-2\times C+d)\times2+(H-2\times C+d)\times2+1.9d\times2+\max(10d,\\
&\quad 75\text{mm})\times2\\
&=2b-4\times C+2d+2h-4\times C+2d+1.9d\times2+\max(10d,75\text{mm})\times2\\
&=2\times(B+H)-8\times C+4d+1.9d\times2+\max(10d,75\text{mm})\times2
\end{aligned}
$$

$$(1-12)$$

式中，B—构件截面宽；C—混凝土保护层厚度；H—构件截面高；d—钢筋直径。

（2）圆形箍筋。

$$
箍筋长度=(D-2\times C+d)\times3.14+\max(l_{aE},300)+1.9d\times2+10d\times2
$$

$$(1-13)$$

式中，D—钢筋混凝土构件的外径。

（3）螺旋形箍筋。

$$
\begin{aligned}
箍筋长度&=n\sqrt{s^2+(D-2\times C+d)^2\pi^2}+1.5\times2\times\pi(D-2\times C+d)-2\pi d\\
&=n\sqrt{s^2+(D-2\times C+d)^2\pi^2}+1.5\times2\times\pi(D-2\times30+d)-2\pi d
\end{aligned}
$$

$$(1-14)$$

式中，n—螺旋圈数，$n=$螺旋箍布置范围/螺旋箍间距；s，D—钢筋混凝土构件的外径；d—螺旋箍筋的直径；s—螺旋箍间距（mm）；C—混凝土保护层厚度。

2. 按照外皮计算箍筋长度

（1）矩形箍筋。

$$
\begin{aligned}
箍筋长度&=(B-2\times C+d\times2)\times2+(H-2\times C+d\times2)\times2+1.9d\times2+\\
&\quad \max(10d,75\text{mm})\times2\\
&=(B-2\times C+2d)\times2+(H-2\times C+2d)\times2+1.9d\times2+\\
&\quad \max(10d,75\text{mm})\times2\\
&=2B-4\times C+4d+2H-4\times C+4d+1.9d\times2+\max(10d,75\text{mm})\times2\\
&=2\times(B+H)-8\times C+8d+1.9d\times2+\max(10d,75\text{mm})\times2
\end{aligned}
$$

$$(1-15)$$

（2）圆形箍筋。

$$
箍筋长度=(D-2\times C+d\times2)\times3.14+\max(l_{aE},300)+1.9d\times2+10d\times2
$$

$$(1-16)$$

（3）螺旋形柱箍筋。

$$
箍筋长度=n\sqrt{s^2+(D-2\times C+2d)^2\pi^2}+1.5\times2\times\pi(D-2\times C+2d)-2\pi d=
$$
$$
n\sqrt{s^2+(D-2\times30+2d)^2\pi^2}+1.5\times2\times\pi(D-2\times30+2d)-2\pi d \qquad (1-17)
$$

1.4.5　钢筋根数计算

图纸上直接注明钢筋根数的，以图纸标注为准，如梁、柱纵向钢筋。图纸上未直接标注钢筋的根数，而以间距表示其布置时，如梁、柱箍筋及板受力钢筋，按照下列公式计算：

$$n＝钢筋布置区段长度/钢筋间距＋1 \qquad (1-18)$$

上式值应取整数，小数点后数字无论大小均应上进。

1.4.6　施工措施钢筋

施工措施用钢筋是指施工图纸上未标出，但施工过程中不可避免要用的钢筋，应按其实际用量计入钢筋工程量内。施工措施用钢筋包括现浇构件中固定位置的支撑钢筋，双层钢筋用"铁马凳"，梁中的垫筋、伸入构件的锚固钢筋、预制构件的吊钩等，工程量并入钢筋工程量内。

1. 铁马凳

（1）概念。

马凳筋作为板的措施钢筋是必不可少的，从技术和经济角度来说也是举足轻重的，它既是设计的范畴，也是施工范畴更是预算的范畴。一些缺乏实际经验造价人员往往对其忽略或漏算。

马凳筋，形状像凳子故俗称马凳，也称撑筋。用于上下两层板钢筋中间，起固定上层板钢筋的作用。当基础厚度较大时（大于 800mm）不宜用马凳，而是用支架更稳定和牢固。马凳钢筋一般图纸上不注，由项目工程师在施工组织设计中详细标明其规格、长度和间距。

（2）马凳筋的根数计算。

按照面积计算根数，马凳筋个数＝板面积/（马凳筋横向间距×纵向间距），如果板筋设计成底筋加支座负筋的形式，且没有温度筋时，马凳筋计算宽度必须扣除中空部分。梁可以起到马凳筋作用，所以马凳筋计算宽度必须扣除梁宽。电梯井、楼梯间和板洞部位无需马凳筋不应计算，楼梯马凳筋另行计算。

（3）马凳筋的规格。

当板厚小于等于 140mm，板受力筋和分布筋直径小于等于 10mm 时，马凳筋可采用 ϕ 8 钢筋；当 140mm＜h≤200mm，板受力筋直径小于等于 12mm 时，马凳筋可采用 ϕ 10 钢筋；当 200mm＜h≤300mm 时，马凳筋可采用 ϕ 12 钢筋；当 300mm＜h≤500mm 时，马凳筋可采用 ϕ 14 钢筋；当 500mm＜h≤700mm 时，马凳筋可采用 ϕ 16 钢筋；厚度大于 800mm，最好采用钢筋支架或角钢支架。纵向和横向的间距一般为 1m。马凳筋排列可按矩形或梅花放置，一般是矩形阵列。马凳方向要一致。

马凳设置的原则是牢固固定上层钢筋网，能承受各种施工活动荷载，确保上层钢筋的保护层在规范规定的范围内。板厚很小时可不需配置马凳，如小于 100mm 的板马凳的高度小于 50mm，无法加工，可以用短钢筋头或其他材料代替。

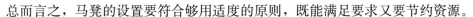

总而言之，马凳的设置要符合够用适度的原则，既能满足要求又要节约资源。

（4）马凳筋的长度。

图纸、定额明确规定马凳筋长度计算的，按规定计算，但这个计算结果只能用于预算，不能用于施工下料，因为它仅仅是钢筋重量，而不是从它本身的功能和受力特征来计算。

马凳筋高度＝板厚－2×保护层－∑（上部板筋与板最下排钢筋直径之和）

上平直段为板筋间距＋50mm（也可以是 80mm，马凳上放一根上部钢筋），下左平直段为板筋间距＋50mm，下右平直段为 100mm，这样马凳的上部能放置两根钢筋，下部三点平稳地支承在板的下部钢筋上。有的地方定额对马凳筋的计算做了明确规定，如浙江定额规定：设计无规定时，马凳筋的材料应比底板钢筋降低一个规格，长度按底板厚 2 倍加 0.2m 计算，每平方米 1 个，计算钢筋总量。陕西定额规定，如设计有规定者，按照设计规定计算，设计没有规定者，按间距 1m 计算用量，其长度为 $2H+20cm$（H 为板厚），且钢筋直径不得大于双层钢筋中较小的一种。

（5）马凳筋其他注意事项。

建筑工程一般针对马凳筋有专门的施工组织设计，如果施工组织设计中没有对马凳作出明确和详细的说明就按常规计算，马凳筋必须具有一定的刚度，能承受施工人员的踩踏，避免板上部钢筋扭曲和下陷，同时马凳筋不能接触模板，防止马凳筋生锈。工程施工时为了避免以后结算争议和扯皮，对马凳办理必要的手续和签证，由施工单位根据实际制作情况以工程联系单的方式提出，报监理及建设单位确认，根据确认的尺寸计算。

根据工程量清单计价规范规定：现浇构件中固定位置的支撑钢筋、双层钢筋用"铁马凳"，伸出构件的锚固钢筋、预制构件的吊钩等并入钢筋工程量内。为什么看上去是措施用的钢筋算在实体项目中呢，因为它是隐蔽在混凝土内形成工程实体的。所以马凳虽然是措施性钢筋，但应归入实体项目而不能归入措施项目。招标单位在编制工程量清单时应计算马凳筋合并在钢筋工程量中，并在项目特征、工作内容中描述清楚。投标人在报价时，应将马凳筋工程量考虑在综合单价内，勿放在措施费中。

马凳筋按实计算归入钢筋总量中，一些施工单位把马凳筋归入预埋铁件是错误的。

（6）筏板基础中措施钢筋。

大型筏板基础中，措施钢筋不一定采用马凳钢筋，而往往采用钢支架形式，支架必须经过计算才能确定它的规格和间距，才能确保支架的稳定性和承载力。在确定支架的荷载时，除计算上部钢筋荷载外，考虑施工荷载。支架立柱间距一般为 1500mm，在立柱上只需设置一个方向的通长角铁，这个方向应该是与上部钢筋最下一层钢筋垂直，间距一般为 2000mm。除此之外，还要用斜撑焊接。支架的设计应该要有计算式，经过审批才能施工，不能只凭经验，支架规格、间距过小造成浪费，支架规格、间距过大可能造成基础钢筋整体塌陷严重后果。所以，支架设计不能掉以轻心。

2. 垫筋

当梁的下部设计有双排钢筋且上排钢筋无法与箍筋连接固定时，须增设垫筋，2004年《陕西省建筑、装饰工程消耗量定额》规定：

$$垫筋计算长度 L = B - 5\text{cm} \tag{1-19}$$

式中，B—梁宽。

垫筋按 HRB 型 Φ 25 计算，并入 HRB 型 Φ 10 以上钢筋用量内。梁长（跨间长度）小于等于 6m 时，按照 4 处计算；梁长大于 6m 时，按 5 处计。

1.5 钢 筋 施 工

1. 钢筋绑扎与安装

钢筋绑扎前先认真熟悉图纸，检查配料表与设计图纸是否有出入，仔细检查成品尺寸、型号是否与下料表相符。核对无误后，方可进行绑扎。

（1）墙。

1）墙的钢筋绑扎同基础。钢筋有 90°弯钩时，弯钩应朝向混凝土内侧。

2）采用双层钢筋时，在两层钢筋之间应设置撑铁，以固定钢筋的间距。

3）墙筋绑扎时应吊线控制垂直度，并严格控制主筋间距。剪力墙上下两边三道水平处应满扎，其余可梅花点绑扎。

4）为了保证钢筋位置的正确，竖向受力筋外绑一道水平筋或箍筋，并将其与竖筋点焊，以固定墙、柱筋的位置，在点焊固定时要用线坠校正。

5）外墙浇筑后严禁开洞，所有洞口预埋件及埋管均应预留，洞边加筋详见施工图。墙、柱内预留钢筋做防雷接地引线，应焊成通路。其位置、数量及做法详见安装施工图，焊接工作应选派合格的焊工进行，不得损伤结构钢筋。水电安装的预埋，土建必须配合，不能错埋和漏埋。

（2）梁与板。

1）纵向受力钢筋出现双层或多层排列时，两排钢筋之间应垫以直径为 Φ 15mm 的短钢筋；如纵向钢筋直径大于 Φ 25mm 时，短钢筋直径规格与纵向钢筋相同规格。

2）箍筋的接头应交错设置，并与两根架立筋绑扎，悬臂挑梁则箍筋接头在下，其余做法与柱相同。梁主筋外角处与箍筋应满扎，其余可梅花点绑扎。

3）板的钢筋绑扎与基础相同，双向板钢筋交叉点应满绑。应注意板上部的负钢筋（板面加筋），要防止被踩下；特别是雨篷、挑檐、阳台等悬臂板，要严格控制负筋位置及高度。

4）板、次梁与主梁交叉处，板的钢筋在上，次梁的钢筋在中层，主梁的钢筋在下。当有圈梁或垫梁时，主梁钢筋在上。

5）楼板钢筋的弯起点，如加工厂（场）在加工没有起弯时，设计图纸又无特殊注明的，可按以下规定弯起钢筋，板的边跨支座按跨度 $L/10$ 为弯起点。板的中跨及连续多跨可按支座中线 $L/6$ 为弯起点（L 为板的跨度）。

2. 钢筋的绑扎接头应符合下列规定

（1）搭接长度的末端距钢筋弯折处，不得小于钢筋直径的 10 倍，接头不宜位于构件最大弯矩处。

（2）受拉区域内，HPB300 钢筋绑扎接头的末端应做弯钩，HRB335、HRB400 钢筋可不做弯钩。

（3）钢筋搭接处，应在中心和两端用钢丝扎牢。

（4）受拉钢筋绑扎接头的搭接长度，应符合结构设计要求。

（5）受力钢筋的混凝土保护层厚度，应符合结构设计要求。

（6）板筋绑扎前须先按设计图要求间距弹线，按线绑扎，控制质量。

（7）为了保证钢筋位置的正确，根据设计要求，板筋采用钢筋马凳纵横 600mm 间距予以支撑。

3. 钢筋接长

根据设计要求，直径大于 18mm 的钢筋优先采用机械接长，套筒挤压连接技术，其余钢筋接长，水平筋采用对焊与电弧焊，竖向筋优先采用电渣压力焊。HRB 型大于 Φ 25mm 的竖向钢筋采用套筒挤压连接。遵从住房和城乡建设部颁发的《钢筋机械连接技术规程》（JGJ 107—2016）进行施工。

第 2 章 柱钢筋工程量计算

钢筋混凝土柱是房屋、桥梁等各种工程结构中最基本的承重构件，常用作楼盖的支柱、桥墩、基础柱、塔架和桁架的压杆。

1. 分类

（1）按照施工方法，钢筋混凝土分为现浇柱和预制柱。现浇钢筋混凝土柱整体性好，但支模工作量大、工期长。预制钢筋混凝土柱施工比较方便，但要保证节点连接质量。

（2）按配筋方式，分为普通钢箍柱、螺旋形钢箍柱和劲性钢筋柱。普通钢箍柱适用于各种截面形状的柱，是基本的、主要的类型，普通钢箍用以约束纵向钢筋的横向变位。螺旋形钢箍柱可以提高构件的承载能力，柱截面一般是圆形或多边形。劲性钢筋混凝土柱在柱的内部或外部配置型钢，型钢分担很大一部分荷载，用钢量大，但可减小柱的断面和提高柱的刚度；在未浇灌混凝土前，柱的型钢骨架可以承受施工荷载和减少模板支撑用材。用钢管作外壳，内浇混凝土的钢管混凝土柱，是劲性钢筋柱的另一种形式。

（3）按受力情况，分为中心受压柱和偏心受压柱，偏心受压柱是受压兼受弯构件。工程中的柱绝大多数都是偏心受压柱。

2. 截面形式和配筋构造

选择柱的截面形式，主要根据工程性质和使用要求确定。同时，满足便于施工和制造、节约模板和保证结构的刚性。方形柱和矩形柱的截面模板最省，制作简便，使用广泛。方形适用于接近中心受压柱的情况；矩形是偏心受压柱截面的基本形式。单层厂房柱的弯矩较大，为了减轻自重、节约混凝土，同时满足强度和刚度要求，常采用薄壁工字形截面的预制柱。当厂房的吊车吨位较大，根据吊车定位尺寸，需要加大柱截面高度时，为了节约和有效利用材料，可采用空腹格构式的双肢柱。双肢柱可以是现浇的或预制的，腹杆可做成斜的或水平的。

为了充分发挥混凝土抗压强度高的优点，当柱承重较大时，通常采用抗压强度等级较高的混凝土。纵向受力钢筋的数量，根据强度计算决定。为了保证施工时钢筋骨架的刚度及使用时柱的刚度，纵向受力筋应采用较大直径。如果同时用几种直径的纵向受力钢筋，应将大直径的钢筋设在骨架的四角上。横向箍筋与纵向钢筋连接牢固，有助于增加钢筋骨架的刚性。焊接骨架更能提高骨架刚性和便于整个骨架吊装。箍筋的作用是：连接纵向钢筋形成钢筋骨架，作为纵筋的支点，减少纵向钢筋的纵向弯曲变形，承受柱的剪力，使柱截面核心内的混凝土受到横向约束而提高承载能力，因此箍筋的间距不宜过大。在应力复杂和应力集中的部位（如柱和其他构件连接处）及配筋构造上的薄弱处（如纵向钢筋接头处），箍筋还需要加密。尤其是在抗震结构中，柱节点附近箍筋加密，是提高结构后期抗变形能力的一种有效办法。对于抗震柱，还需特别注意保证纵向钢筋和箍筋的锚固构造要求。对于截面较大、纵向钢筋根数较多的柱，还应采用不同形式的多环式箍筋，以保证钢筋骨架的刚性和纵向钢筋作用的有效性。

螺旋形钢箍能起到有效地围箍核芯混凝土的作用，因此，螺旋形钢箍的面积和间距需根据计算确定，并沿柱高连续配设或采用密排的单独闭合环。

现浇混凝土柱钢筋分为框架柱和构造柱。框架柱钢筋的设计分为抗震和非抗震两种类型，柱中钢筋的锚固、搭接长度应根据设计和相关规范设定。

2.1　框架柱钢筋工程量计算基本方法

2.1.1　柱的分类及识图

1. 柱的分类编号

在建筑工程结构设计图中，依据《混凝土结构施工图平面整体表示方法制图规则和构造详图（现浇混凝土框架、剪力墙、梁、板）》（16G101-1）将不同结构类型的柱构件分为如下类型，见表 2-1。

表 2-1　　　　　　　　　　　　柱分类及柱钢筋类型

柱类型	代号	钢筋类型
框架柱	KZ	纵筋（基础插筋、中间层纵筋、顶层纵筋、变截面纵筋）、箍筋、拉筋
转换柱	ZHZ	纵筋（基础插筋、中间层纵筋、顶层纵筋、变截面纵筋）、箍筋、拉筋
芯柱	XZ	纵筋（基础插筋、中间层纵筋、顶层纵筋、变截面纵筋）、箍筋、拉筋
梁上柱	LZ	纵筋（基础插筋、中间层纵筋、顶层纵筋、变截面纵筋）、箍筋、拉筋
剪力墙上柱	QZ	纵筋（基础插筋、中间层纵筋、顶层纵筋、变截面纵筋）、箍筋、拉筋
构造柱	GZ	纵筋（基础插筋、中间层纵筋、顶层纵筋、变截面纵筋）、箍筋、拉筋

2. 柱钢筋计算种类

柱钢筋计算种类如图 2-1 所示。

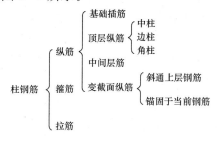

图 2-1　柱钢筋计算种类

3. 识图原则

先校对平面，后校对构件；先看单个构件，再看节点与连接点。

（1）看结构设计说明中的有关内容。

（2）检查各柱的平面布置和定位尺寸，根据相应的建筑结构平面图，查对各柱的平面布置与定位尺寸是否正确。特别应注意变截面处，上、下截面与轴线的关系。

（3）从图中（截面注写方式）及表中（列表注写方式）逐一检查柱的编号、起止标高、截面尺寸、纵向钢筋、箍筋、混凝土强度等级。

（4）柱纵向钢筋的连接位置、连接方法、连接长度以及连接范围内的箍筋要求。

（5）柱与填充墙的拉结筋及其他二次结构预留筋或预埋铁件。

2.1.2 柱的平面表示方法

柱平法施工图是在柱平面布置图上采用列表注写方式或截面注写方式表达混凝土柱的相关信息。在柱平法施工图中应注明各结构层的楼面标高、结构层高及柱在相应的结构层编号。并注明上部嵌固部位位置。柱平面布置图，可采用适当比例单独绘制，也可与剪力墙平面布置图合并绘制。

1. 列表注写方式

列表注写方式系在柱平面布置图上（一般只需要采用适当比例绘制一张柱平面布置图，包括框架柱、框支柱、梁上柱、剪力墙上柱），分别在同一编号的柱中，选择一个（有时需要几个）截面标注几何参数代号；在柱表中注写柱号、柱段起止标高、几何尺寸（含柱截面对柱轴线的偏心情况）与配筋的具体数值，并配以各种柱截面形状及其箍筋类型图的方式，来表达柱平面施工图，如图2-2所示。

（1）柱表注写内容。

1）注写柱编号。

柱编号由类型编号和序号组成，应符合表2-2所示。当柱的总高、分段截面尺寸和配筋均对应相同，仅分段截面与轴线的关系不同时，仍可将其编为同一柱号。但应在图中注明截面与轴线的关系。

2）注写各段柱的起止标高。

自柱根部往上部以变截面位置或截面未变但配筋改变处为界分段注写。框架柱和转换柱的根部标高是指基础顶面标高；芯柱的根部标高系指根据结构实际需要而定的起始位置标高；梁上柱的根部标高是指梁顶面标高；剪力墙上柱的根部标高为墙顶面标高（16G101-1），而在《混凝土结构施工图平面整体表示方法制图规则和构造详图（现浇混凝土框架、剪力墙、框架剪力墙、框支剪力墙结构）》（03G101-1）中剪力墙上柱的根部标高分为两种：当柱纵筋锚固在墙顶部时，其根部标高为墙顶面标高；当柱与剪力墙重叠一层时，其根部标高为墙顶面往下一层的结构层楼面标高。

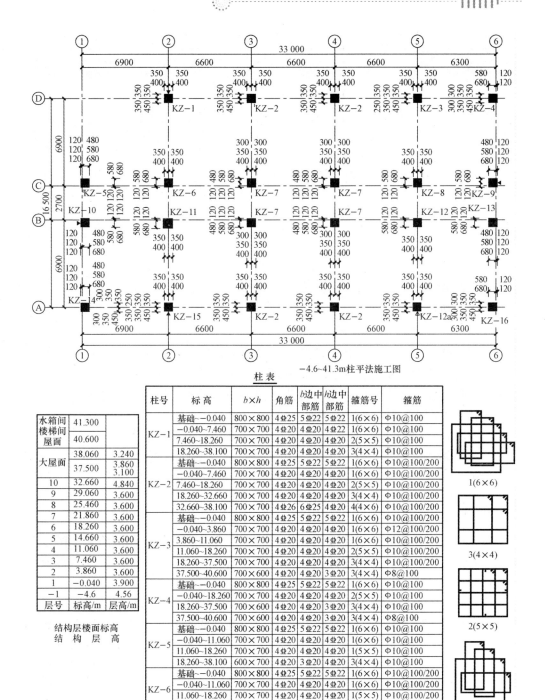

-4.6~41.3m柱平法施工图

柱　表

柱号	标高	$b \times h$	角筋	b边中部筋	h边中部筋	箍筋号	箍筋
KZ-1	基础~-0.040	800×800	4Φ25	5Φ22	5Φ22	1(6×6)	Φ10@100
	-0.040~7.460	700×700	4Φ20	4Φ20	4Φ22	1(6×6)	Φ10@100
	7.460~18.260	700×700	4Φ20	4Φ20	4Φ20	2(5×5)	Φ10@100
	18.260~38.100	700×700	4Φ20	4Φ20	4Φ20	3(4×4)	Φ10@100
KZ-2	基础~-0.040	800×800	4Φ25	5Φ22	5Φ22	1(6×6)	Φ10@100/200
	-0.040~7.460	700×700	4Φ20	4Φ20	4Φ20	1(6×6)	Φ10@100/200
	7.460~18.260	700×700	4Φ20	4Φ20	4Φ20	2(5×5)	Φ10@100/200
	18.260~32.660	700×700	4Φ20	4Φ20	4Φ20	3(4×4)	Φ10@100/200
	32.660~38.100	700×700	4Φ26	6Φ25	4Φ20	4(4×4)	Φ10@100/200
KZ-3	基础~-0.040	800×800	4Φ25	5Φ22	5Φ22	1(6×6)	Φ10@100
	-0.040~3.860	700×700	4Φ20	4Φ20	4Φ20	1(6×6)	Φ12@100
	3.860~11.060	700×700	4Φ20	4Φ20	4Φ20	1(6×6)	Φ10@100
	11.060~18.260	700×700	4Φ20	4Φ20	4Φ20	2(5×5)	Φ10@100/200
	18.260~37.500	700×700	4Φ20	4Φ20	4Φ20	3(4×4)	Φ10@100/200
	37.500~40.600	700×600	4Φ20	4Φ20	2Φ20	3(4×4)	Φ8@100
KZ-4	基础~-0.040	800×800	4Φ25	5Φ22	5Φ22	1(6×6)	Φ10@100
	-0.040~18.260	700×700	4Φ20	4Φ20	4Φ20	2(5×5)	Φ10@100
	18.260~37.500	700×700	4Φ20	4Φ20	4Φ20	3(4×4)	Φ10@100
	37.500~40.600	700×600	4Φ20	4Φ20	2Φ20	3(4×4)	Φ8@100
KZ-5	基础~-0.040	800×800	4Φ25	5Φ22	5Φ22	1(6×6)	Φ10@100
	-0.040~11.060	700×700	4Φ20	4Φ20	4Φ20	1(6×6)	Φ10@100
	11.060~18.260	700×700	4Φ20	4Φ20	4Φ20	2(5×5)	Φ10@100
	18.260~38.100	600×600	4Φ20	3Φ20	3Φ20	3(4×4)	Φ10@100
KZ-6	基础~-0.040	800×800	4Φ25	5Φ22	5Φ22	1(6×6)	Φ10@100/200
	-0.040~11.060	700×700	4Φ20	4Φ20	4Φ20	1(6×6)	Φ10@100/200
	11.060~18.260	700×700	4Φ20	4Φ20	4Φ20	1(5×5)	Φ10@100/200
	18.260~38.100	600×600	4Φ20	3Φ20	3Φ20	3(4×4)	Φ10@100/200
KZ-7	基础~-0.040	800×800	4Φ25	5Φ22	5Φ22	1(6×6)	Φ10@100/200
	-0.040~18.260	700×700	4Φ20	4Φ20	4Φ20	2(5×5)	Φ10@100/200
	18.260~32.660	600×600	4Φ20	3Φ20	3Φ20	3(4×4)	Φ10@100/200

水箱间	41.300	
楼梯间	40.600	
屋面		
大屋面	38.060	3.240
	37.500	3.860
		3.100
10	32.660	4.840
9	29.060	3.600
8	25.460	3.600
7	21.860	3.600
6	18.260	3.600
5	14.660	3.600
4	11.060	3.600
3	7.460	3.600
2	3.860	3.600
1	-0.040	3.900
-1	-4.6	4.56
层号	标高/m	层高/m

结构层楼面标高
结 构 层 高

1(6×6)

3(4×4)

2(5×5)

4(4×6)

箍筋号

图 2-2　柱平法施工图注写方式示例

表 2-2　　　　　　　　　　　　　　柱　编　号

柱类型	代号	序号
框架柱	KZ	××
转换柱	ZHZ	××
芯柱	XZ	××
梁上柱	LZ	××
剪力墙上柱	QZ	××
构造柱	GZ	××

3）注写柱截面尺寸。

对于矩形柱，注写柱截面尺寸 $b \times h$ 及与轴线关系的几何参数代号 b_1、b_2 和 h_1、h_2 的具体数值，须对应于各段柱分别注写。其中，$b = b_1 + b_2$，$h = h_1 + h_2$。

对于圆形柱，截面尺寸用柱直径 d 表示，圆柱截面与轴线的关系也用 b_1、b_2 和 h_1、h_2 表示，并使 $d = b_1 + b_2 = h_1 + h_2$。

对于芯柱，根据结构需要，可以在某些框架柱的一定高度范围内，在其内部的中心位置（分别引注其柱编号），芯柱截面尺寸按构造确定，并按 16G101-1 图集中构造详图施工。当设计采用与构造详图不同做法时，应另行标注。芯柱定位随框架柱，不需注写其与轴线的几何关系。

4）注写柱纵筋。

当柱纵筋直径相同，各边根数也相同时，将纵筋注写在"全部纵筋"一栏，除此之外，柱纵筋分角筋、截面 b 边中部筋和 h 边中部筋三项分别注写。注写时，b 边、h 边两边相同时，均只注写单面一侧的钢筋。

5）注写柱箍筋。

首先应注写箍筋类型号及箍筋肢数，具体工程所设计的各种箍筋类型图以及箍筋复合的具体方式，须画在柱表的上部或图中的适当位置，并在表的上部或图中的适当位置，应在其上标注与表中相对应的 b、h 和编上类型号。

注写柱箍筋，包括箍筋级别、直径与间距。当为抗震设计时，用斜线"/"区分柱端箍筋加密区和柱身非加密区长度范围内箍筋的不同间距。当圆柱采用螺旋箍筋时，须在箍筋前加"L"。当柱（包括芯柱）纵筋采用搭接连接，且为抗震设计时，在柱纵筋搭接长度范围内（应避开柱端的箍筋加密区）的箍筋均应按小于等于 5d（d 为柱纵筋较小直径）及小于等于 100 的间距加密。当为非抗震设计时，在柱纵筋搭接长度范围内的箍筋加密，应由设计者另行注明。箍筋类型以及箍筋复合的具体方式，须画在表的上部或图中的适当位置，并在其上标注与表中相对应的 b、h 和编上类型号。

（2）采用列表注写方式表达的柱平法施工图，如图 2-3 所示。

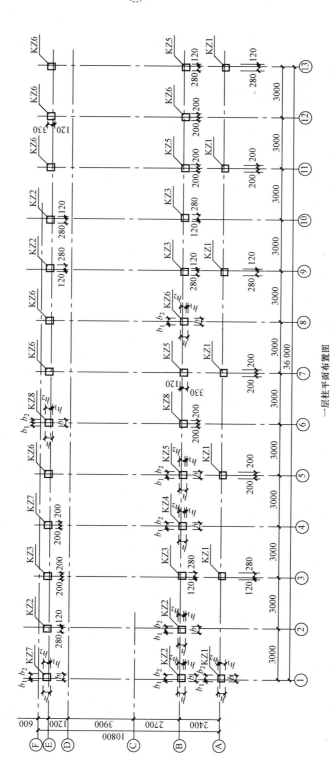

图 2-3　柱平法施工图（列表注写方式）（一）

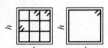

屋面	14.400	
4	10.800	3.600
3	7.200	3.600
2	3.600	3.600
1	0.000	3.600
层号	标高/mm	层高/m

结构层楼面标高
结 构 层 高

箍筋类型1($m \times n$)　箍筋类型2　箍筋类型3　箍筋类型4　箍筋类型5　箍筋类型6　箍筋类型7

柱号	标高	$b \times h$（圆柱直径D）	b_1	b_2	h_1	h_2	全部纵筋	角筋	b边一侧中部筋	h边一侧中部筋	箍筋类型号	箍筋	备注
KZ1	0.000～3.600	400×400	120	280	280	120		4Φ20	1Φ18	1Φ18	1(3×3)	Φ8@100/200	
	3.600～14.400	400×400	120	280	280	120		4Φ16	1Φ16	1Φ18	1(3×3)	Φ8@100/150	
KZ2	0.000～3.600	400×450	120	280	330	120		4Φ25	1Φ22	1Φ16	1(3×3)	Φ10@100/200	
	3.600～14.400	400×450	120	280	330	120		4Φ25	1Φ22	1Φ16	1(3×3)	Φ10@100/200	
KZ3	0.000～7.200	400×450	280	120	330	120		4Φ25	1Φ22	1Φ16	1(3×3)	Φ10@100/200	
	7.200～14.400	400×450	280	120	330	120		4Φ25	1Φ22	1Φ16	1(3×3)	Φ8@100/200	
KZ4	0.000～3.600	400×450	200	200	330	120		4Φ20	1Φ20	1Φ18	1(3×3)	Φ10@100/200	
	3.600～7.200	400×450	200	200	330	120		4Φ20	1Φ20	1Φ18	1(3×3)	Φ8@100/150	
	7.200～10.800	400×450	200	200	330	120		4Φ20	1Φ20	1Φ18	1(3×3)	Φ8@100/200	
	10.800～14.400	400×450	200	200	330	120		4Φ25	1Φ22	1Φ18	1(3×3)	Φ8@100/200	
KZ5	0.000～3.600	400×450	200	200	330	120		4Φ20	1Φ20	1Φ18	1(3×3)	Φ10@100/200	
	3.600～7.200	400×450	200	200	330	120		4Φ20	1Φ20	1Φ18	1(3×3)	Φ8@100/150	
	7.200～10.800	400×450	200	200	330	120		4Φ20	1Φ20	1Φ18	1(3×3)	Φ8@100/200	
	10.800～14.400	400×450	200	200	330	120		4Φ25	1Φ22	1Φ18	1(3×3)	Φ8@100/150	
KZ6	0.000～3.600	400×450	200	200	330	120		4Φ20	1Φ20	1Φ18	1(3×3)	Φ10@100/150	
	3.600～7.200	400×450	200	200	330	120		4Φ20	1Φ20	1Φ18	1(3×3)	Φ8@100/150	
	7.200～10.800	400×450	200	200	330	120		4Φ20	1Φ20	1Φ18	1(3×3)	Φ8@100/200	
	10.800～14.400	400×450	200	200	330	120		4Φ25	1Φ22	1Φ18	1(3×3)	Φ8@100/150	
KZ7	0.000～3.600	400×450	120	280	120	330		4Φ20	1Φ20	1Φ18	1(3×3)	Φ10@100/150	
	3.600～7.200	400×450	120	280	120	330		4Φ20	1Φ20	1Φ18	1(3×3)	Φ8@100/150	
	7.200～10.800	400×450	120	280	120	330		4Φ20	1Φ20	1Φ18	1(3×3)	Φ8@100/200	
	10.800～14.400	400×450	120	280	120	330		4Φ25	1Φ22	1Φ18	1(3×3)	Φ8@100/200	
KZ8	0.000～3.600	400×450	200	200	120	330		4Φ25	1Φ22	1Φ18	1(3×3)	Φ10@100/200	
	3.600～7.200	400×450	200	200	120	330		4Φ25	1Φ22	1Φ18	1(3×3)	Φ8@100/150	
	7.200～10.800	400×450	200	200	120	330		4Φ25	1Φ22	1Φ18	1(3×3)	Φ8@100/200	
	10.800～14.400	400×450	200	200	120	330		4Φ25	1Φ22	1Φ18	1(3×3)	Φ8@100/150	

图 2-3　柱平法施工图（列表注写方式）（二）

2. 截面注写方式

截面注写方式，系在标准层绘制的柱平面布置图的柱截面上，分别在同一编号的柱中选择一个截面，以直接注写截面尺寸和配筋具体数值的方式来表达柱平法施工图，如图 2-4 所示。

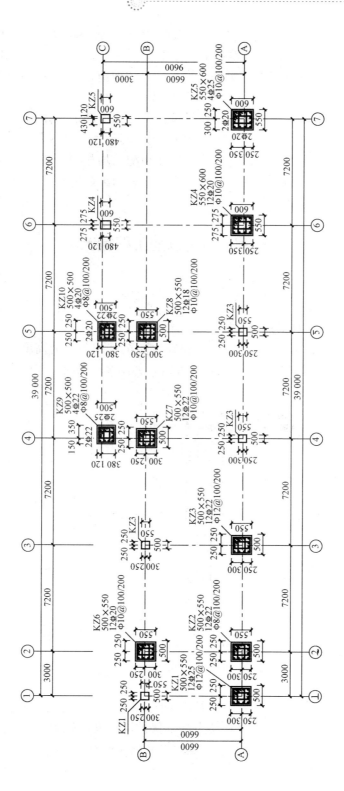

图 2 - 4　柱平法施工图（截面注写方式）

对除芯柱之外的所有柱截面按表 2-2 进行编号，从相同编号的柱中选择一个截面，按另一种比例原位放大绘制柱截面配筋图，并在各配筋图上继其编号后再注写截面尺寸 $b×h$、角筋或全部纵筋、箍筋的具体数值，以及在柱截面配筋图上标注柱截面与轴线关系 b_1、b_2、h_1、h_2 的具体数值。

当纵筋采用两种直径时，须再注写截面各边中部钢筋的具体数值（对于采用对称配筋的矩形截面柱，可仅在一侧注写中部筋，对称边省略不注）。

在截面注写方式中，如柱的分段截面尺寸和配筋均相同，仅分段截面与轴线的关系不同时，可将其编写为同一柱号。但应在未画配筋的柱截面上注写该柱截面与轴线关系的具体尺寸。

2.2 抗震框架柱纵筋工程量计算

2.2.1 基础层柱纵筋计算

1. 抗震框架柱基础插筋计算

（1）$C > 5d$（C 为柱插筋保护层厚度，d 为钢筋直径）。

构造一：$C > 5d$，$h_j > l_{aE}(l_a)$，h_j 为基础地面至基础顶面的高度，$h_j > l_{aE}(l_a)$ 时钢筋满足直锚；当嵌固部位位于基础顶面时，如图 2-5 所示。

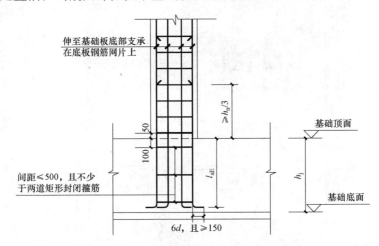

图 2-5　柱插筋保护层厚度 $>5d$，基础高度 $h_j > l_{aE}(l_a)$

基础插筋长度＝弯折长度＋h_1（竖直长度）＋$h_n/3$（非连接区）（嵌固部位）＋l_{lE}

$$(2-1)$$

式中，弯折长度取值见设计图或取 $6d$，且 $\geqslant 150$mm 或；h_1 为插筋插入基础的长度，$h_1 = h_j - C$；h_j 为基础高度；C 为基础保护层厚度；l_a 为钢筋非抗震锚固长度，取值按照设计长度或参照表 1-4；l_{aE} 为钢筋抗震锚固长度，取值按照设计长度或参照表 1-5；h_n 为基础相邻层的净高（$h_n =$ 层高－梁高）；l_l、l_{lE} 为钢筋搭接长度，取值按照设计长度或参照表 1-6、表 1-7。

构造二：$C>5d$，$h_j \leqslant l_{aE}(l_a)$，当基础插筋在基础中锚固长度不满足钢筋直锚，且 $h_1 \geqslant 0.6l_{abE}$（或 $0.6l_{ab}$），当嵌固部位位于基础顶面时，如图 2-6 所示。

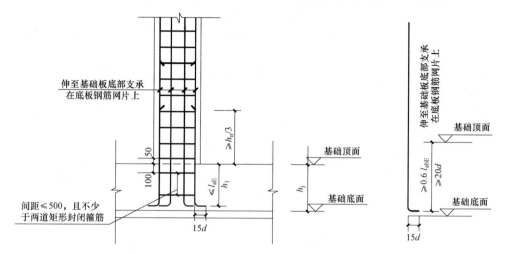

图 2-6 柱插筋保护层厚度$>5d$，基础高度 $h_j \leqslant l_{aE}$（l_a）

$$基础插筋长度 = 15d + h_1（竖直长度）+ h_n/3（非连接区）（嵌固部位）+ l_{lE} \tag{2-2}$$

其中，插筋弯折长度为 $15d$，d 为插筋直径。

（2）$C \leqslant 5d$。

构造一：当柱外侧插筋保护层厚度 $C \leqslant 5d$ 时，基础高度 $h_j > l_{aE}(l_a)$。当嵌固部位位于基础顶面时，如图 2-7 所示。

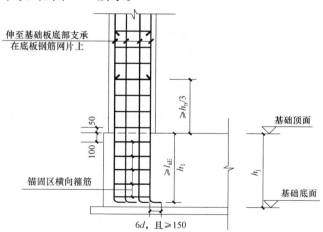

图 2-7 柱外侧插筋保护层厚度$\leqslant 5d$，基础高度 $h_j > l_{aE}$（l_a）

基础插筋长度＝6d（且≥150）＋h_1（竖直长度）＋$h_n/3$（非连接区，嵌固部位）＋l_{lE} (2-3)

其中，插筋弯折长度为 6d，且≥150，d 为插筋直径。当柱纵筋在基础中的保护层厚度小于等于 5d 的范围内应设置锚固区横向钢筋。

构造二：当柱外侧插筋保护层厚度 C≤5d 时，基础高度 h_j≤l_{aE}（l_a），基础插筋全部插至基础板底部，支在地板钢筋网上，插筋垂直段伸入基础中的长度大于$0.6l_{abE}$，且大于等于 20d，钢筋弯向基础梁中心方向。当嵌固部位位于基础顶面时，如图 2-8 所示。

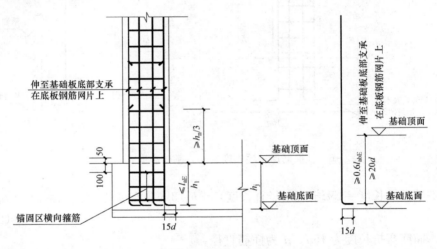

图 2-8　柱外侧插筋保护层厚度≤5d，基础高度 h_j≤l_{aE}（l_a）

基础插筋长度＝15d＋h_1（竖直长度）＋$h_n/3$（非连接区，嵌固部位）＋l_{lE}

    (2-4)

其中，插筋弯折长度为 15d，d 为插筋直径。当柱纵筋在基础中的保护层厚度小于等于 5d 的范围内应设置锚固区横向钢筋。

当嵌固部位位于基础层顶面时，基础插筋在地下室中的非连接区高度为 $h_n/3$，如图 2-5～图 2-8 所示。对有地下室的建筑物，即嵌固部位不在基础层而在首层或其他层时，基础插筋在地下室各层中的非连接区高度为 max（$h_n/6$，h_c，500），即基础插筋伸出基础顶面、地下室层顶面长度均为 max（$h_n/6$，h_c，500）。只有在嵌固部位所在层，纵筋的非连接区高度为 $h_n/3$，如图 2-9 所示。其中，h_c 为柱宽度。

（3）柱生根于基础梁。

构造一：柱生根于基础梁，无论基础梁与基础板底平或顶平，h_j 取基础梁底面到基础梁顶面高度。当柱两侧基础梁标高不同时，取较低标高。当纵筋采用绑扎连接时，如图 2-10 所示。

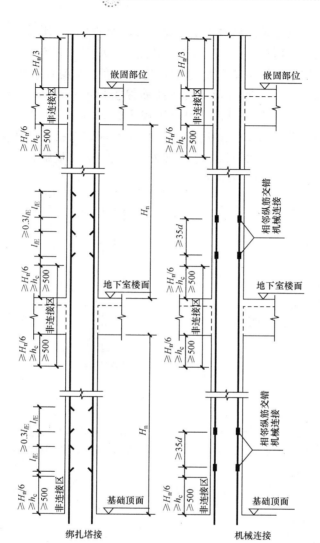

图 2-9 柱嵌固部位在基础以上构造图

基础插筋长度＝a（弯折长度）＋h_1（竖直长度）＋$h_n/6$（非连接区）＋l_{lE}

$$(2-5)$$

式中，当柱插筋保护层厚度大于 $5d$，基础高度 $h_j \leqslant l_{aE}(l_a)$ 时，弯折长度取值见设计图，设计无规定时取 $15d$；当柱插筋保护层厚度大于 $5d$，基础高度 $h_j > l_{aE}(l_a)$ 时，弯折长度取值见设计图，设计无规定时取 $6d$ 且大于等于 150mm。柱插筋保护层厚度 $\leqslant 5d$，基础高度 $h_j \leqslant l_{aE}(l_a)$ 时，弯折长度取值见设计图，设计无规定时取 $15d$；当柱插筋保护层厚度小于等于 $5d$，基础高度 $h_j > l_{aE}(l_a)$ 时，弯折长度取 $6d$ 且小于等于 150mm。

构造二：柱生根于基础梁，无论梁与基础板底平或顶平，h_j 取基础梁底面到基础梁顶面高度。当纵筋采用机械连接或焊接时，如图2-11所示。

基础插筋长度＝弯折长度＋h_1（竖直长度）＋$h_n/6$（非连接区）＋l_{lE}　　（2-6）

式中，当柱插筋保护层厚度大于5d，基础高度$h_j \leqslant l_{aE}(l_a)$时，弯折长度取值见设计图，设计无规定时取15$d$；当柱插筋保护层厚度＞5$d$，基础高度$h_j$＞$l_{aE}$（$l_a$）时，弯折长度取值见设计图，设计无规定时取6$d$且大于等于150mm。柱插筋保护层厚度小于等于5$d$，基础高度$h_j \leqslant l_{aE}(l_a)$时，弯折长度取值见设计图，设计无规定时取15$d$；当柱插筋保护层厚度小于等于5$d$，基础高度$h_j$＞$l_{aE}$（$l_a$）时，弯折长度取6$d$且大于等于150mm。

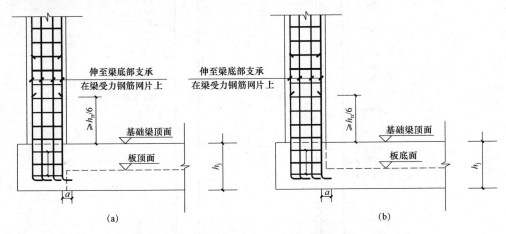

(a)　　　　　　　　　　　　　　　　(b)

图2-10　柱生根于基础梁柱基础插筋布置图（绑扎连接）

(a) 梁与基础板底平，边柱插筋布置；(b) 梁与基础板顶平，边柱插筋布置

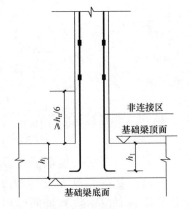

图2-11　柱生根于基础梁柱基础
插筋布置图（机械连接）

（4）柱生根于剪力墙和框架梁。

柱生根于剪力墙上，柱纵向钢筋在剪力墙中锚固长度大于等于1.2l_{aE}后，向柱内弯折150mm；柱生根于梁上，11G101-1图集中柱插筋的锚固长度为0.5l_{abE}，在梁底向柱外弯折12d。16G101-1图集中柱插筋应伸至梁底，垂直锚固长度应大于等于20d，且大于等于0.6l_{abE}，在梁底向柱外弯折15d，如图2-12所示。

基础插筋长度＝弯折长度＋竖直锚入长度＋非连接区长度　　（2-7）

剪力墙上柱弯折长度取150mm，梁上柱弯折长度取15d，垂直长度按照设计值或取"梁高度减梁保护层厚度"，非连接区长度根据设计情况取定。

当符合下列条件之一时，可仅将柱四角纵筋伸至底板钢筋网片上或者筏形基

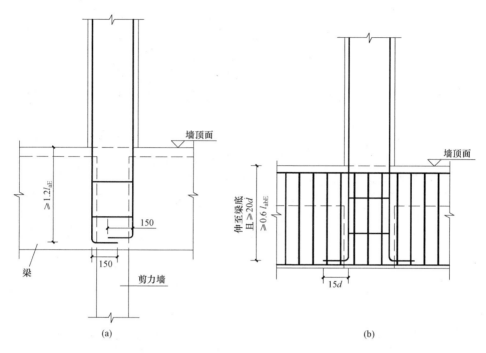

图 2-12　剪力墙、梁上柱构造图

（a）剪力墙上柱布筋图；（b）梁上柱布筋图

础中间层钢筋网片上（伸至钢筋网片上的柱纵筋间距不应大于 1000），其余纵筋锚固在基础顶面下 l_{aE} 长度即可。

1）柱为轴心受压或小偏心受压，基础高度或基础顶面至中间层钢筋网片顶面距离不小于 1.2m。

2）柱为大偏心受压，基础高度或基础顶面至中间层钢筋网片顶面距离不小于 1.4m。

2. 抗震框架柱基础层纵筋计算

嵌固部位以下基础层、地下室层纵向钢筋采用绑扎连接构造如图 2-13 所示，采用机械连接构造如图 2-14 所示，采用焊接连接构造如图 2-15 所示。当钢筋采用绑扎连接时，基础层纵筋长度按照以下方法计算。

基础层纵筋长度＝基础层层高－基础层非连接区长度＋地下室层非连接区长度
$$＋搭接长度\ l_{lE}$$
$$＝基础层层高－\max\ (h_{n0}/6,\ h_c,\ 500)＋\max\ (h_{n1}/6,\ h_c,\ 500)$$
$$＋搭接长度\ l_{lE} \tag{2-8}$$

式中，h_{n0}—基础层净高（$h_n＝$层高－梁高）；h_{n1}—地下室层净高。

地下室层纵筋长度＝地下室层层高－地下室层非连接区长度＋上一层非连接
$$区长度＋搭接长度\ l_{lE}$$

$$= 地下室层层高 - \max（h_{n1}/6，h_c，500）+ \max（h_{n2}/6，$$
$$h_c，500）+ 搭接长度 \, l_{lE} \qquad (2-9)$$

式中，h_{n1}—地下室层净高（h_n=层高-梁高），h_{n2}—地下室上一层净高。

当钢筋采用焊接连接或机械连接时，基础层纵筋长度按照以下方法计算：

基础层纵筋长度=基础层层高-基础层非连接区长度+地下室层非连接区长
　　　　　　　度+搭接长度 l_{lE}

$$= 基础层层高 - \max（h_{n0}/6，h_c，500）+ \max（h_{n1}/6，$$
$$h_c，500）+ 搭接长度 \, l_{lE} \qquad (2-10)$$

式中，h_{n0}—基础层净高；h_{n1}—地下室层净高。

地下室层纵筋长度=地下室层层高-地下室层非连接区长度+上一层非连接
　　　　　　　区长度+搭接长度 l_{lE}

$$= 地下室层层高 - \max（h_{n1}/6，h_c，500）+ \max（h_{n2}/6，$$
$$h_c，500）+ 搭接长度 \, l_{lE}（当上层为嵌固层时取值为 \max$$
$$（h_{n2}/3，h_c，500） \qquad (2-11)$$

式中，h_{n1}—地下室层净高；h_{n2}—地下室上一层净高。

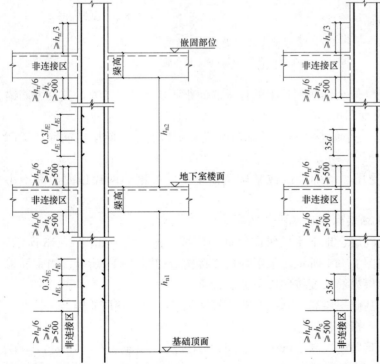

图 2-13　地下室柱纵向钢筋绑扎连接构造图　　图 2-14　地下室柱纵向钢筋机械连接构造图

2.2.2　中间层抗震框架柱纵筋计算

嵌固部位所在层纵筋、中间层纵向钢筋布置如图 2-16 所示。

嵌固部位所在层纵筋＝层高－当前层非连接区长度＋上层非连接区长度＋搭
接长度（机械连接搭接长度＝0）

$$＝层高 - \max (h_n/3, h_c, 500) + \max (h_{n+1}/6, h_c, 500) + l_{lE}$$
$$(2 - 12)$$

中间层柱纵筋＝层高－当前层非连接区长度＋上层非连接区长度＋搭接长度
（机械连接搭接长度＝0）

$$＝层高 - \max (h_{n+1}/6, h_c, 500) + \max (h_{n+2}/6, h_c, 500) + l_{lE}$$
$$(2 - 13)$$

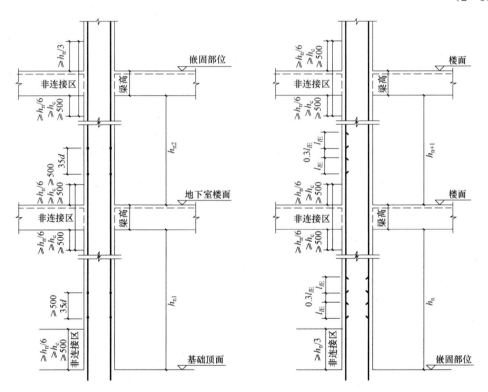

图 2-15　地下室柱纵向钢筋焊接连接构造图　图 2-16　中间层纵筋布置图框架柱纵筋布置图

式中，h_n——嵌固层的净高；h_{n+1}——中间层的净高；h_{n+2}——中间层上层的净高；l_{lE}——
搭接长度。

2.2.3　顶层抗震框架柱纵筋计算

顶层柱分为中柱、边柱、角柱，其纵筋的锚固长度各不相同。

1. 顶层中柱纵筋计算

顶层中柱承受纵、横梁的荷载，其纵向箍筋直接锚入顶层梁内或板内，锚固
方式有以下三种。

情况一：当直锚长度小于 l_{aE} 时，纵筋伸至柱顶，弯锚 12d，如图 2-17（a）所

示，11G101-1中新增纵筋端头加锚板做法，如图2-17（b）所示。16G101-1中做法同11G101-1。

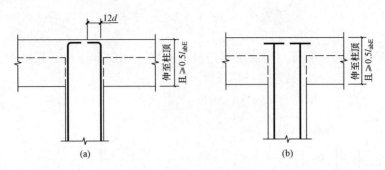

图2-17　顶层中柱纵筋直锚长度< l_{aE}构造做法

（a）直锚长度< l_{aE}钢筋弯锚做法；（b）直锚长度< l_{aE}钢筋端头加锚板做法

情况二：当直锚长度小于 l_{aE}时，且柱顶有不小于100mm厚的现浇板时，中柱纵筋锚固长度按图2-18计算。

当顶层中柱纵筋直锚长度小于 l_{aE}，顶层中柱不加锚板，纵筋长度计算如图2-19所示。

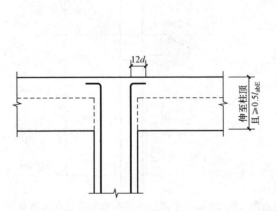

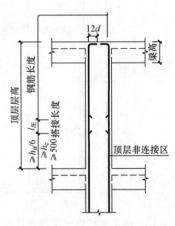

图2-18　顶层中柱纵筋直锚长度< l_{aE}且柱顶有≥100mm的现浇板构造做法

图2-19　顶层中柱纵筋计算图

钢筋长度＝顶层层高－顶层非连接区长度 max（$h_n/6$，h_c，500）－保护层＋12d

$$(2-14)$$

情况三：当直锚长度≥ l_{aE}时，顶层中柱纵筋锚固长度按图2-20计算。

钢筋长度＝顶层层高－顶层非连接区长度 max（$h_n/6$，h_c，500）－保护层

$$(2-15)$$

当顶层中柱纵筋直锚长度< l_{aE}，顶层中柱加锚板时，柱钢筋计算同式（2-15），锚板另外计算。

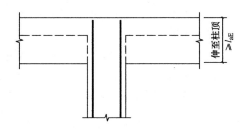

图 2-20 顶层中柱纵筋直锚长度≥l_{aE}构造做法

2. 顶层边柱纵筋计算

边柱三面有梁，柱钢筋设置分为以下五种情况。

节点 A：柱筋作为梁上部钢筋使用，节点构造如图 2-21 所示。边柱钢筋包括如下。

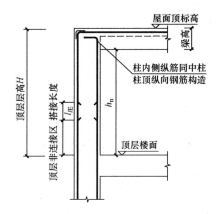

图 2-21 柱纵筋作为梁上部钢筋使用构造做法

（1）柱外侧纵筋伸入梁内钢筋。

当柱外侧纵向钢筋直径不小于梁上部钢筋时，可弯入梁内作梁上部纵向钢筋。

外侧钢筋＝顶层层高－顶层非连接区长度－保护层厚度＋伸入梁内长度

$$(2-16)$$

（2）柱内侧钢筋。当内侧钢筋在梁内锚固长度＜l_{aE}时，

内侧钢筋＝顶层层高－顶层非连接区长度 max（$h_n/6$，h_c，500）－保护层＋12d

$$(2-17)$$

（3）柱内侧钢筋。当内侧钢筋在梁内锚固长度≥l_{aE}时，

内侧钢筋＝顶层层高－顶层非连接区长度 max（$h_n/6$，h_c，500）－保护层

$$(2-18)$$

（4）角部附加筋。当柱纵筋直径≥25 时，在柱宽范围的柱箍筋内侧设置间距

＞150 但不少于 3 根φ 10 的角部附加钢筋。附加钢筋长度为 600mm。

节点 B：柱纵筋伸入梁内长度，从梁底算起 $1.5l_{abE}$ 超过柱内侧边缘，柱外侧纵筋配筋率＞1.2%时，锚入钢筋在梁内分两批截断。节点构造如图 2-22 所示。钢筋包括如下。

（1）外侧纵筋①，在梁内弯锚且位于梁上部钢筋之下，在梁内弯锚长度 $1.5l_{abE}$。

$$外侧钢筋 = 顶层层高 - 顶层非连接区长度 max（h_n/6，h_c，500）- 梁高 + 伸$$
$$入梁内长度（1.5l_{abE}） \tag{2-19}$$

（2）柱外侧纵筋②，且位于梁上部钢筋之下，在梁内弯锚长度为 $1.5l_{abE}$ 加 20d（d 为锚固钢筋直径）。

$$外侧钢筋 = 顶层层高 - 顶层非连接区长度 max（h_n/6，h_c，500）- 梁高 + 伸$$
$$入梁内长度（20d + 1.5l_{abE}） \tag{2-20}$$

（3）柱内侧钢筋③，当内侧钢筋在梁内小于 l_{aE} 时。

$$内侧钢筋 = 顶层层高 - 顶层非连接区长度 max（h_n/6，h_c，500）- 保护层 + 12d \tag{2-21}$$

（4）柱内侧钢筋③，当内侧钢筋在梁内大于等于 l_{aE} 时。

$$内侧钢筋 = 顶层层高 - 顶层非连接区长度 max（h_n/6，h_c，500）- 保护层 \tag{2-22}$$

（5）角部附加筋④，当柱纵筋直径大于等于 25mm 时，在柱宽范围的柱箍筋内侧设置间距＞150mm 但不少于 3 φ 10 的角部附加钢筋。附加钢筋长度为 600mm。

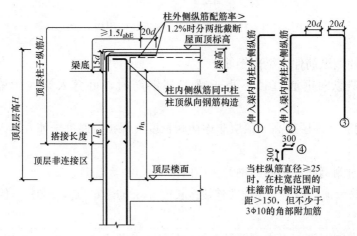

图 2-22　柱纵筋在梁内弯锚长度 l_{abE} 超过柱内侧边缘构造做法

节点 C：柱纵筋伸入梁内长度，从梁底算起 $1.5l_{abE}$ 未超过柱内侧边缘，柱外侧纵筋配筋率大于 1.2%时，锚入钢筋在梁内分两批截断。节点构造如图 2-23 所示。

钢筋包括如下。

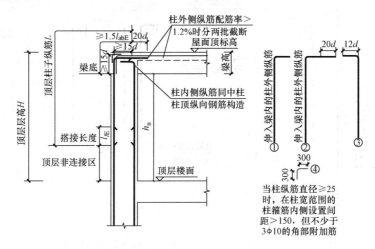

图 2-23　柱纵筋在梁内弯锚长度 l_{abE} 未超未过柱内侧边缘构造做法

（1）外侧纵筋①，在梁内弯锚，且位于梁上部钢筋之下，在梁内弯锚长度为 $1.5l_{abE}$。

外侧钢筋=顶层层高-顶层非连接区长度 $\max\ (h_n/6,\ h_c,\ 500)$ -梁高+
伸入梁内长度 $(1.5l_{abE})$ 　　　　　　　　　　　　　　　　　（2-23）

（2）柱外侧纵筋②，且位于梁上部钢筋之下，在梁内弯折长度为 $1.5l_{abE}$ 加 $20d$（d 为锚固钢筋直径）。

外侧钢筋=顶层层高-顶层非连接区长度 $\max\ (h_n/6,\ h_c,\ 500)$ -梁高+
伸入梁内长度 $(20d+1.5l_{abE})$ 　　　　　　　　　　　　　　（2-24）

（3）柱内侧钢筋③，当内侧钢筋在梁内 $< l_{aE}$ 时。

内侧钢筋=顶层层高-顶层非连接区长度 $\max\ (h_n/6,\ h_c,\ 500)$ -保护层+
$12d$ 　　　　　　　　　　　　　　　　　　　　　　　　　　（2-25）

（4）柱内侧钢筋③，当内侧钢筋在梁内 $\geqslant l_{aE}$ 时。

内侧钢筋=顶层层高-顶层非连接区长度 $\max\ (h_n/6,\ h_c,\ 500)$ -保护层
　　　　　　　　　　　　　　　　　　　　　　　　　　　　　　（2-26）

（5）角部附加筋④，当柱纵筋直径大于等于 25 时，在柱宽范围的柱箍筋内侧设置间距>150 但不少于 3φ10 的角部附加钢筋。附加钢筋长度为 600mm。

节点 D：不伸入梁内柱纵筋，柱顶第一层钢筋伸至柱内边向下弯折 $8d$，柱顶第二层钢筋伸至柱内边，本图做法在设计中不应单独使用。节点构造如图 2-24 所示。钢筋包括如下。

（1）柱内侧钢筋①，当内侧钢筋在梁内 $< l_{aE}$ 时。

内侧钢筋=顶层层高-顶层非连接区长度 $\max\ (h_n/6,\ h_c,\ 500)$ -保护层+
$12d$ 　　　　　　　　　　　　　　　　　　　　　　　　　　（2-27）

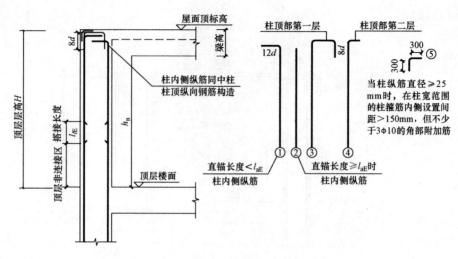

图 2-24 未伸入梁内的柱外侧纵筋锚固构造做法

(2) 柱内侧钢筋②，当内侧钢筋在梁内≥l_{aE}时。

内侧钢筋＝顶层层高－顶层非连接区长度 max（$h_n/6$，h_c，500）－保护层

$$(2-28)$$

(3) 柱顶第一层不伸入梁内的外侧纵筋，伸至柱内边，向下弯折 8d。

③外侧钢筋＝顶层层高－顶层非连接区长度 max（$h_n/6$，h_c，500）－
梁保护层厚度＋柱宽－2×柱保护层厚度）＋8d　　　　(2-29)

(4) 柱顶第二层不伸入梁内的外侧纵筋，伸至柱内边截断。

④外侧钢筋＝顶层层高－顶层非连接区长度 max（$h_n/6$，h_c，500）－
梁保护层厚度＋柱宽－2×柱保护层厚度　　　　　　(2-30)

(5) 角部附加筋⑤，当柱纵筋直径大于等于 25mm 时，在柱宽范围的柱箍筋内侧设置间距＞150mm 但不少于 3 φ 10 的角部附加钢筋。附加钢筋长度为 600mm。

节点 E：梁、柱纵向钢筋搭接接头沿节点外侧直线布置，两上部钢筋在柱外侧纵筋内弯锚，梁上部纵向纵筋配筋率大于 1.2%时，应分两批截断，当梁上部纵向钢筋为两排时，先断第二排钢筋。可与节点 A 组合使用。节点构造如图 2-25 所示。钢筋包括如下。

(1) 柱外侧纵筋，伸至柱顶截断。

① 外侧钢筋 ＝ 顶层层高－顶层非连接区长度－保护层　　(2-31)

(2) 柱内侧钢筋②，当内侧钢筋在梁内小于 l_{aE}时，

②内侧钢筋＝顶层层高－顶层非连接区长度 max（$h_n/6$，h_c，500）
－保护层＋12d　　　　　　　　　(2-32)

(3) 柱内侧钢筋，当内侧钢筋在梁内大于等于 l_{aE}时，

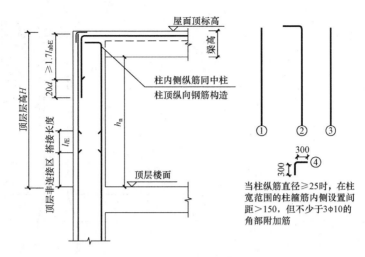

图 2-25　梁、柱纵向钢筋搭接接头沿节点外侧直线布置构造做法

③内侧钢筋＝顶层层高－顶层非连接区长度 max（$h_n/6$，h_c，500）－保护层

(2-33)

（4）角部附加筋④，当柱纵筋直径大于等于 25 时，在柱宽范围的柱箍筋内侧设置间距＞150mm 但不少于 3Φ10 的角部附加钢筋。附加钢筋长度为 600mm。

以上节点 A、B、C、D 应配合使用，节点 D 仅用于未伸入梁内的柱外侧纵筋锚固，不应单独使用，伸入梁内的柱外侧纵筋不宜少于柱外侧全部纵筋面积的 65％，可选择：节点 B＋节点 D 或节点 C＋节点 D 或节点 A＋节点 B＋节点 D 或节点 A＋节点 C＋节点 D 的做法，节点 E 用于梁、柱纵向钢筋搭接接头沿节点外侧直线布置的情况，可与节点 A 组合使用。

3. 顶层角柱纵筋计算

角柱两面有梁，只是外侧是两个面，外侧纵筋的总根数按照两个外侧总根数之和计算，顶层角柱纵筋的计算方法和边柱一样。

2.2.4　变截面柱纵筋计算

1. $C/h_b \leqslant 1/6$

式中，C——上、下层柱截面变化尺寸；h_b——梁高；h_c——柱截面长边尺寸。

依据施工方式分为绑扎连接和机械连接两种情况，如图 2-26 所示。

当 C 值很小时，斜长忽略不计，纵筋计算方法和普通柱中间层钢筋计算方法一样。纵筋计算长度按照图 2-27 计算。

变截面纵筋计算长度＝该层层高－该层非连接区长度＋上层非连接区长度＋

搭接长度 l_{lE}（当机械或焊接连接时，搭接长度 $l_{lE}＝0$）

(2-34)

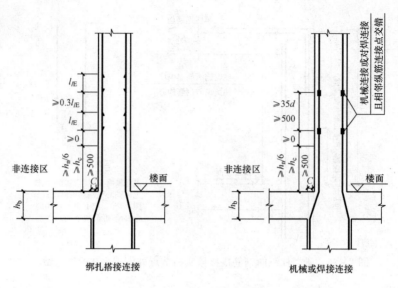

图 2-26 $C/h_b \leqslant 1/6$ 情况

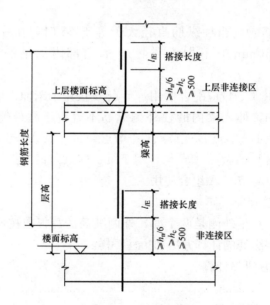

图 2-27 $C/h_b \leqslant 1/6$ 时，变截面柱纵筋计算图

2. $C/h_b > 1/6$

此类情况仍然按照绑扎和机械连接两种情况，如图 2-28 所示。

分别计算变截面纵筋、不变截面纵筋和插筋三种钢筋。纵筋计算长度如图 2-29 所示。

变截面处纵筋长度①＝层高－非连接区长度－下层梁高＋（本层梁高－保护

层)＋12d　　　　　　　　　　　　　　　　　　　　　(2-35)

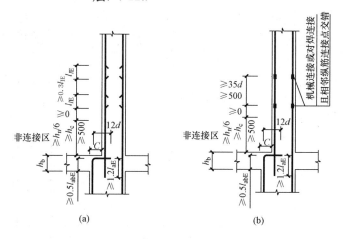

图 2-28　$C/h_b>1/6$ 情况

(a) 绑扎连接；(b) 机械或焊接连接

注：1. 受拉钢筋直径 $d>25$，受压钢筋直径 $d>28$ 时，不宜采用绑扎搭接接头。

　　2. h_c 为柱截面长边尺寸（圆为直径），H_n 为所在楼层净高

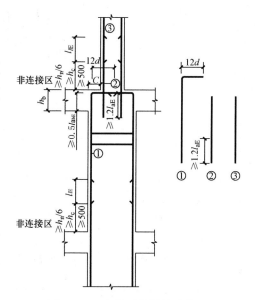

图 2-29　变截面柱纵筋计算图

不变截面处纵筋长度③＝层高－非连接区长度＋上层非连接区长度＋

搭接长度 (l_{lE})　　　　　　　　　　　　　(2-36)

变截面上层柱插筋长度②＝$1.2l_{aE}$＋上层非连接区长度＋搭接长度 (l_{lE})

(2-37)

当机械或焊接连接时，搭接长度 $l_{lE} = 0$。

2.3 抗震剪力墙上柱（QZ）、梁上柱（LZ）纵向钢筋长度

梁上柱纵筋构造见图 2-30，纵筋连接分为绑扎、机械连接、焊接连接三种形式，梁上柱墙上柱纵筋连接及锚固构造除柱根部外，其余部分均与框架柱纵筋连接及锚固构造相同。

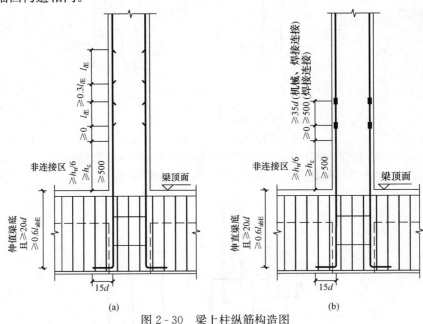

图 2-30 梁上柱纵筋构造图

L_Z 纵筋计算长度＝弯折长度 $15d$＋竖直长度 h_1＋

$$非连接区长度 \max (h_n, h_c, 500\text{mm}) + l_{lE} \qquad (2-38)$$

式中，h_1＝梁高－梁底保护层厚度，且应大于等于 $0.6\ l_{abE}$；h_n—楼层净高；h_c—柱截面长边尺寸。预算中不考虑混凝土柱主筋错层搭接问题，因为无论搭接位置在何处，均不影响钢筋总工程量计算。

墙上柱纵筋构造分两种，柱纵筋锚固在墙顶部构造或柱与墙重叠一层，构造见图 2-31。

$$QZ 纵筋计算长度＝弯折长度 150＋锚固长度（\geq 1.2\ l_{aE}）＋柱身钢筋长度$$

$$(2-39)$$

$$QZ 纵筋计算长度＝重叠层层高＋柱身钢筋长度 \qquad (2-40)$$

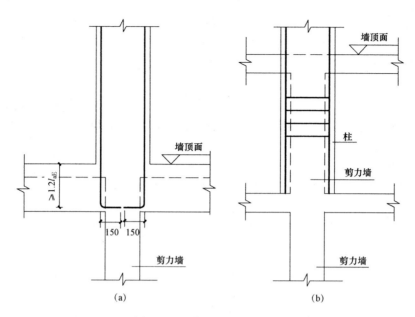

图 2-31　墙上柱纵筋构造图

(a) 柱纵筋锚固在墙顶部构造；(b) 柱与墙重叠一层构造

2.4　构造柱钢筋工程量计算

为提高多层砌体结构建筑的抗震性能，应在房屋的砌体内适宜部位设置钢筋混凝土构造柱并与圈梁连接，共同加强建筑物的稳定性。构造柱与组合砖砌体柱不同，后者是当砌体受压构件偏心距较大，无筋砌体承受能力不足而柱截面尺寸受其他条件的限制又不能扩展或要求砌体受压构件有一定的延性和变形能力时，在砌体的外表面附以混凝土或抹砂浆面层共同组成受压构件。这种组合砌体构件一般要求在砌体结构设计规范中已有规定，而构造柱则是被包围在砌体结构内部的混凝土柱，其目的是同圈梁形成闭合的整体结构共同工作，以提高砌体结构的抗震能力。

1. 构造柱的作用范围

多层砌体房屋，底层框架及内框架砖砌体中，构造柱的作用一般为：加强纵墙间的连接，与其相邻的纵横墙以及马牙搓相连接，并沿墙高每隔 500mm 设置 2φ6 拉结钢筋。一般施工时先砌砖墙后浇筑混凝土柱，这样能增加与横墙的结合能力，可以提高砌体的抗剪承载能力 10%～30%，并能明显约束墙体开裂，限制出现裂缝。构造柱与圈梁的共同工作，可以把砖砌体分割包围，当砌体开裂时能迫使裂缝在所包围的范围之内，而不至于进一步扩展。砌体虽然出现裂缝，但能限制它的错位，使其维持承载能力并能抵消振动能量而不易较早倒塌。砌体结构作为垂直承载构件，地震时最怕出现四散错落倒地，从而使水平楼板和屋盖坠落，而构造柱则可以阻止或延缓倒塌时间，以减少损失。构造柱与圈梁连接又可以起到类似框架结构的作用，其作用效果非常明显。

2. 构造柱设置位置的规定

规范要求无论房屋层数和地震烈度多少，均应在外墙四角、错层部位横墙与外纵墙交接处、较大洞口两侧、大房间内外墙交接处设置构造柱，如图 2 - 32 所示。

3. 构造柱的构造要求

多层烧结普通砖房的构造柱必须符合：

（1）可采用 240mm×180mm 最小截面，纵向钢筋宜用 4Φ12，箍筋间距不宜大于 250mm 且柱两端适当加密。7 度设防时房屋不宜超过六层，8 度时 7~9 层的房屋竖向筋直径采用 4Φ14，箍筋间距不宜大于 200mm，房屋四角构造柱可适当加大截面及配筋量。

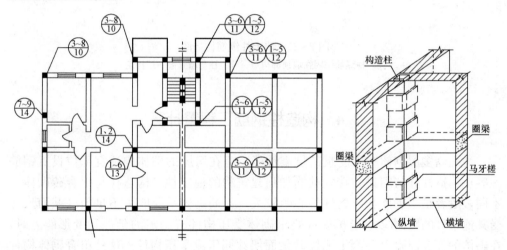

图 2 - 32　构造柱平面节点图

（2）构造柱与砖墙连接处宜砌成马牙槎，并沿墙高每隔 500mm 设置 2Φ6 拉结钢筋，每边伸入墙内不小于 1m。

（3）构造柱与圈梁连接，当隔层设置圈梁时，应在无圈梁楼层增配筋砖带，并提高砂浆强度；仅在外墙四周设置构造柱时，在外墙上伸过一个开间，截面及高度不应小于四皮砖，砂浆强度等级不应低于 M5。构造柱不需单独设置基础，但必须伸入室外地面以下 500mm，或锚入不浅于 500mm 的基础圈梁内。底层框架砖房和多层框架砖房构造柱应符合：构造柱截面不宜小于 240mm×240mm，纵向钢筋不宜小于 4Φ14，箍筋间距不宜大于 200mm，构造柱应同每层圈梁连接。

构造柱设置部位，一般情况应符合表 2 - 3 的要求。外廊式和单面走廊式多层砖房，应根据房屋实际层数，按表 2 - 4 的要求设置构造柱，而且单面走廊两侧的纵墙均应按外墙处理。构造柱设置应根据设计图纸及相关配套图集计算钢筋工程量。

表 2 - 3　　　　　　　　　　　**构 造 柱 设 置 （一）**

抗震墙布置	烈　　　度							
	6		7		8		9	
	高度/m	层数	高度/m	层数	高度/m	层数	高度/m	层数
横墙较多	24	八	21	七	18	六	12	四
横墙较少	21	七	18	六	15	五	9	三

注：1. 房屋高度是指室外地坪到主建筑物的高度。半地下室可从地下室室内地面算起，全地下室可从室外地坪算起；

　　2. 横墙较多是指横墙间距不大于 4.2m，或横墙间距大于 4.2m 的房间的面积在某一层内不大于该层总面积的 1/4，否则为横墙较少；

　　3. 本表适用于最小墙厚为 240mm 及以上的实心墙；

　　4. 房屋的层高不宜超过 4m。

表 2 - 4　　　　　　　　　　　**构 造 柱 设 置 （二）**

房屋层数				设置位置	
6 级	7 级	8 级	9 级		
四、五	三、四	二、三		外墙死角，错层部位横墙与外纵墙交接处，极大洞口两侧，大房间内外墙交接处	7、8 度时楼梯、电梯间四角
六～八	五、六	四	二		隔一开间（轴线）横墙与外墙交接处，7～9 度时楼、电梯间四角
	七	五、六	三、四		内墙（轴线）与外墙交接处，内墙局部较小墙垛处，7～9 度时楼、电梯间四角，8 度时无洞口内横墙与内纵墙交接处；9 度时内纵墙与横墙（轴线）交接处

4. 构造柱钢筋计算

构造柱纵筋锚入混凝土梁、基础圈梁或扩展基础中最小长度为 l_a，锚入室外地坪下最小长度 500mm，如图 2 - 33 所示。

$$插筋长度 = l_a + l_l \tag{2-41}$$

$$某层纵筋长度 = l_l + 当前层高 \tag{2-42}$$

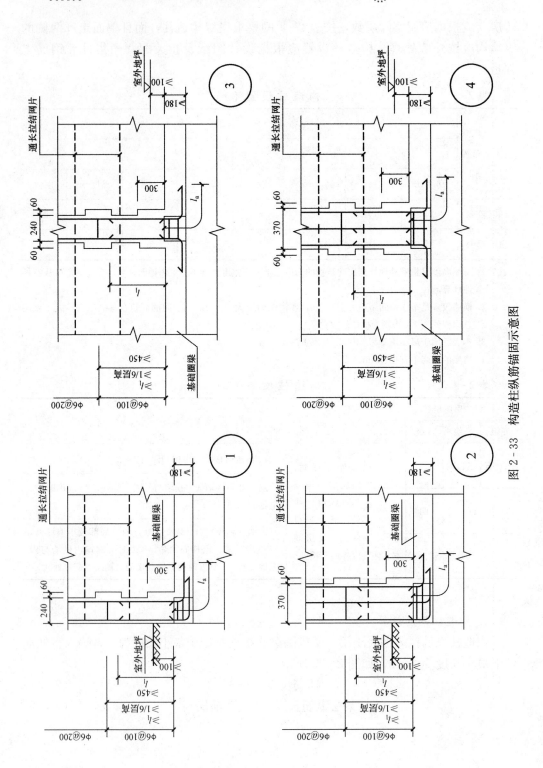

图 2-33 构造柱纵筋锚固示意图

2.5　柱箍筋工程量计算

柱纵筋的作用是提高柱的承载力，减小构件的截面尺寸，防止因偶然偏心产生的破坏，改善破坏时构件的延性和减小混凝土的徐变变形。箍筋能与纵筋形成骨架，并防止纵筋受力后外凸。箍筋在斜截面计算中可提高其抗剪承载能力；轴心受压构件如配置焊接环式箍筋或螺旋式箍筋也可提高其承载能力。

1. 柱箍筋类型

柱箍筋类型分为非复合箍筋和复合箍筋两大类。非复合箍筋如图 2-34 所示，复合箍筋如图 2-35 所示。

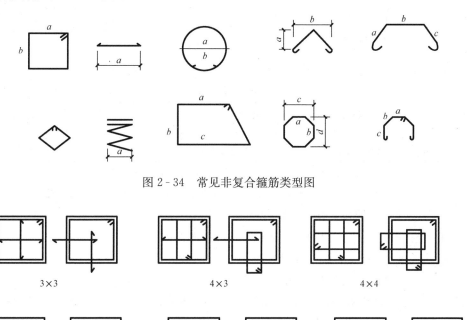

图 2-34　常见非复合箍筋类型图

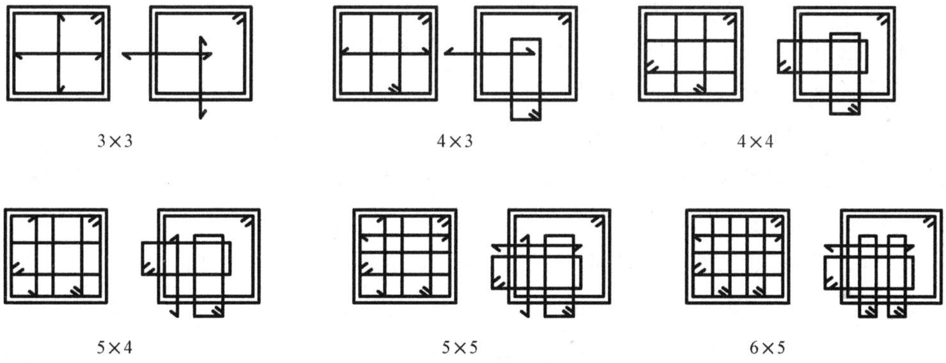

图 2-35　常见复合箍筋类型图

2. 柱箍筋长度计算

计算柱箍筋长度通常有两种方法，按照中心线计算或按照外皮计算。下面列举五种常用箍筋的计算方法。

（1）按照中心线计算箍筋长度公式。

1）Ⅰ型箍筋，按照 03G101-1 规定计算，如图 2-36（a）所示。

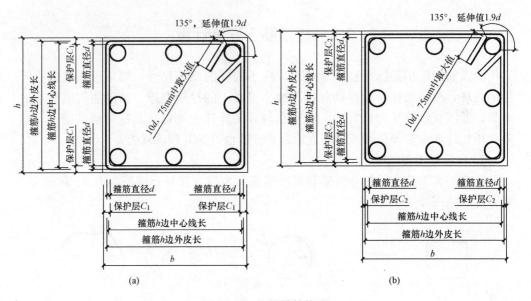

图 2-36   Ⅰ型箍筋构造

(a) 03G101-1图集箍筋构造；(b) 16G101-1图集箍筋构造

箍筋长度$=(b-2\times C_1+d/2\times 2)\times 2+(h-2\times C_1+d/2\times 2)\times 2+1.9d\times 2+$
$\qquad$ max $(10d，75mm)\times 2$

$\qquad =2\times(b+h)-8C_1+4d+1.9d\times 2+$ max $(10d,75mm)\times 2$ (2-43)

式中，C_1—保护层厚度；d—箍筋直径。

Ⅰ型箍筋，按照16G101-1规定计算，如图2-36 (b) 所示。

箍筋长度$=(b-2\times C_2-d/2\times 2)\times 2+(h-2\times C_2-d/2\times 2)\times 2+1.9d\times 2+$
$\qquad$ max $(10d，75mm)\times 2$

$\qquad =2\times(b+h)-8C_2-4d+1.9d\times 2+$ max $(10d，75mm)\times 2$ (2-44)

式中，C_2—保护层厚度；d—箍筋直径。

2）Ⅱ型箍筋，按照03G101-1规定计算，如图2-37 (a) 所示。

箍筋长度$=($间距 $j\times$间距数量$+D/2\times 2+d/2\times 2)\times 2+(b-2\times C_1+d/2\times 2)\times$
$\qquad 2+1.9d\times 2+$ max $(10d，75mm)\times 2$

$\qquad =$间距 $j\times$间距数量$\times 2+2D+2b-4C_1+4d+1.9d\times 2+$ max $(10d，$
$\qquad 75mm)\times 2$
$\qquad\qquad\qquad\qquad\qquad\qquad\qquad\qquad\qquad\qquad\qquad\qquad\qquad\qquad$(2-45)

Ⅱ型箍筋，按照16G101-1规定计算，如图2-37 (b) 所示。

箍筋长度$=($间距 $j\times$间距数量$+D/2\times 2+d/2\times 2)\times 2+(b-2\times C_2-d/2\times 2)\times$
$\qquad 2+1.9d\times 2+$ max $(10d，75mm)\times 2$

$\qquad =$间距 $j\times$间距数量$\times 2+2D+2b-4C_2+1.9d\times 2+$ max $(10d，$
$\qquad 75mm)\times 2$
$\qquad\qquad\qquad\qquad\qquad\qquad\qquad\qquad\qquad\qquad\qquad\qquad\qquad\qquad$(2-46)

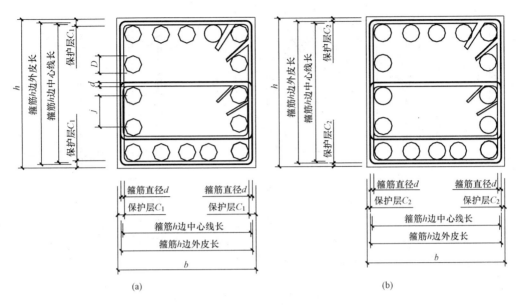

图 2 - 37 Ⅱ型箍筋构造

(a) 03G101 - 1 图集箍筋构造；(b) 16G101 - 1 图集箍筋构造

式中，D—纵筋直径。

3) Ⅲ型箍筋，按照 03G101 - 1 规定计算，如图 2 - 38 (a) 所示。

箍筋长度＝(间距 j×间距数量＋$D/2$×2＋$d/2$×2)×2＋(h－2×C_1＋$d/2$×2)×

2＋1.9d×2＋max (10d，75mm)×2

＝间距 j×间距数量×2＋2D＋4d＋2h－4C_1＋1.9d×2＋max (10d，

75mm)×2　　　　　　　　　　　　　　　　　　　　　　(2 - 47)

Ⅲ型箍筋，按照 16G101 - 1 规定计算，如图 2 - 38 (b) 所示。

箍筋长度＝(间距 j×间距数量＋$D/2$×2＋$d/2$×2)×2＋(h－2×C_2－$d/2$×2)×

2＋1.9d×2＋max (10d，75mm)×2

＝间距 j×间距数量×2＋2D＋2h－4C_2＋1.9d×2＋max (10d，

75mm)×2　　　　　　　　　　　　　　　　　　　　　　(2 - 48)

4) Ⅳ型箍筋，按照 03G101 - 1 规定计算，如图 2 - 39 (a) 所示。当单支箍筋

同时勾住纵筋和箍筋，箍筋长度如下式：

箍筋长度＝(h－2×C_1＋d_1×2＋$d_2/2$×2)＋1.9d×2＋max (10d，75mm)×2

＝(h－2C_1＋2d_1＋d_2)＋1.9d×2＋max (10d，75mm)×2　　(2 - 49)

式中，d_1—箍筋直径；d_2—Ⅳ型箍筋直径。

当单支箍筋只勾住纵筋，箍筋长度如下式：

箍筋长度＝(h－2×C_1＋$d_2/2$×2)＋1.9d×2＋max (10d，75mm)×2

＝(h－2C_1＋d_2)＋1.9d×2＋max (10d，75mm)×2　　　(2 - 50)

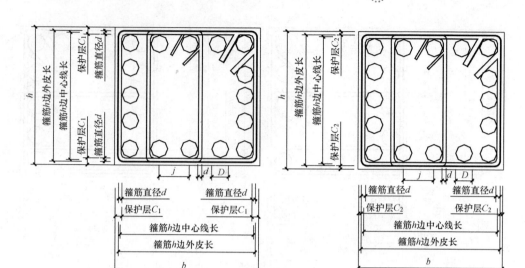

图 2-38 Ⅲ型箍筋构造

(a) 03G101-1 图集箍筋构造；(b) 16G101-1 图集箍筋构造

Ⅳ型箍筋，按照 16G101-1 规定计算，如图 2-39（b）所示。

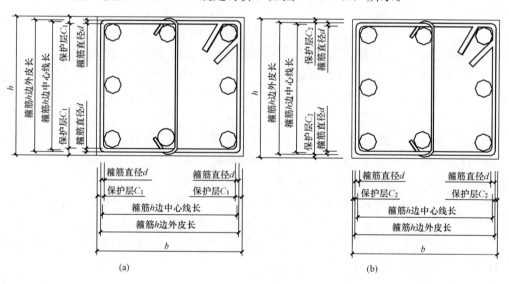

图 2-39 Ⅳ型箍筋构造

(a) 03G101-1 图集箍筋构造；(b) 16G101-1 图集箍筋构造

单支箍筋同时勾住纵筋和箍筋，单支箍筋计算式如下：

$$箍筋长度=(h-2\times C_2+d_2/2\times 2)+1.9d\times 2+\max(10d，75mm)\times 2$$
$$=(h-2C_2+d_2)+1.9d\times 2+\max(10d，75mm)\times 2 \tag{2-51}$$

单支箍筋只勾住纵筋，单支箍筋计算式如下：

$$箍筋长度=(h-2\times C_2-2d_1-d_2/2\times 2)+1.9d\times 2+\max\ (10d,\ 75\text{mm})\times 2$$
$$=(h-2\times C_2-2d_1-d_2)+1.9d\times 2+\max\ (10d,\ 75\text{mm})\times 2 \quad (2\text{-}52)$$

5) 圆形柱箍筋，如图 2-34 中所示圆形箍筋，按照 03G101-1 规定计算。

$$箍筋长度=(柱子直径-2\times C_1+d)\times 3.14+\max\ (l_{aE},\ 300)+1.9d\times 2+\max$$
$$(10d,\ 75\text{mm})\times 2 \quad (2\text{-}53)$$

圆形柱箍筋，按照 16G101-1 规定计算如下：

$$箍筋长度=(柱子直径-2C_2-d)\times 3.14+\max\ (l_{aE},\ 300)+1.9d\times 2+\max$$
$$(10d,\ 75\text{mm})\times 2 \quad (2\text{-}54)$$

6) 螺旋形柱箍筋，如图 2-40 所示螺旋形柱箍筋，箍筋在柱端锚固一圈半。按照 03G101-1 规定计算。

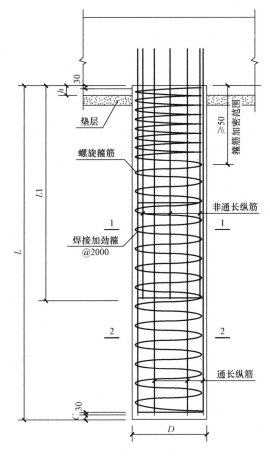

图 2-40　螺旋形柱箍筋构造图（一）

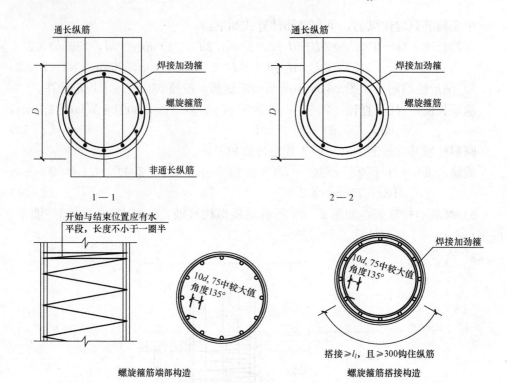

图 2-40 螺旋形柱箍筋构造图（二）

$$\text{箍筋长度} = n\sqrt{s^2 + (D - 2\times C_1 + d)^2\pi^2} + 1.5\times 2\pi(D - 2\times C_1 + d) + 2\times 1.9d + \max(10d, 75\text{mm})\times 2$$

$$= n\sqrt{s^2 + (D - 2\times C_1 + d)^2\pi^2} + 1.5\times 2\pi(D - 2C_1 + d) + 2\times 1.9d + \max(10d, 75\text{mm})\times 2 \qquad (2\text{-}55)$$

式中，n—螺旋圈数，n=螺旋箍布置范围/螺旋箍间距 s（mm）；D—钢筋混凝土构件的外径（mm）；d—螺旋箍筋的直径（mm）；s—螺旋箍间距（mm）；C_1—保护层厚度。

螺旋形柱箍筋，按照 16G101-1 规定计算。

$$\text{箍筋长度} = n\sqrt{s^2 + (D - 2\times C_2 - d)^2\pi^2} + 1.5\times 2\pi(D - 2\times C_2 - d) + 2\times 1.9d + \max(10d, 75\text{mm})\times 2$$

$$= n\sqrt{s^2 + (D - 2\times C_2 - d)^2\pi^2} + 1.5\times 2\pi(D - 2C_2 - d) + 2\times 1.9d + \max(10d, 75\text{mm})\times 2 \qquad (2\text{-}56)$$

（2）按照外皮计算箍筋长度公式。

1）Ⅰ型箍筋，按照 03G101-1 规定计算，如图 2-36（a）所示。

$$\text{箍筋长度} = (b - 2\times C_1 + d\times 2)\times 2 + (h - 2\times C_1 + d\times 2)\times 2 + 1.9d\times 2 + \max(10d, 75\text{mm})\times 2$$

$$=(b-2\times C_1+2d)\times2+(h-2\times C_1+2d)\times2+1.9d\times2+\max\ (10d,\ 75\text{mm})\times2$$

$$=2b-4C_1+4d+2h-4\times C_1+4d+1.9d\times2+\max\ (10d,\ 75\text{mm})\times2$$

$$=2\times(b+h)-8C_1+8d+1.9d\times2+\max\ (10d,\ 75\text{mm})\times2\quad(2\text{-}57)$$

Ⅰ型箍筋，按照 16G101-1 规定计算，如图 2-36（b）所示。

$$\text{箍筋长度}=(b-2\times C_2)\times2+(h-2\times C_2)\times2+1.9d\times2+\max\ (10d,\ 75\text{mm})\times2$$

$$=2\times b-4\times C_2+2h-4\times C_2+1.9d\times2+\max\ (10d,\ 75\text{mm})\times2$$

$$=2\times(b+h)-8C_2+1.9d\times2+\max\ (10d,\ 75\text{mm})\times2\quad(2\text{-}58)$$

2）Ⅱ型箍筋，按照 03G101-1 规定计算，如图 2-37（a）所示。

$$\text{箍筋长度}=(\text{间距}\ j\times\text{间距数量}+D/2\times2+2d)\times2+(b-2\times C_1+2d)\times2+$$

$$1.9d\times2+\max\ (10d,\ 75\text{mm})\times2$$

$$=\text{间距}\ j\times\text{间距数量}\times2+2D+2b-4\times C_1+8d+$$

$$1.9d\times2+\max\ (10d,\ 75\text{mm})\times2\quad(2\text{-}59)$$

Ⅱ型箍筋，按照 16G101-1 规定计算，如图 2-37（b）所示。

$$\text{箍筋长度}=(\text{间距}\ j\times\text{间距数量}+D/2\times2+2d)\times2+(b-2\times C_2)\times$$

$$2+1.9d\times2+\max\ (10d,\ 75\text{mm})\times2$$

$$=(\text{间距}\ j\times\text{间距数量}+D+2d)\times2+(b-2\times C_2)\times2+$$

$$1.9d\times2+\max\ (10d,\ 75\text{mm})\times2$$

$$=\text{间距}\ j\times\text{间距数量}\times2+2D+4d+2b-4C_2+$$

$$1.9d\times2+\max\ (10d,\ 75\text{mm})\times2\quad(2\text{-}60)$$

3）Ⅲ型箍筋，按照 03G101-1 规定计算，如图 2-38（a）所示。

$$\text{箍筋长度}=(\text{间距}\ j\times\text{间距数量}+D/2\times2+d\times2)\times2+(h-2\times C_1+$$

$$d\times2)\times2+1.9d\times2+\max\ (10d,\ 75\text{mm})\times2$$

$$=(\text{间距}\ j\times\text{间距数量}+D+2d)\times2+(h-2C_1+2d)\times2+$$

$$1.9d\times2+\max\ (10d,\ 75\text{mm})\times2$$

$$=\text{间距}\ j\times\text{间距数量}\times2+2D+8d+2h-4C_1+$$

$$1.9d\times2+\max\ (10d,\ 75\text{mm})\times2\quad(2\text{-}61)$$

Ⅲ型箍筋，按照 16G101-1 规定计算，如图 2-38（b）所示。

$$\text{箍筋长度}=(\text{间距}\ j\times\text{间距数量}+D/2\times2+d\times2)\times2+(h-2\times C_2-$$

$$d\times2)\times2+1.9d\times2+\max\ (10d,\ 75\text{mm})\times2$$

$$=(\text{间距}\ j\times\text{间距数量}+D+2d)\times2+(h-2C_2-2d)\times$$

$$2+1.9d\times2+\max\ (10d,\ 75\text{mm})\times2$$

$$=\text{间距}\ j\times\text{间距数量}\times2+2D+2h-4C_2+1.9d\times2+$$

$$\max\ (10d,\ 75\text{mm})\times2\quad(2\text{-}62)$$

4）Ⅳ型箍筋，按照 03G101-1 规定计算，如图 2-39（a）所示。

单支箍筋同时勾住纵筋和箍筋

箍筋长度＝$(h-2\times C_1+d_1\times2+d_2\times2)+1.9d\times2+\max\ (10d,\ 75\mathrm{mm})\times2$

$\qquad =(h-2C_1+2d_1+2d_2)+1.9d\times2+\max\ (10d,\ 75\mathrm{mm})\times2$ （2-63）

单支箍筋只勾住纵筋

箍筋长度＝$(h-2\times C_1+d_2\times2)+1.9d\times2+\max\ (10d,\ 75\mathrm{mm})\times2$

$\qquad =(h-2C_1+2d_2)+1.9d\times2+\max\ (10d,\ 75\mathrm{mm})\times2$ （2-64）

Ⅳ型箍筋，按照 16G101-1 规定计算，如图 2-39（b）所示。

单支箍筋同时勾住纵筋和箍筋，单支箍筋计算式如下：

箍筋长度＝$(h-2\times C_2)+1.9d\times2+\max\ (10d,\ 75\mathrm{mm})\times2$

$\qquad =(h-2C_2)+1.9d\times2+\max\ (10d,\ 75\mathrm{mm})\times2$ （2-65）

单支箍筋只勾住纵筋，单支箍筋计算式如下：

箍筋长度＝$(h-2\times C_2-2d_1-d_2\times2)+1.9d\times2+\max\ (10d,\ 75\mathrm{mm})\times2$

$\qquad =(h-2C_2-2d_1-2d_2)+1.9d\times2+\max\ (10d,\ 75\mathrm{mm})\times2$ （2-66）

5）圆形柱箍筋，如图 2-34 中所示圆形箍筋，按照 03G101-1 规定计算。

箍筋长度＝（柱子直径$-2C_1+2d$）$\pi+\max\ (l_{aE},\ 300)+1.9d\times2+10d\times2$ （2-67）

圆形柱箍筋，按照 16G101-1 规定计算。

箍筋长度＝（柱子直径$-2C_2$）$\pi+\max\ (l_{aE},\ 300)+1.9d\times2+10d\times2$ （2-68）

6）螺旋形柱箍筋，如图 2-40 所示螺旋形柱箍筋，箍筋在柱端锚固长度不小于一圈半。按照 03G101-1 规定计算。

$$箍筋长度＝n\sqrt{s^2+(D-2\times C_1+2d)^2\pi^2}+1.5\times2\times\pi\ (D-2\times C_1+2d)+2\times$$
$$1.9d+\max\ (10d,\ 75\mathrm{mm})\times2$$
$$=n\sqrt{s^2+(D-2\times C_1+2d)^2\pi^2}+1.5\times2\pi\ (D-2\ C_1+2d)+2\times$$
$$1.9d+\max\ (10d,\ 75\mathrm{mm})\times2 \qquad（2-69）$$

螺旋形柱箍筋，按照 16G101-1 规定计算。

$$箍筋长度＝n\sqrt{s^2+(D-2\times C_2)^2\pi^2}+1.5\times2\pi\ (D-2\times C_2)+2\times1.9d+\max$$
$$(10d,\ 75\mathrm{mm})\times2$$
$$=n\sqrt{s^2+(D-2\times C_2)^2\pi^2}+1.5\times2\pi\ (D-2\ C_2)+2\times1.9d+\max$$
$$(10d,\ 75\mathrm{mm})\times2 \qquad（2-70）$$

3. 柱箍筋根数计算

（1）纵筋采用绑扎连接。

1）基础层箍筋根数计算。

柱插筋在基础层中构造分以下三种情况。

第一种：柱钢筋插至基础底基础钢筋网之上，第一道箍筋距离基础顶面 100mm，箍筋设置间距应≤500mm，而且不少于两道矩形封闭箍筋。

第二种：梁上柱纵筋垂直锚入梁中高度应≥$0.5l_{abE}$ 或≥$0.5l_{ab}$。梁上起柱，在梁内设两道柱箍筋。

　　第三种：剪力墙上柱纵筋垂直锚入墙中高度应≥$1.2l_{aE}$或≥$1.2l_a$；墙上起柱，在墙顶面标高以下锚固范围内的柱箍筋按上柱非加密区箍筋要求配置。

　　箍筋根数计算分以下三种情况，或依据施工图纸。

　　第一种：基础层上、下两端均不布置箍筋。

　　基础层水平箍筋根数＝（基础箍筋布置高度h－基础保护层）/500－1　（2-71）

　　第二种：基础层上或下一端布置一根箍筋。

　　基础层水平箍筋根数＝（基础箍筋布置高度h－基础保护层）/500　　（2-72）

　　第三种：基础层上下两端均布置一根箍筋。

　　基础层水平箍筋根数＝（基础箍筋布置高度h－基础保护层）/500＋1　（2-73）

　　当插筋部分保护层厚度不一致情况下（如纵筋部分位于梁中，部分位于板中），保护层厚度小于$5d$的部位应设置锚固区横向箍筋。基础层锚固区横向箍筋应满足直径≥$d/4$（d为插筋最大直径），间距≤$10d$（d为插筋最小直径），而且≤100mm的要求。箍筋配置应根据基础层柱插筋在基础地板或基础梁中的锚固情况确定箍筋根数。

　　2）箍筋根数计算。在平法施工图中，箍筋间距系指非搭接区的箍筋间距，在柱纵筋搭接区的箍筋间距见具体工程设计说明。基础层柱箍筋布置分抗震和非抗震两种情况，如图2-41（a）、（b）所示，箍筋根数计算见表2-5、表2-6。当柱纵筋采用绑扎搭接连接，应在柱纵筋搭接长度范围内均按≤$5d$（d为搭接钢筋较小直径）或≤100mm间距加密箍筋。嵌固部位所在层柱箍筋加密区的长度应取不小于该层净高的三分之一即$h_n/3$。当设计有刚性地面时，除柱端箍筋加密区外，尚应在刚性地面上、下各500mm的高度范围内加密箍筋。

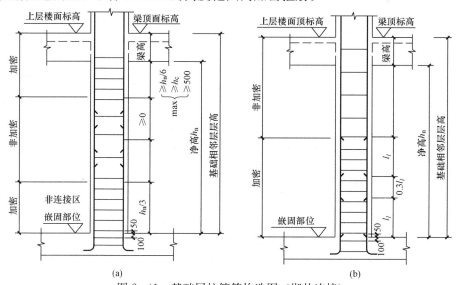

图 2-41　基础层柱箍筋构造图（绑扎连接）

（a）抗震框架柱基础层箍筋构造；（b）非抗震柱基础层箍筋构造

表 2 - 5   **基础层柱箍筋根数计算表（绑扎连接，抗震设计）**

部位	范围	是否加密	加密长度	箍筋根数计算公式	根数计算公式
嵌固部位	$h_n/3$	加密	$l_1 = h_n/3$	$N_1 = (l_1 - 50)/$ 加密区间距+1	全高加密箍筋：如果 $l_1 + l_2 + l_3 + l_4$ 大于层高，则柱全高加密，$N = ($层高$-50)/$加密区间距+1 非全高加密箍筋：$N = N_1 + N_2 + N_3 + N_4$ 纵筋搭接区箍筋间距见设计说明
梁下部位	$\max(h_c, h_n/6, 500)$	加密	$l_2 = \max(h_c, h_n/6, 500)$	$N_2 = l_2/$加密区间距+1	
梁高范围	梁高	加密	$l_3 = $梁高	$N_3 = l_3/$加密区间距	
剩余部位	剩余部分	非加密	$l_4 = $层高$-$ $(l_1 + l_2 + l_3)$	$N_4 = l_4/$非加密区间距-1	

注：h_n—楼层净高（$h_n = $层高$-$梁高）；$h_c$—柱截面长边尺寸。

表 2 - 6   **基础层柱箍筋根数计算表（绑扎连接，非抗震设计）**

部位	范围	是否加密	加密长度	箍筋根数计算公式	根数计算公式
基础根部	基础顶至搭接区底	不加密	$l_1 = 0$	$N_1 = 0$	非全高加密箍筋：$N = N_1 + N_2 + N_3 + N_4 + N_5$ 纵筋搭接区箍筋间距见设计说明
搭接范围	$l_l + 0.3l_l + l_l$	加密	$l_2 = 2.3l_l$	$N_2 = l_2/$加密区间距	
梁下部位	梁下至搭接区顶	不加密	$l_3 = 0$	$N_3 = 0$	
梁高范围	梁高	不加密	$l_4 = 0$	$N_4 = 0$	
剩余部位	剩余部分	不加密	$l_5 = $层高$-l_2$	$N_5 = l_5/$非加密区间距-1	

注：l_l—非抗震柱纵向钢筋搭接长度。

中间层柱箍筋布置，分非抗震和抗震两种情况，如图 2 - 42（a）、（b）所示，箍筋根数计算见表 2 - 7、表 2 - 8。

表 2 - 7   **中间层抗震柱箍筋根数计算表（绑扎连接）**

部位	范围	是否加密	加密长度	非全高加密箍筋根数计算公式	根数计算公式
根部非连接区	$\max(h_c, h_n/6, 500)$	加密	$l_1 = \max(h_c, h_n/6, 500)$	$N_1 = l_1/$加密区间距+1	全高加密箍筋：$N = ($层高$-50)/$加密区间距+1 非全高加密箍筋：$N = N_1 + N_2 + N_3 + N_4$
梁下部位	$\max(h_c, h_n/6, 500)$	加密	$l_2 = \max(h_c, h_n/6, 500)$	$N_3 = l_2/$加密区间距+1	
梁高范围	梁高	加密	$l_3 = $梁高	$N_4 = l_3/$加密区间距	
非加密区部位	剩余部分	非加密	$l_4 = $层高$- (l_1 + l_2 + l_3)$	$N_4 = l_4/$非加密区间距-1	

注：h_n—楼层净高（$h_n = $层高$-$梁高）；$h_c$—柱截面长边尺寸。

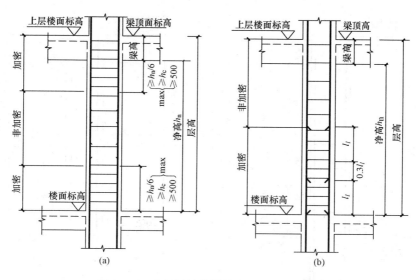

图 2-42　中间层柱箍筋构造图（绑扎连接）

（a）抗震框架柱中间层箍筋构造；（b）非抗震柱中间层箍筋构造

表 2-8　　　　　　　　　中间层非抗震柱箍筋根数计算表（绑扎连接）

部位	范围	是否加密	加密长度	非全高加密箍筋根数计算公式	根数计算公式
基础根部	基础顶至搭接区底	不加密	$l_1=0$	$N_1=0$	全高加密箍筋：$N=$ 层高/加密区间距 $+1$ 非全高加密箍筋：$N=N_1+N_2+N_3+N_4+N_5$
搭接范围	$l_{lE}+0.3l_{lE}+l_{lE}$	加密	$l_2=2.3l_{lE}$	$N_2=l_2/$加密区间距	
梁下部位	梁下至搭接区顶	不加密	$l_3=0$	$N_3=0$	
梁高范围	梁高	不加密	$l_4=0$	$N_4=0$	
剩余部位	剩余部分	不加密	$l_5=$层高$-l_2$	$N_5=l_5/$非加密区间距-1	

　　顶层柱箍筋布置，分非抗震和抗震两种情况，如图 2-43（a）、（b）所示，箍筋根数计算见表 2-9、表 2-10。

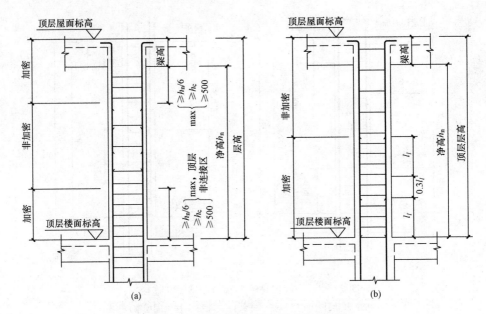

图 2-43　顶层柱箍筋构造图（绑扎连接）

（a）抗震框架柱中间层箍筋构造；（b）非抗震柱中间层箍筋构造

表 2-9　　　　　　　　顶层抗震柱箍筋根数计算表（绑扎连接）

部位	范围	是否加密	加密长度	非全高加密箍筋根数计算公式	根数计算公式
根部非连接区	max (h_c, h_n/6, 500)	加密	l_1=max (h_c, h_n/6, 500)	N_1=l_1/加密区间距+1	全高加密箍筋：N=（层高 -50)/加密区间距+1 非全高加密箍筋：N=N_1+N_2+N_3+N_4
梁下部位	max (h_c, h_n/6, 500)	加密	l_2=max (h_c, h_n/6, 500)	N_3=l_2/加密区间距+1	
梁高范围	梁高	加密	l_3=梁高	N_4=l_3/加密区间距	
非加密区部位	剩余部分	非加密	l_4=层高-（l_1+l_2+l_3）	N_4=l_4/非加密区间距-1	

表 2-10　　　　　　　顶层非抗震框架柱箍筋根数计算表（绑扎连接）

部位	范围	是否加密	加密长度	非全高加密箍筋根数计算公式	根数计算公式
基础根部	基础顶至搭接区底	不加密	l_1=0	N_1=0	全高加密箍筋：N=层高/加密区间距+1 非全高加密箍筋：N=N_1+N_2+N_3+N_4+N_5
搭接范围	l_{lE}+0.3l_{lE}+l_{lE}	加密	l_2=2.3l_{lE}	N_2=l_2/加密区间距	
梁下部位	梁下至搭接区顶	不加密	l_3=0	N_3=0	
梁高范围	梁高	不加密	l_4=0	N_4=0	
剩余部位	剩余部分	不加密	l_5=层高-l_2	N_5=l_5/非加密区间距-1	

（2）柱纵筋采用机械连接或焊接连接。

1）基础层柱箍筋根数计算。

柱纵向钢筋直径 $d>28mm$ 时，不宜采用绑扎搭接接头。机械连接时，相邻纵筋接头间距大于等于 $35d$，焊接连接时，相邻纵筋接头间距大于等于 $35d$ 且大于等于 500mm，基础层抗震框架柱箍筋布置如图 2-44 所示，箍筋根数计算如表 2-11 所示。非抗震框架柱在基础嵌固部位（大于等于 500mm）及钢筋连接区（机械连接时大于等于 $35d$，焊接连接时大于等于 $35d$ 且大于等于 500mm）加密。

表 2-11　　　　　基础层柱箍筋根数计算表（机械连接、焊接连接）

部位	范围	是否加密	加密长度	非全高加密箍筋根数计算公式	根数计算公式
基础根部	$h_n/3$	加密	$l_1=$（层高－梁高）/3	$N_1=(l_1-50)$/加密区间距＋1	全高加密箍筋：$N=$（层高－50）/加密区间距＋1
梁下部位	max（h_c,$h_n/6$,500）	加密	$l_2=$max（h_c,$h_n/6$,500）	$N_2=l_2/$加密区间距＋1	
梁高范围	梁高	加密	$l_3=$梁高	$N_3=l_3/$加密区间距	非全高加密箍筋：$N=N_1+$
非加密区部位	剩余部分	非加密	$l_4=$层高－（$l_1+l_2+l_3$）	$N_4=l_4/$非加密区间距－1	$N_2+N_3+N_4$

2）楼层箍筋根数计算。

中间层柱箍筋布置如图 2-45 所示，箍筋根数计算见表 2-12。

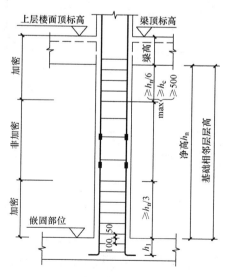

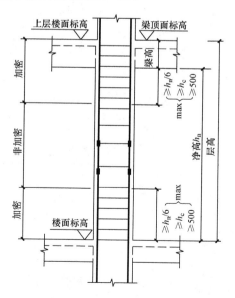

图 2-44　基础层柱箍筋布置图
（机械连接或焊接连接）

图 2-45　中间层柱箍筋布置图
（机械连接或焊接连接）

表 2-12 　　　　中间层抗震柱箍筋根数计算表（机械连接、焊接连接）

部位	范围	是否加密	加密长度	非全高加密箍筋根数计算公式	根数计算公式
根部非连接区	max（h_c，$h_n/6$，500）	加密	l_1＝max（h_c，$h_n/6$，500）	N_1＝l_1/加密区间距＋1	全高加密箍筋：N＝（层高－50）/加密区间距＋1 非全高加密箍筋：N＝N_1＋N_2＋N_3＋N_4
梁下部位	max（h_c，$h_n/6$，500）	加密	l_2＝max（h_c，$h_n/6$，500）	N_3＝l_2/加密区间距＋1	
梁高范围	梁高	加密	l_3＝梁高	N_4＝l_3/加密区间距	
非加密区部位	剩余部分	非加密	l_4＝层高－（l_1＋l_2＋l_3）	N_4＝l_4/非加密区间距－1	

顶层柱箍筋根数如图 2-46 所示，箍筋根数计算见表 2-13。

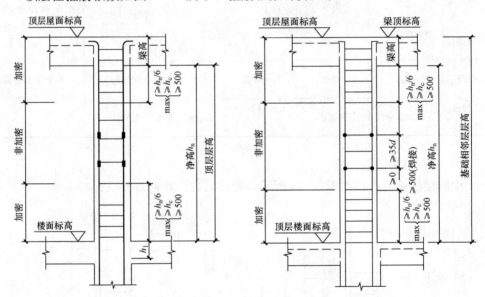

图 2-46　顶层柱箍筋布置图（机械连接或焊接连接）

表 2-13 　　　　顶层抗震柱箍筋根数计算表（机械连接、焊接连接）

部位	范围	是否加密	加密长度	非全高加密箍筋根数计算公式	根数计算公式
根部非连接区	max（h_c，$h_n/6$，500）	加密	l_1＝max（h_c，$h_n/6$，500）	N_1＝l_1/加密区间距＋1	全高加密箍筋：N＝（层高－50）/加密区间距＋1 非全高加密箍筋：N＝N_1＋N_2＋N_3＋N_4
梁下部位	max（h_c，$h_n/6$，500）	加密	l_2＝max（h_c，$h_n/6$，500）	N_3＝l_2/加密区间距＋1	
梁高范围	梁高	加密	l_3＝梁高	N_4＝l_3/加密区间距	
非加密区部位	剩余部分	非加密	l_4＝层高－（l_1＋l_2＋l_3）	N_4＝l_4/非加密区间距－1	

2.6　柱钢筋计算实例

【实例1】 计算某教学楼框架柱 KZ1 钢筋

部分设计图纸如图 2-47 所示，独立基础，基础底面标高为－1.8m，首层、二层均为 3.6m，框住、梁板、基础混凝土强度等级均为 C30，混凝土垫层 C15。柱保护层厚度为 20mm。KZ1 截面尺寸 500mm×500mm，基础层至 3.57m 钢筋配置：角筋 4 ⊕ 25，B 边钢筋 4 ⊕ 25＋4 ⊕ 22，H 边 4 ⊕ 20，箍筋 ⏀ 8@100；3.57～7.2m 钢筋配置：角筋 4 ⊕ 22，B 边 4 ⊕ 20，H 边 4 ⊕ 18，箍筋 ⏀ 8@100。⊕ 14 以下钢筋采用焊接，⊕ 14 以上采用锥螺纹连接。钢筋：⏀ 为 HPB300 钢筋；⊕ 为 HRB335 钢筋；⊕ 为 HRB400 钢筋。

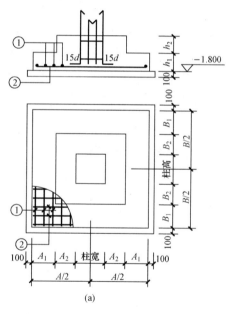

图 2-47　KZ1 施工图（一）

（a）独基形式1

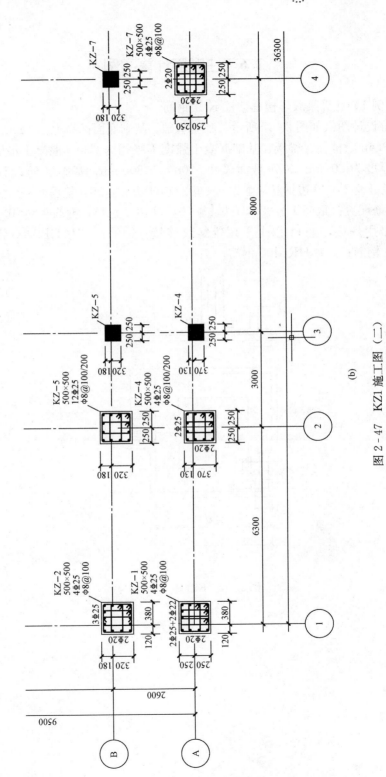

图 2-47　KZ1 施工图（二）

(b) 基础顶面至 3.570m 柱配筋图

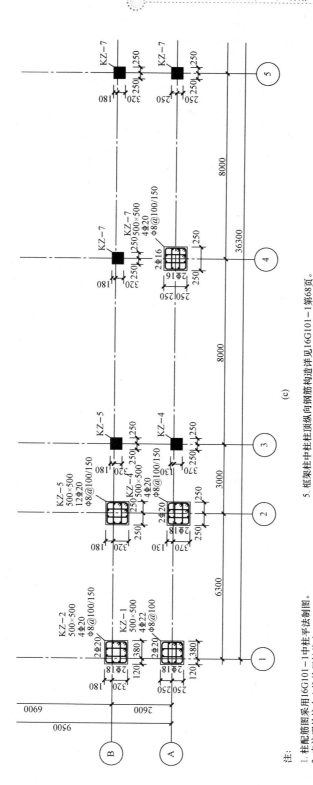

(c)

图 2-47　KZ1 施工图（三）

(c) 3.570~7.200m 柱配筋图

注:
1. 柱配筋图采用16G101-1中柱平法制图。
2. 未注明的柱中心线均居轴线中。
3. 框架柱主筋箍筋水平段弯折15d,同时必须达到钢筋的锚固长度要求。
4. 框架柱边柱和角柱柱顶纵向钢筋构造详见16G101-1第67页。
5. 框架柱中柱柱顶纵向钢筋构造详见16G101-1第68页。
6. 框架柱纵向钢筋构造详见16G101-1第63页。
7. 框架柱箍筋加密区范围按照16G101-1第65页确定,楼梯间半层休息平台处框架柱纵筋全高加密。
8. 框架柱变截面位置纵向钢筋构造详见16G101-1第68页。

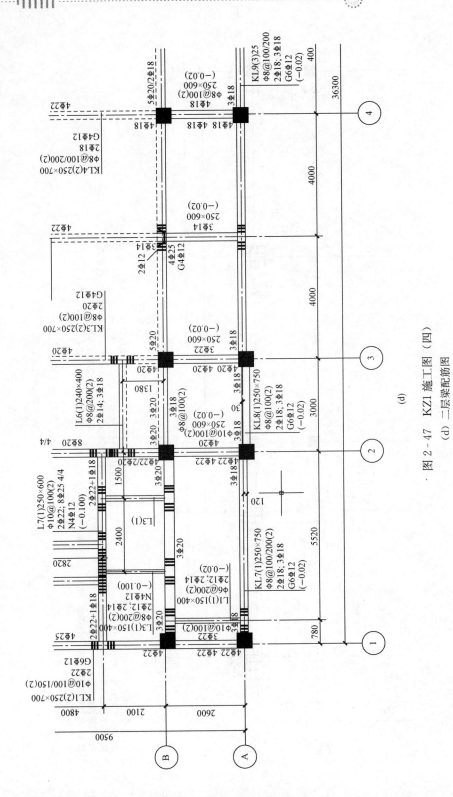

图 2 - 47　KZ1 施工图（四）

(d) 二层梁配筋图

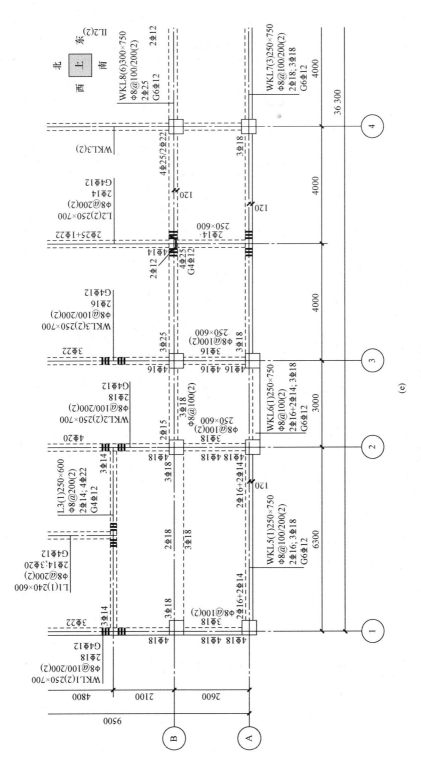

图 2 - 47　KZ1 施工图图（五）

(e)　屋面梁配筋图

KZ1 钢筋计算明细表见表 2-14。

表 2-14   **KZ1 钢筋计算明细表**

构件名称	KZ1	构件数量	1	总质量		620.625kg		
基础层				质量/kg		Φ 25：85.701；Φ 22：32.005；Φ 20：25.886；ϕ 8：2.406		
钢筋类型	钢筋型号	钢筋形状		单根长度/mm	根数	总长度/m	理论质量/(kg/m)	质量/kg
B边插筋1	Φ 22	⌐____		上层露出长度＋基础厚度－保护层＋计算设置设定的弯折 $3930/3+700-40+15\times22=2300$	2	4.6	2.98	13.708
B边插筋2	Φ 22	⌐____		上层露出长度＋错开距离＋基础厚度－保护层＋计算设置设定的弯折（梁顶标高降 0.02m） $3930/3+\max（35\times22，500）+700-40+15\times22=3070$ $h_{n0}=3600-750-20+1800-700=3930$	2	6.14	2.89	18.297
H边插筋1	Φ 20	⌐____		上层露出长度＋基础厚度－保护层＋计算设置设定的弯折 $3930/3+700-40+15\times20=2270$	2	4.54	2.47	11.214
H边插筋2	Φ 20	⌐____		上层露出长度＋错开距离＋基础厚度－保护层＋计算设置设定的弯折 $3930/3+\max（35\times20，500）+700-40+15\times20=2970$	2	5.94	2.47	14.672

续表

构件 名称	KZ1	构件数量	1	总质量		620.625kg		
基础层				质量/kg		$\Phi25$：85.701；$\Phi22$：32.005； $\Phi20$：25.886；$\phi8$：2.406		
钢筋 类型	钢筋 型号	钢筋形状	单根长度/mm		根数	总长度 /m	理论质量 /(kg/m)	质量 /kg
B 边插 筋角筋	$\Phi25$	⌐___	上层露出长度＋基础厚度 －保护层＋计算设置设定的 弯折 3930/3＋700－40＋15×25 ＝2345		4	9.38	3.85	36.113
B 边插 筋角筋	$\Phi25$	⌐___	上层露出长度＋错开距离 ＋基础厚度－保护层＋计算 设置设定的弯折 3930/3 ＋ max（35 × 25，500）＋ 700－40＋15× 25＝3220		4	12.88	3.85	49.588
箍筋 1	$\phi8$	▯	2×（460＋460）＋2× (11.9×8)＝2078		3	6.09	0.395	2.406
合计			145.998kg					
首层 KZ1 钢筋明细表				质量/kg		$\Phi25$：110.611；$\Phi22$：46.38； $\Phi20$：38.433；$\phi8$：117.969		
钢筋类型	钢筋类型	钢筋形状	单根长度/mm		根数	总长度 /m	理论质量 /(kg/m)	质量 /kg
B 边纵 筋1	$\Phi25$	___	层高－本层的露出长度－ 节点高＋计算设置中不变截 面柱纵筋的上锚固 4700－ 1310－770＋1.2×37×25 ＝3730 h_{n1}＝3600＋1800－700 ＝4700		2	7.46	3.85	28.721
H 边纵筋	$\Phi20$	___	层高－本层的露出长度＋ 上层露出长度＋错开距离 4700－1310＋max（2850/ 6，500，500）＝3890 h_{n2}＝ 3600－750＝2850 3930/3＝1310		4	15.56	2.47	38.433

首层 KZ1 钢筋明细表		质量/kg				Φ25：110.611；Φ22：46.38；Φ20：38.433；Φ8：117.969	
钢筋类型	钢筋类型	钢筋形状	单根长度/mm	根数	总长度/m	理论质量/(kg/m)	质量/kg
B边纵筋2	Φ25	——	层高－本层的露出长度－节点高＋计算设置中不变截面柱纵筋的上锚固 4700－2185－770＋1.2×37×25＝2855	2	5.71	3.85	21.984
B边纵筋3	Φ25	——	层高－本层的露出长度＋上层露出长度 4700－2185＋max（2850/6，500，500）＋1×max（35×25 500）＝3890 4700－1310＋max（2850/6，500，500） 3930/3＋35×25＝2185	4	15.56	3.85	59.906
纵筋5	Φ22	——	层高－本层的露出长度＋上层露出长度＋错开距离 4700－2180＋max（2850/6，500，500）＋1×max（35×22，500）＝312 1310＋35×22＝2080	2	6.24	2.89	18.60
纵筋6	Φ22	——	4700－1310＋max（2850/6，500，500）＋1×max（35×22，500）＝4.66	2	9.32	2.89	27.78
箍筋1	Φ8	⊏⊐	2×（460＋460）＋2×（11.9×8）＝2030	48	97.44	0.395	38.489
箍筋2	Φ8	⊏⊐	2×{[（500－2×20－2×d－25）/5×1＋25＋2×d]＋（500－2×20）}＋2×（11.9×d）＝1360	96	130.56	0.395	51.571
箍筋3	Φ8	⊏⊐	2×{[（500－2×20－2×d－25）/5×1＋25＋2×d]＋（500－2×20）}＋2×（11.9×d）＝1472	48	70.656	0.395	27.909
合计		313.393kg					

续表

构件名称	KZ1	构件数量	1	总质量			620.625kg	
二层（顶层）KZ1 钢筋明细表		质量/kg				Φ22：34.585；Φ20：28.948；Φ18：21.8；φ8：71.204		

钢筋类型	钢筋类型	钢筋形状	单根长度/mm	总根数	总长度/m	理论质量/(kg/m)	质量/kg
B 边纵筋1	Φ 20	└───	层高－本层的露出长度－节点高＋节点高－保护层＋节点设置中的柱纵筋顶层弯折 3600－1270－750＋750－25＋12×20＝2545 500＋770＝1270	2	5.09	2.47	12.572
B 边纵筋2	Φ 20	└───	层高－本层的露出长度－节点高＋节点高－保护层＋节点设置中的柱纵筋顶层弯折 3600－500－750＋750－25＋12×20＝3315	2	6.63	2.47	16.376
H 边纵筋3	Φ 18	└───	层高－本层的露出长度－节点高＋节点高－保护层 3600－1200－750＋750－25＝2375	2	4.75	2.09	9.5
H 边纵筋4	Φ 18	└───	3600－500－750＋750－25＝6150	2	6.15	2.09	12.3
角筋5	Φ 22	└───	3600－500－750＋750－25＋12×20＝3339	2	6.678	2.89	19.9
角筋6	Φ 22	└───	层高－本层的露出长度－节点高＋节点高－保护层＋节点设置中的柱纵筋顶层弯折 3600－1375－750＋750－25＋12×22＝2464 500＋35×25＝1375	2	4.928	2.89	14.685
箍筋1	φ 8	▢	2×（450＋450）＋2×（11.9×8）＝1990	37	73.63	0.395	29.084

构件名称	KZ1	构件数量	1	总质量			620.625kg	
二层（顶层）KZ1 钢筋明细表			质量/kg				Φ 22：34.585；Φ 20：28.948；Φ 18：21.8；ϕ 8：71.204	
钢筋类型	钢筋类型	钢筋形状	单根长度/mm		总根数	总长度/m	理论质量/(kg/m)	质量/kg
箍筋2	Φ 8		$2\times(450-2\times d-22)/3\times1$ $+22+2\times d)+450+2\times(11.9\times8)=1441$		74	106.634	0.395	42.12
合计			156.537kg					

【实例 2】构造柱 GZ1 钢筋计算

某建筑物为砖混结构，层高 3.0m，檐口高度 15m，建筑抗震设防烈度为 7 度。混凝土强度等级：梁、板：C25，构造柱、圈梁：C25。受力钢筋的保护层厚度：梁：25mm，板：15mm，构造柱：25mm，圈梁：20mm。圈梁高度 300mm。施工时以 ϕ 6.5 代替 ϕ 6 钢筋。

梁、板、柱受力钢筋的接头长度见表 2-15。计算构造柱钢筋。钢筋计算见表 2-16。

表 2-15　　　　　　　　钢筋锚固、搭接长度表

	最小锚固长度（不应小于250mm）		最小搭接长度（不应小于300mm）	
钢筋类别	C20	C25	C20	C25
HPB300	$31d$	$27d$	$37d$（$43d$）	$33d$（$37d$）
HPB335	$39d$	$33d$	$47d$（$55d$）	$40d$（$46d$）

注：括号内数字用于钢筋搭接接头面积百分率≤50%时。

表 2-16　　　　　　　　构造柱钢筋计算表

构件名称	GZ1	构件数量：1	构件钢筋质量：135.78kg				
钢筋类型	钢筋直径	钢筋形状	单根长度/m	根数	总长度/m	理论质量/(kg/m)	质量/kg
①砌体加固筋	ϕ6.5		$1.1\times2+0.12+6.25\times2\times0.0065=2.4$	70	168	0.26	43.68
			$[(3-0.3)/0.5+1]\times5\times2=70$				
②基础层纵筋	Φ 12		$0.2+1.2-0.04+5\times40\times0.012=3.76$	4	15.04	0.888	13.36
③首层纵筋	Φ 12		$3+40\times0.012=3.48$	4	13.92	0.888	12.36
④2~4层纵筋	Φ 12		$(3+40\times0.012)\times3=10.44$	4	41.76	0.888	37.08

续表

构件名称	GZ1	构件数量：1		构件钢筋质量：135.78kg			
钢筋类型	钢筋直径	钢筋形状	单根长度/m	根数	总长度/m	理论质量/(kg/m)	质量/kg
⑤箍筋	φ6.5	▯	$2 \times (0.24 + 0.24)$ $- 8 \times 0.03 + 8 \times$ $0.0065 + 1.9 \times 0.0065$ $\times 2 + \max (10 \times$ $0.0065, 0.075) \times 2$ $= 0.947$	119	112.69	0.26	29.3
			$(1.2 + 3.0 \times 5) / 0.2 + (0.5 + 1.3 \times 4 + 0.8) / 0.2 + 5 = 119$				

注：构造柱箍筋加密区，梁或圈梁上下各取 max（l_1，层高/6，450），按 500mm 计算，圈梁处柱箍筋加密。

构造柱（GZ1）施工图如图 2-48 所示。

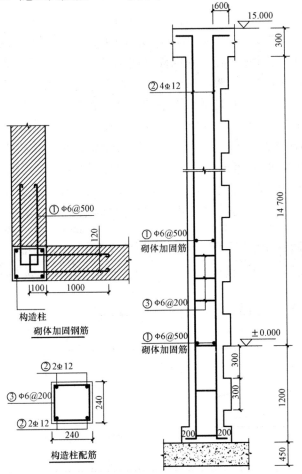

图 2-48　构造柱（GZ1）施工图

第3章 梁钢筋工程量计算

钢筋混凝土梁主要由钢筋和混凝土构成，钢筋混凝土梁既可作成独立梁，也可与钢筋混凝土板组成整体的梁 - 板式楼盖，或与钢筋混凝土柱组成整体的单层或多层框架。钢筋混凝土梁形式多种多样，是房屋建筑、桥梁建筑等工程结构中最基本的承重构件，应用范围极广。钢筋混凝土梁按其截面形式，可分为矩形梁、T形梁、工字梁、槽形梁和箱形梁；按其施工方法，可分为现浇梁、预制梁和预制现浇叠合梁；按其配筋类型，可分为钢筋混凝土梁和预应力混凝土梁；按其结构简图，可分为简支梁、连续梁、悬臂梁等。

钢筋混凝土梁的典型配筋构造如图 3-1 所示。在主要承受弯矩的区段内，沿梁的下部配置纵向受力钢筋，以承担弯矩所引起的拉力。在弯矩和剪力共同作用的区段内，配置横向箍筋和斜向钢筋，以承担剪力并和纵向钢筋共同承担弯矩。斜向钢筋一般由纵向钢筋弯起，故也称弯起钢筋。为了固定箍筋位置并使其与纵向受力筋共同构成刚劲的骨架，在梁内尚须设置架立钢筋。当梁较高时，为保证钢筋骨架的稳定及承受由于混凝土干缩和温度变化所引起的应力，在梁的侧面沿梁高每隔 300~400mm 需设置直径不小于 10mm 的纵向构造钢筋，并用拉筋连接。为了保证钢筋不被锈蚀，同时保证钢筋与混凝土紧密粘结，梁内钢筋的侧面混凝土保护层的最小厚度为 25mm（对混凝土强度等级较高的预制构件，可减为 20mm）。为了能有效地利用高强度钢材，避免混凝土开裂或减小裂缝宽度，以及提高梁的刚度，对梁的纵向受力筋可以全部或部分施加预应力。

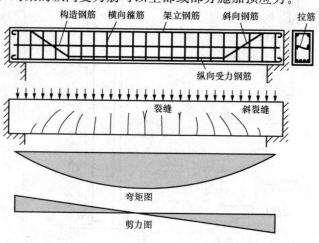

图 3-1 钢筋混凝土梁配筋图

　　工作阶段：钢筋混凝土梁从加载到破坏的全过程，可分为三个工作阶段，即在梁的荷载-挠度图上表现为 OA（阶段Ⅰ）、AB（阶段Ⅱ）和 BC（阶段Ⅲ）三个阶段（图 3-2）。A 点相当于混凝土开裂；B 点相当于纵向受力筋开始屈服逐渐达到屈服极限 f_y，混凝土也相应地达到弯曲抗压强度 f_{cm}；C 点相当于梁的破坏。各阶段的应力分布图形及工作特征如下。

　　（1）阶段Ⅰ。梁所受荷载较小，混凝土未开裂，梁的工作情况与匀质弹性梁相似，混凝土纤维变形的变化规律符合平截面假定，应力与应变成正比。但在此阶段的末尾（图中 A 点），受拉区混凝土进入塑性状态，应力图形呈曲线形状，边缘纤维应力达到抗拉强度 f_{ct}，混凝土终于开裂。

　　（2）阶段Ⅱ。当混凝土开裂后，拉力主要由钢筋承担，但钢筋处于弹性阶段，受拉区尚未开裂的混凝土只承受很小的拉力，受压区混凝土开始出现非弹性变形。

　　（3）阶段Ⅲ。随着荷载的继续增加，受拉钢筋终于达到屈服，裂缝宽度随之扩展并沿梁高向上延伸，中和轴不断上移，受压区高度进一步减小，最后受压区混凝土达到极限抗压强度而破坏。

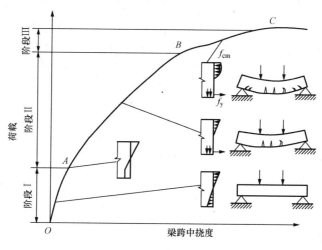

图 3-2　梁的荷载-挠度图

　　设计与计算：钢筋混凝土梁截面的计算理论有弹性理论和破坏强度理论两种。

　　设计钢筋混凝土梁时，除了计算其正截面的强度外，还要计算剪力作用下的斜截面强度，以保证其安全。此外，还需要计算梁的抗裂度、裂缝开展宽度和挠度，都不能超过容许的限值，以满足正常使用的要求。对于承受多次反复荷载作用的梁，如铁路桥梁、吊车梁，还须计算其疲劳强度。

3.1 梁的平面注写方法

梁平法施工图是将梁的尺寸和配筋等，按照平面整体表示方法制图规则，整体直接表达在梁的结构平面布置图上，再与标准构造详图相配合表达梁的结构设计。这种注写方法称为平面注写方式。

3.1.1 平面注写方式

平面注写方式，是在梁平面布置图上，分别在不同编号的梁中各选一根梁，在其上注写截面尺寸和配筋具体数值。平面注写包括集中标注和原位标注，集中标注表达梁的通用数值，原位标注表达梁的特殊数值，当集中标注中的某项数值不适用于梁的某部位，则将该项数值采用原位标注。原位标注取值优先，见图3-3。

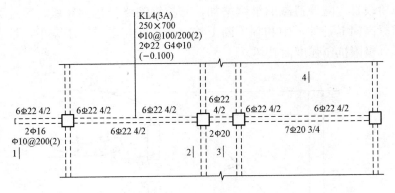

图3-3 梁平面注写表达

1. 集中标注

梁集中标注有五项必注值及一项选注值（集中标注可以从梁的任意一跨引出），必注项包括：梁编号、梁截面尺寸、梁箍筋、梁上部通长钢筋或架立筋、梁侧面纵向构造钢筋或抗扭钢筋，选注值为梁顶面标高高差，有高差时需将高差值写入括号内。

（1）梁编号。平面注写中梁编号包括梁类型代号、序号、跨数及有无悬挑代号几项组成，按照表3-1编号。

表3-1   梁 编 号 表

梁类型	代　　号	序　　号	跨数及是否带有悬挑
楼层框架梁	KL	××	(××) (××A) 或 (××B)
楼层框架扁梁	KBL	××	(××) (××A) 或 (××B)

梁类型	代　号	序　号	跨数及是否带有悬挑
屋面框架梁	WKL	××	(××) (××A) 或 (××B)
框支梁	KZL	××	(××) (××A) 或 (××B)
托柱转换梁	TZL	××	(××) (××A) 或 (××B)
非框架梁	L	××	(××) (××A) 或 (××B)
悬挑梁	XL	××	(××) (××A) 或 (××B)
井字梁	JZL	××	(××) (××A) 或 (××B)

注：(××A) 为一端有悬挑，(××B) 为两端有悬挑，悬挑不计入总跨数。

（2）截面尺寸。

梁截面尺寸表示为 $b×h$。当为加腋梁时，用 $b×h$ $YC_1×C_2$ 表示，C_1 为腋长，C_2 为腋高。当悬挑梁的根部和端部的高度不同时，用斜线分割根部与端部的高度值，即为 $b×h_1/h_2$。

（3）箍筋标注。

梁箍筋注写包括箍筋级别、直径、加密区与非加密区间距及肢数，箍筋肢数注写在括号内，例如：ϕ 10@100/200 （4），表示钢筋直径为 ϕ 10，HPB300 级钢筋，加密区间距为 100mm，非加密区间距为 200mm，均为四肢箍筋。ϕ 8@100 （4） /200 （2），表示钢筋直径为 ϕ 8，HPB300 级钢筋，加密区间距为 100mm，四肢箍筋，非加密区间距为 200mm，二肢箍筋。抗震结构中的非框架梁、悬挑梁、井字梁及非抗震结构中的各类梁采用不同的箍筋间距及肢数时，也用"/"将其分割开来。注写时，先注写梁支座端部的箍筋，在斜线后注写梁跨中部分的箍筋间距及肢数。

（4）通长筋及架立筋。

通长筋包括上部通长筋和下部通长筋，梁上部通长钢筋承受由弯矩产生的拉力，其规格及根数应根据结构受力要求及箍筋肢数等构造要求而定。当荷载比较大时，在受压区也配置纵向通长受力钢筋，它和混凝土共同承受压力。架立钢筋配置在梁上部两边，用以固定箍筋的位置以便形成空间骨架。架立钢筋也可以受力筋代替。当同排纵筋中既有通长筋又有架立筋时，应用"＋"将其相联。例如：标注"2ϕ22＋2ϕ12"，其中 2ϕ22 为通长筋，2ϕ12 为架立筋。梁上、下部通长钢筋之间以";"分开。

（5）构造钢筋及抗扭钢筋。

当梁腹板高度大于等于 450mm 时，需配置纵向构造钢筋，钢筋以大写字母 G 打头，连续注写设置在梁两个侧面的总配筋值，且对称配置。受扭纵向钢筋应满足梁侧面纵向构造钢筋的间距要求，且不再重复配置纵向构造钢筋。受扭钢筋以大写子母 N 开头，梁侧面构造钢筋，搭接与锚固长度可取 15d，梁侧面受扭钢筋，

其搭接长度为 l_l 和 l_{le}，其锚固长度为 l_a 和 l_{ae}。

（6）顶面高差。

梁顶面标高高差，是指相对于结构层楼面标高的高差值，对于位于结构夹层的梁，则指相对于结构夹层楼面标高的高差。有高差时必须将其写入到括号内，无高差时不注。

2. 原位标注

（1）梁支座上部钢筋。梁支座上部纵筋包括通长筋在内的所有纵筋，当上部纵筋多于一排时，用"/"将各排纵筋自上而下分开；同排纵筋有两种直径时，用加号"＋"将两种直径的钢筋相联，注写时角部纵筋写在前面。当梁中间支座两边的上部纵筋不同时，须在支座两边分别标注，两边上部纵筋相同时，可仅在支座的一边标注配筋值，另一边省略。

（2）梁下部纵筋。当梁下部纵筋多于一排时，用"/"将各排纵筋自上而下分开；同排纵筋有两种直径时，用加号"＋"将两种直径的钢筋相联，注写时角部纵筋写在前面。当梁下部纵筋不全部伸入支座时，将梁支座下部纵筋减少的数量写在括号内。例如：2⎓25＋3⎓22（-3）/5⎓25 表示上排纵筋为 2⎓25 和 3⎓22，其中 3⎓22 不伸入支座，下一排纵筋为 5⎓25 全部伸入支座。中间支座两边的上部纵筋不同时，须在支座两边分别标注，两边上部纵筋相同时，可仅在支座的一边标注配筋值，另一边省略。

（3）附加箍筋或吊筋。当主梁上有次梁时，在次梁下的主梁中布置吊筋，承担次梁集中荷载产生的剪力。吊筋应直接画在平面图中的主梁上，用线引注总配筋值（附加箍筋的肢数注在括号内），当多数附加箍筋或吊筋相同时，可在梁平法施工图上统一注明，少数与统一注明值不同时，在原位引注，如图 3-4 所示。

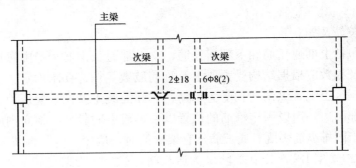

图 3-4　吊筋表示方法

3.1.2　截面注写方式

截面注写方式，是在分标准层绘制的梁平面布置图上，分别在不同编号的梁中各选择一根梁用剖面号引出配筋图，并在其上注写截面尺寸和配筋具体数值的方式表达梁平法施工图，如图 3-5 所示。

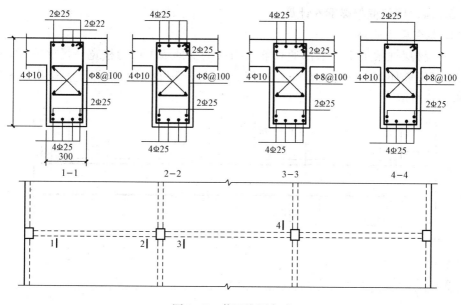

图 3-5　截面注写方式

3.2　混凝土梁中计算钢筋类型

混凝土梁包括：楼层框架梁、屋面框架梁、非框架梁、悬挑梁、圈梁、基础梁等，梁构件应该计算的钢筋类型如图 3-6 所示。

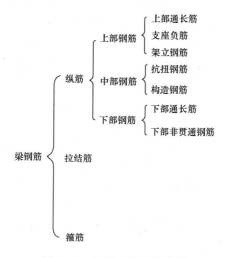

图 3-6　混凝土梁钢筋类型

3.2.1 楼层框架梁钢筋计算

1. 框架梁通长筋

（1）楼层框架梁上、下部通长筋。当梁的支座 h_c（h_c 为柱宽）足够宽时，梁上、下部纵筋伸入支座的长 $l \geq l_{aE}$，且 $l \geq 0.5h_c + 5d$ 时，上部纵筋直锚于支座内，如图 3-7 所示。

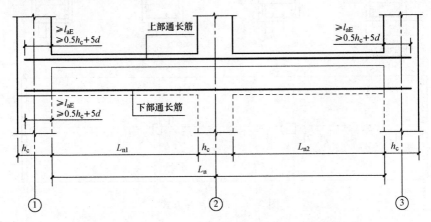

图 3-7 梁端钢筋直锚示意图

$$楼层框架梁上下部贯通钢筋长度 = L_n + 左右锚入支座内长度 \max(l_{aE}, 0.5h_c + 5d)$$

式中，L_n—通跨净长；h_c—柱截面沿框架梁方向的宽度；l_{aE}—钢筋锚固长度；d—钢筋直径。

当梁的支座宽度 h_c 较小时，梁上、下部纵筋伸入支座的长度不能满足锚固要求，钢筋应在支座内弯折锚固。弯折锚固长度 = $\max(l_{aE}, 0.4l_{aE} + 15d$，支座宽 h_c - 保护层 + $15d$)，如图 3-8（a）所示。端支座加锚板时，梁纵筋伸至柱外侧纵筋内侧且伸入柱中长度 $\geq 0.4l_{abE}$，同时在钢筋端头加锚头或锚板，如图 3-8（b）所示。

弯锚时，楼层框架梁上、下部贯通筋长度 = 通跨净跨长 L_n + 左支座锚入支座内长度 $\max(l_{aE}, 0.4l_{abE} + 15d$，支座宽 - 保护层 + $15d$) + 右支座锚入支座内长度 $\max(l_{aE}, 0.4l_{abE} + 15d$，支座宽 - 保护层 + $15d$)。

（2）钢筋端头加锚头或锚板时，楼层框架梁上、下部贯通筋长度 = 通跨净跨长 L_n + 左支座锚入支座内长度 $\max(0.4l_{abE} + 15d$，支座宽 - 保护层) + 右支座锚入支座内长度 $\max(0.4l_{abE} + 15d$，支座宽 - 保护层) + 锚头长度。

2. 楼层框架梁下部非贯通筋长度计算

（1）当梁端支座足够宽时，端支座下部钢筋直锚在支座内，端支座锚固长度为：$\max(l_{aE}, 0.5h_c + 5d)$，中间支座锚固长度为：$\max(l_{aE}, 0.5h_c + 5d)$。

边跨下部非贯通筋长度 = 净跨 L_n + 中间支座锚固长度 $\max(l_{aE}, 0.5h_c + 5d)$ +

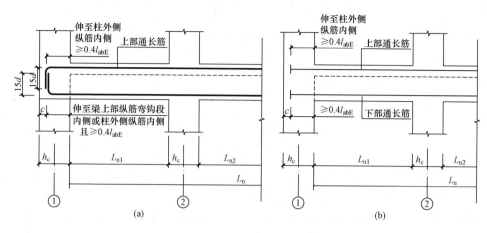

图 3-8　端支座锚固长度≤l_{aE}时钢筋构造图

（a）端支座钢筋弯锚构造；（b）端支座钢筋加锚头（锚板）构造

$$端支座锚固长度\ \max\ (l_{aE},\ 0.5h_c+5d)$$
$$中间跨下部非贯通筋长度＝净跨\ L_n＋左支座锚固长度\ \max\ (l_{aE},\ 0.5h_c+5d)＋$$
$$右支座锚固长度\ \max\ (l_{aE},\ 0.5h_c+5d)$$

（2）当梁端支座不能满足直锚长度时，端支座下部钢筋应弯锚在支座内，端支座锚固长度为：max（l_{aE}，0.4l_{abE}＋15d），支座宽－保护层＋15d），中间支座锚固长度为：max（l_{aE}，0.5h_c＋5d），如图 3-9 所示。

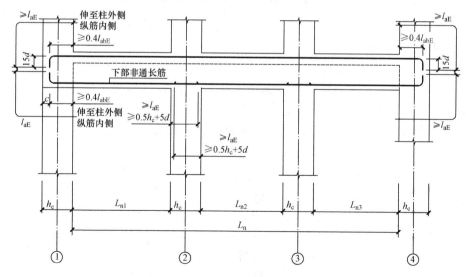

图 3-9　梁下部非通长筋计算示意图

$$边跨下部非贯通筋长度＝净跨\ L_n＋\ 端支座锚固长度\ \max\ (l_{aE},\ 0.4l_{abE}+15d,$$
$$支座宽－保护层＋15d)＋中间支座锚固长度\ \max$$

$(l_{aE}, 0.5h_c + 5d)$

中间跨下部非贯通筋长度 = 净跨 L_n + 左支座锚固长度 max $(l_{aE}, 0.5h_c + 5d)$ + 右支座锚固长度 max $(l_{aE}, 0.5h_c + 5d)$

3. 楼层框架梁负筋长度计算

楼层框架梁负筋配置如图 3-10 所示。

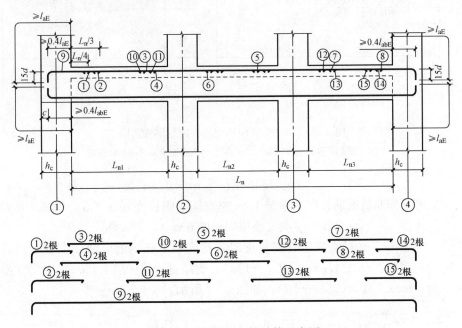

图 3-10 框架梁负筋计算示意图

（1）楼层框架梁端支座负筋长度计算。支座负筋为非贯通筋，钢筋截断位置根据钢筋位置而定，第一排钢筋截断位置在距离支座 $L_n/3$ 处，如图 3-10 中②、⑮钢筋，第二排钢筋截断位置在距离支座 $L_n/4$ 处。如图 3-10 中①、⑭号钢筋。

端支座第一排负筋长度 = $L_n/3$ + 端支座锚固长度 max $(l_{aE}, 0.4l_{abE} + 15d$, 支座宽 - 保护层 + $15d)$

端支座第二排负筋长度 = $L_n/4$ + 端支座锚固长度 max $(l_{aE}, 0.4l_{abE} + 15d$, 支座宽 - 保护层 + $15d)$ （其中 L_n 为该跨净长）

端支座第三排负筋长度 = $L_n/5$ + 端支座锚固长度 max $(l_{aE}, 0.4l_{abE} + 15d$, 支座宽 - 保护层 + $15d)$ （其中 L_n 为该跨净长）

（2）楼层框架梁中间支座负筋长度计算。

如图 3-10 中⑩、⑪、⑫、⑬号钢筋。

中间支座第一排负筋长度 = $L_n/3 \times 2 + h_c$，其中 L_n 取 max (L_{n1}, L_{n2})；

中间支座第二排负筋长度 = $L_n/4 \times 2 + h_c$，其中 L_n 取 max (L_{n1}, L_{n2})。

其中，L_n 取相邻跨净跨长的较大值。

4. 楼层框架梁上部非贯通筋

当梁的上部既有通常筋又有架立筋时，其中架立筋的搭接长度为 150mm。梁上部非贯通筋是连接第一排支座负筋的钢筋，其主要作用是固定梁的中间箍筋。如图 3-10 所示③、④、⑤、⑥、⑦、⑧号钢筋。

边跨上部非贯通筋长度 $=L_{n1}-L_{n1}/3-\max(L_{n1},L_{n2})/3+150\times 2$

中间跨上部非贯通筋长度 $=L_{n2}-\max(L_{n1},L_{n2})/3-\max(L_{n2},L_{n3})/3+150\times 2$

5. 框架梁侧面纵筋

梁侧面纵筋包括构造钢筋和抗扭钢筋。

(1) 构造钢筋。当梁净高 $h_w\geqslant 450$mm，在梁两个侧面沿高度配置纵向构造钢筋，且构造钢筋间距 $a\leqslant 200$mm。梁侧面构造钢筋如图 3-11 所示，构造钢筋通过拉结钢筋固定。当梁宽小于等于 350mm 时，拉结筋直径为 6mm，当梁宽大于 350mm 时，拉结筋直径为 8mm，拉结钢筋间距为非加密区箍筋间距的 2 倍，当设有多排拉结筋时，上、下两排拉结筋竖向错开设置。

构造钢筋长度 $=L_n+15d\times 2$（L_n 为梁通跨净长）

(2) 抗扭钢筋。梁侧面抗扭钢筋的计算方法和下通筋一样，根据钢筋伸入端支座的长度分为直锚和弯锚两种情况。

1) 当端支座足够宽时，梁侧面抗扭钢筋直锚在端支座内。

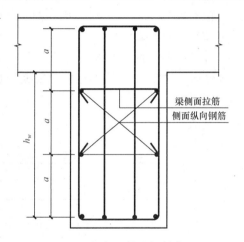

图 3-11　梁侧面构造钢筋截面图

楼层框架梁抗扭钢筋长度 $=L_n+$ 左支座锚入支座内长度 $\max(l_{aE},0.5h_c+5d)+$ 右支座锚入支座内长度 $\max(l_{aE},0.5h_c+5d)$

式中，L_n——通跨净长；h_c——柱截面沿框架梁方向的宽度；l_{aE}——钢筋锚固长度；d——钢筋直径。

2) 当端支座不能满足钢筋直锚时，梁侧面抗扭钢筋弯锚在端支座内。

楼层框架梁抗扭钢筋长度 $=$ 通跨净跨长 L_n+ 左支座锚入支座内长度 $\max(l_{aE},$
$0.4l_{abE}+15d$，支座宽－保护层 $+15d$）$+$ 右支座锚入支座内长度 $\max(l_{aE},0.4l_{abE}+15d$，支座宽－保护层 $+15d$）

(3) 侧面纵筋的拉筋长度。当梁中设置抗扭钢筋，就必须设置拉筋。

1) 拉筋同时勾住抗扭钢筋和箍筋时。

拉筋长度 $=$ 梁宽－$2\times$ 保护层厚度 $+2\times 1.9d+\max(10d,75\text{mm})\times 2$

2) 拉筋只勾住抗扭钢筋时。

拉筋长度＝梁宽－2×保护层厚度＋2d＋2×1.9d＋max（10d，75mm）×2

3）拉筋根数计算。

拉筋布置范围同箍筋布置范围，且拉筋间距为箍筋非加密区间距的2倍。

箍筋根数＝（L_n－50×2）/非加密区间距的2倍＋1

6. 梁箍筋

（1）箍筋长度。

按箍筋中心线计算箍筋长度，

箍筋长度＝（b＋h）×2－8×保护层－4d＋2×1.9d＋max（10d，75mm）×2

式中，b—梁宽；h—梁高；d—箍筋直径。

按箍筋外皮计算箍筋长度，

箍筋长度＝（b＋h）×2－8×保护层＋2×1.9d＋max（10d，75mm）×2

（2）箍筋根数计算。

楼层框架梁箍筋在梁跨中布置，分加密区和非加密区，加密区在支座两端，非加密区在跨中。加密区的长短根据结构抗震等级决定，一级抗震箍筋布置图如图3-12所示。

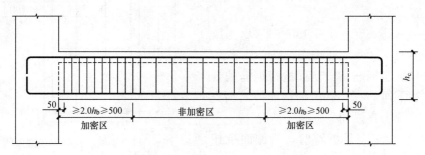

图3-12 楼层梁一级抗震箍筋加密区布置图

箍筋个数＝加密区根数×2＋非加密区根数

＝[（梁高h_b×2－50）/加密区间距＋1]×2＋[（净跨长－2×加密区长）/非加密区间距－1]

二～四级抗震箍筋布置图如图3-13所示。

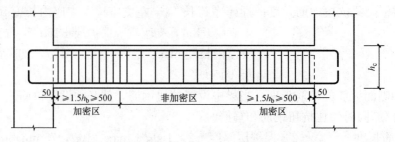

图3-13 楼层梁二～四级抗震箍筋加密区布置图

箍筋个数＝加密区根数×1.5＋非加密区根数

　　＝[(梁高 h_b×1.5－50)/加密区间距+1]×2+[(净跨长－2×加密区长)/非加密区间距－1]

（3）附加箍筋计算。

根据结构计算要求，有的图纸在次梁出设置附加箍筋，如图 3-14 所示。

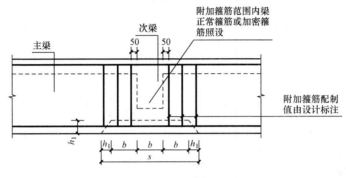

图 3-14　附加箍筋设置

附加箍筋长度计算办法同箍筋，附加箍筋根数应根据图纸标注计算。

7. 附加吊筋的计算

当采用主次梁结构时，且主梁为次梁的支座，在主梁中设置附加吊筋，吊筋构造详图如图 3-15 所示。

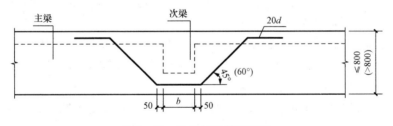

图 3-15　梁附加吊筋构造图

当主梁高 800 时，吊筋弯折角度为 45°，当主梁高＞800 时，吊筋弯折角度为 60°，吊筋计算长度为：

吊筋长度＝次梁宽＋2×50＋2×(梁高－2×保护层)cos45°(或cos60°)+2×20d

3.2.2　屋面框架梁钢筋计算

屋面框架梁中梁上部通长筋和端支座负筋在柱中弯折锚固长度分以下四种情况：

情况一：柱外侧纵向钢筋配筋率大于 1.2%，边柱外侧纵筋分两批全部锚入梁内，锚固长度为 $1.5l_{abE}+20d$ 和 $1.5l_{abE}$，梁上部纵筋在柱中伸至梁底截断，伸入长度应大于 15d，下部纵筋在柱中弯折长度 15d 后截断，如图 3-16 所示。

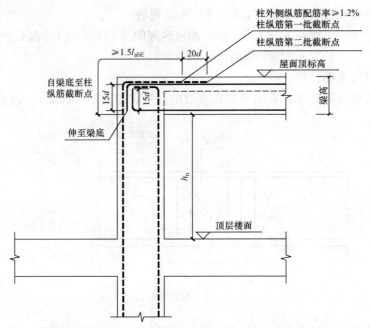

图3-16 屋面抗震框架梁纵向钢筋构造（一）

（1）上部贯通筋长度。

屋面框架梁上部贯通筋长度＝通跨净长＋（左端支座宽－保护层）＋（右端支座宽－保护层）＋弯折长度（梁高－保护层厚度）×2

（2）端支座第一排负筋。

屋面框架梁第一排负筋长度＝净跨 $L_{n1}/3$＋（左端支座宽－保护层）＋弯折长度（梁高－保护层厚度）×2

（3）端支座第二排负筋。

屋面框架梁第二排负筋长度＝净跨 $L_{n1}/4$＋（左端支座宽－保护层）＋弯折（梁高－保护层厚度）×2

（4）中间支座第一排负筋。

屋面框架梁第一排负筋长度＝相邻两跨较大跨净跨 $L_{n1}/3$＋（左端支座宽－保护层）＋弯折（梁高－保护层厚度）×2

（5）中间支座第二排负筋。

屋面框架梁第二排负筋长度＝相邻两跨较大跨净跨 $L_{n1}/4$＋（左端支座宽－保护层）＋弯折（梁高－保护层厚度）×2

（6）当梁上部贯通筋由不同直径钢筋搭接时，中间搭接钢筋与支座筋搭接长度为 l_{lE}，架立筋与非贯通钢筋的搭接长度为 150mm。

情况二：当梁上部纵向钢筋配筋率大于1.2％时，梁上部纵向钢筋在柱中分两批截断，当梁上部纵筋为两排时，先截断第二排钢筋，锚固长度应≥$1.7l_{abE}$，且伸至梁底，其余钢筋在柱中锚固长度为 $\geqslant 1.7l_{abE}+20d$，下部纵筋在柱中弯折 $15d$ 截断，边柱外侧纵筋在梁顶处截断或锚入梁内，如图 3-17 所示。

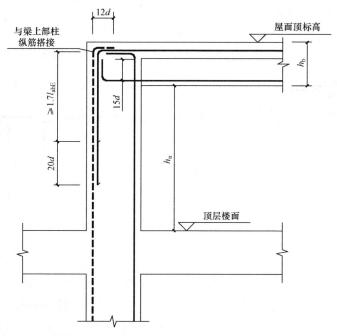

图 3-17 屋面抗震框架梁纵向钢筋构造（二）

（1）上部贯通筋长度。

屋面框架梁上部部分贯通筋长度＝通跨净长＋（左端支座宽－保护层）＋（右端支座宽－保护层）＋弯折长度（$\geqslant 1.7l_{abE}$ 或 $\geqslant 1.7l_{abE}+20d$）×2

（2）端支座第一排负筋。

屋面框架梁第一排负筋长度＝净跨 $L_{n1}/3$＋（左端支座宽－保护层）＋弯折长度（$\geqslant 1.7l_{abE}$ 或 $\geqslant 1.7l_{abE}+20d$）×2

（3）端支座第二排负筋。

屋面框架梁第二排负筋长度＝净跨 $L_{n1}/4$＋（左端支座宽－保护层）＋弯折（$\geqslant 1.7l_{abE}$ 或 $\geqslant 1.7l_{abE}+20d$）×2

（4）中间支座第一排负筋。

屋面框架梁第一排负筋长度＝相邻两跨较大跨净跨 $L_{n1}/3$×2＋支座宽

（5）中间支座第二排负筋。

屋面框架梁第二排负筋长度＝相邻两跨较大跨净跨 $L_{n1}/4$×2＋支座宽

梁中其余钢筋布置及长度计算均与楼层框架梁相同。支座第一排负筋在梁中延伸至净跨的 $1/3$ 处截断，支座第二排负筋在梁中延伸至净跨的 $1/4$ 处截断，中间支座第一排负筋在梁中延伸至净跨的 $1/3$ 处截断，支座第二排负筋在梁中延伸至净跨的 1/4 处截断，净跨长取相邻两跨长度的较大值，如图 3-18 所示，在柱宽范围的柱箍筋内侧设置间距小于等于 150mm 但不少于 3 根直径不小于 10mm 的长度为 600mm 的角部附加钢筋。

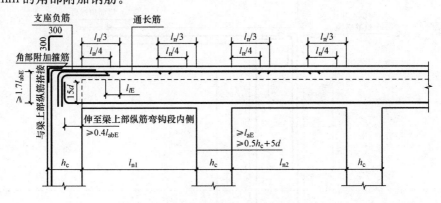

图 3-18　屋面抗震框架梁支座负筋配筋图

3.2.3　框支梁钢筋计算

因为建筑功能的要求，下部大空间，上部部分竖向构件不能直接连续贯通落地，而通过水平转换结构与下部竖向构件连接。当布置的转换梁支撑上部的结构为剪力墙的时候，转换梁叫框支梁。框架梁是与框架柱共同构成框架结构的。而框支梁和框支柱构成一个（下面的）框架结构和（上面的）剪力墙结构之间的"结构转换层"。框支柱：用于支撑框支梁，并将荷载传给基础。框支梁是支撑上层的小空间框架，并将荷载传给框支柱。在梁上可能设有框架柱、短肢剪力墙或暗柱等。框支梁多出现在结构转换层。

在 16G101-1 图集第 96 页所给出的"ZHZ、KZL 配筋构造"，只能适用于低位的（即一、二层）的框支梁和框支柱，对于高位的框支梁和框支柱，应该由设计师给出具体配筋构造如图 3-19 所示。

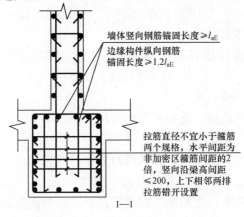

图 3-19　框支梁 KZL（也可用于托柱转换梁 TZL）（一）

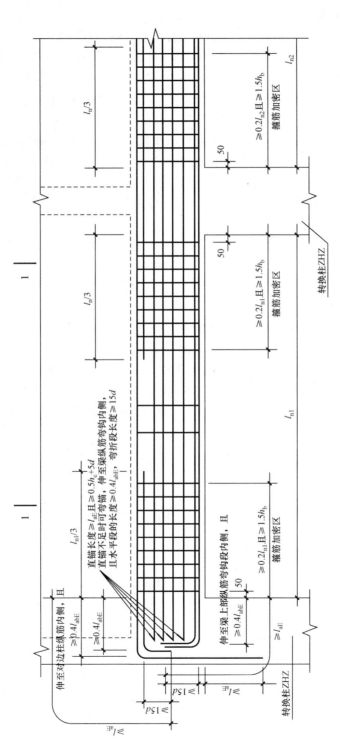

图 3-19　框支梁 KZL（也可用于托柱转换梁 TZL）（二）

框支梁的钢筋包括：

（1）上部通长筋：框支梁受力筋伸至柱纵筋内侧，且 $\geqslant 0.4l_{abE}$，上部纵筋中第一排主筋端支座锚固长度＝（支座宽度－保护层）＋（梁高－保护层）＋l_{aE}，第二排主筋在柱中锚固长度 $\geqslant l_{aE}$，端支座长度取 max （l_{aE}，$0.4l_{abE}+15d$）。

（2）下部纵筋在端支座锚固值同框架梁，锚入柱内长度 $\geqslant l_{aE}$，伸入支座长度 $\geqslant 0.4l_{abE}$，直锚长度小于 l_{aE} 时应在柱中弯锚 $15d$。

（3）框支梁的支座负筋在跨中的延伸长度取 $l_n/3$，在支座内锚固 $15d$；中间跨支座负筋同框架梁，在跨中的延伸长度取 $l_n/3$，l_n 取相邻跨净跨较长值。

（4）梁侧面构造腰筋为通长钢筋，伸至梁端部支座内，水平直锚长度 $\geqslant l_{aE}$，且 $\geqslant 0.5h_c+5d$，直锚不足时，伸至梁纵筋弯钩内侧，且水平长度 $\geqslant 0.4l_{abE}$，弯折长度 $15d$。

（5）梁第一个箍筋距离柱边 50mm，长度计算同框架梁，箍筋的加密范围为 $\geqslant 0.2L_{n1}$，且 $\geqslant 1.5h_b$。

（6）墙体竖向钢筋锚固长度应 $\geqslant l_{aE}$，边缘构件纵向钢筋锚固长度 $\geqslant 1.2l_{aE}$。

3.2.4 非框架梁钢筋计算

非框架梁除端支座负筋和下部钢筋算法与框架梁不同外，其他钢筋布置、算法均与框架梁相同。非框架梁配筋构造如图 3-20 所示。

当端支座为柱、剪力墙、框架梁或深梁时，梁端部上部筋取 $l_n/3$，l_n 为相邻左、右两跨中跨度较大一跨的跨度值。当梁下部纵筋直锚时，带肋钢筋直锚长度 $\geqslant 12d$，光圆钢筋直锚长度 $\geqslant 15d$，当梁下部钢筋弯锚时，钢筋伸至支座对边弯折，带肋钢筋 $\geqslant 7.5d$，光圆钢筋 $\geqslant 9d$，钢筋弯钩 $135°$，弯锚平直段长度为 $5d$。当梁上部钢筋伸入端支座直段长度满足 l_a 时，可直锚，不满足时，伸至支座对边弯折，设计按铰接时 $\geqslant 0.35l_{ab}$，充分利用钢筋的抗拉强度时 $\geqslant 0.6l_{ab}$。

（1）梁下部带肋钢筋直锚时，下部非贯通筋直锚长度＝通跨净长＋$12d×2$。

（2）梁下部圆钢筋直锚时，下部非贯通筋直锚长度＝通跨净长＋$15d×2$。

（3）梁下部带肋钢筋弯锚时，下部非贯通筋弯锚长度＝通跨净长＋$2×$［max $(7.5d$，支座宽－保护层$)+5d+1.9d$］。

（4）梁下部圆钢筋弯锚时，下部非贯通筋弯锚长度＝通跨净长＋$2×$［max $(9d$，支座宽－保护层$)+5d+1.9d$］。

（5）下部非贯通筋长度＝净跨长 $l_{n1}'-2×0.1l_{n1}$。

（6）梁上部通长钢筋弯锚 $15d$，长度＝净跨长＋$2×$max ［0.35（或 0.6）l_{ab}，支座宽－保护层＋$15d$］。

（7）端支座第一排负筋长度＝净跨 $l_{n1}/3+2×$max ［0.35（或 0.6）l_{ab}，支座宽－保护层＋$15d$］。

（8）端支座第二排负筋长度＝净跨 $l_{n1}/4+2×$max ［0.35（或 0.6）l_{ab}，支座宽－保护层＋$15d$］。

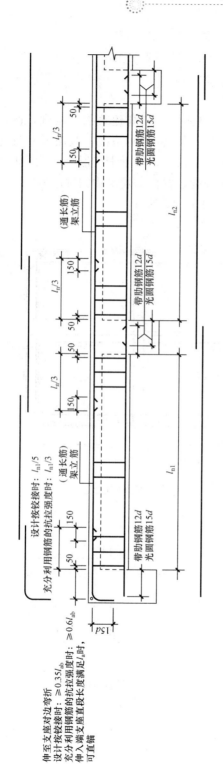

图 3-20　非框架梁构造图

（9）中间支座第一排负筋长度＝支座宽＋2×净跨 $l_n/3$。

（10）中间支座第二排负筋长度＝支座宽＋2×净跨 $l_{n1}/4$。

（11）架立筋＝净跨－2×$l_{n1}/3$＋2×150。

3.2.5　圈梁钢筋计算

在砖混结构中为了增强建筑物的整体性，提高建筑物的刚度，设置整体封闭式钢筋混凝土圈梁，圈梁钢筋设置应根据工程实际情况，截面尺寸及配筋由设计人员给定。图3-21所示为常见圈梁钢筋设置，圈梁十字形节点、T形节点详图如图3-22所示。钢筋型号、锚固搭接长度设置根据建筑物的抗震等级、混凝土强度不同而有所不同，锚固搭接长度参见表1-4、表1-5。

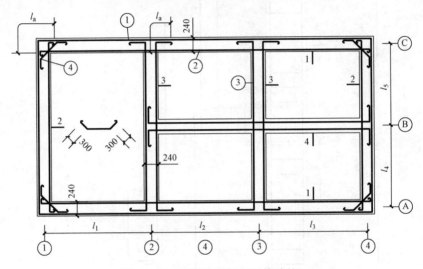

图3-21　圈梁配筋图（无构造柱）

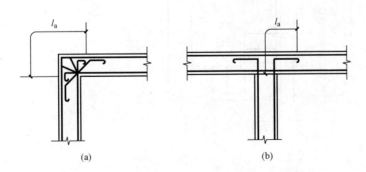

图3-22　圈梁节点配筋图（无构造柱）

1-1断面：

①、②受力钢筋长度＝［轴线长度（$l_1+l_2+l_3$）－0.24＋$l_a×2$］×4

注：墙厚240mm，轴线居中。

2 - 2 断面：

　　①、②受力钢筋长度＝[轴线长度（$l_4＋l_5$）－0.24＋l_a×2]×4

3 - 3 断面：

　　　　③受力钢筋长度＝[轴线长度（$l_4＋l_5$）－0.24＋l_a×2]×4

4 - 4 断面：

　　　　受力钢筋长度＝[轴线长度（$l_2＋l_3$）－0.24＋l_a×2]×4

　　④角筋长度＝[（圈梁宽－保护层厚度×2）×1.414×2＋0.3×2]×8

箍筋长度＝$(b＋h)$×2－8×保护层＋8d＋2×1.9d＋max（10d，75mm）×2

其中，b 为梁宽；h 为梁高；d 为箍筋直径。

箍筋根数：

A 轴线：

　　　　（$l_1＋l_2＋l_3$－0.24×3－0.05×6）/箍筋间距＋3

B 轴线：

　　　　（$l_2＋l_3$－0.24×2－0.05×4）/箍筋间距＋2

C 轴线：

　　　　（$l_1＋l_2＋l_3$－0.24×3－0.05×6）/箍筋间距＋3

①轴线：

　　　　（$l_4＋l_5$－0.24－0.05×2）/箍筋间距＋1

②、③、④轴线：

　　　　[（$l_4＋l_5$－0.24×2－0.05×4）/箍筋间距＋2]×3

3.2.6　悬挑梁钢筋计算

悬挑梁分为纯悬挑梁和各类梁的悬挑端两种形式。

1. 纯悬挑梁

纯悬挑梁 XL 直接生根于混凝土墙或混凝土柱，悬挑长度 l≤2000mm，如图 3 -23 所示。当纯悬挑梁的纵向钢筋直锚长度≥l_a且≥0.5h_c＋5d 时，梁纵筋可在支座中直锚，反之纵筋应伸至柱外侧纵筋内侧，且≥0.4l_{ab}。

　　①号钢筋＝15d＋h_c－柱保护层厚度 C_1＋l－梁保护层厚度 C_2＋12d

　　②号钢筋＝15d＋h_c－柱保护层厚度 C_1＋l－梁保护层厚度 C_2＋（$\sqrt{2}$－1）×h_2＋10d

　　③号钢筋＝15d＋h_c－柱保护层厚度 C_1＋0.75l－梁保护层厚度 C_2＋（$\sqrt{2}$－1）×h_2＋10d

　　④号钢筋＝15d＋$\sqrt{(h_b－h_1)^2＋（l－保护层厚度）^2}$

　　⑤箍筋计算方法同框架梁，箍筋高度＝梁高平均值－2×梁保护层厚度 C_2

2. 各类梁的悬挑端

梁的悬挑端根据梁的类型及荷载大小分为七种形式，如图 3 - 24～图 3 - 30 所示。悬挑梁钢筋与梁主筋相连接，钢筋长度合并在梁钢筋中。其中第一排钢筋至

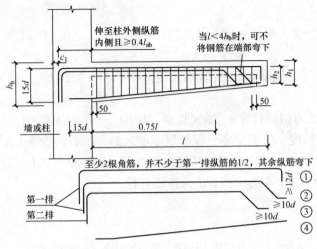

图 3-23　纯悬挑梁配筋图

少为2根，当$l<4h_b$时，不需将钢筋在端部弯下。梁下部钢筋锚固长度为$15d$。梁的悬挑端钢筋计算方法同纯悬挑梁。

①可用于中间层或屋面，如图 3-24 所示。

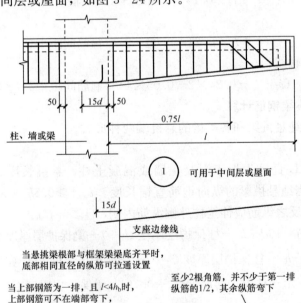

图 3-24　梁悬挑端钢筋构造（一）

②$\Delta h / (h_c - 50) > 1/6$，仅用于中间层，如图 3 - 25 所示。

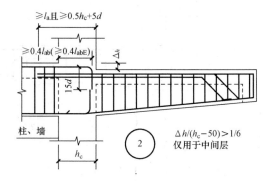

图 3 - 25 梁悬挑端钢筋构造（二）

③$\Delta h / (h_c - 50) \leqslant 1/6$，上部纵筋连续布置，用于中间层，当支座为梁时，也可用于屋面，如图 3 - 26 所示。

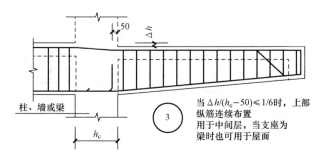

图 3 - 26 梁悬挑端钢筋构造（三）

④$\Delta h / (h_c - 50) > 1/6$，仅用于中间层，如图 3 - 27 所示。

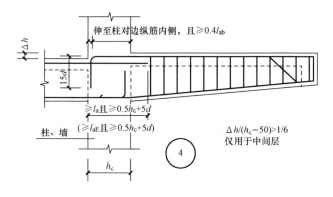

图 3 - 27 梁悬挑端钢筋构造（四）

⑤$\Delta h / (h_c - 50) \leqslant 1/6$，上部纵筋连续布置，用于中间层，当支座为梁时，也

可用于屋面，如图3-28所示。

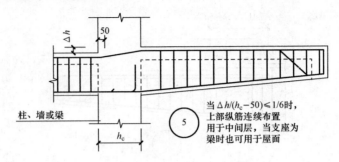

图3-28 梁悬挑端钢筋构造（五）

⑥$\Delta h \leqslant h_b/3$，上部纵筋连续布置，用于屋面，当支座为梁时，也可用于中间层，如图3-29所示。

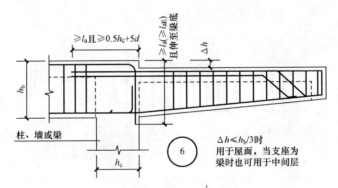

图3-29 梁悬挑端钢筋构造（六）

⑦$\Delta h \leqslant h_b/3$，上部纵筋连续布置，用于屋面，当支座为梁时，也可用于中间层，如图3-30所示。

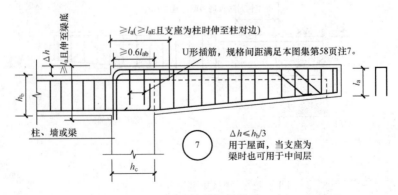

图3-30 梁悬挑端钢筋构造（七）

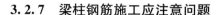

3.2.7　梁柱钢筋施工应注意问题

《混凝土结构施工图平面整体表示方法制图规则和构造详图》（16G101-1）中对框支梁、框架梁、框架柱均有详细的配筋构造详图，施工、预算时须注意以下几个方面：

（1）顶层端节点处是较容易出现问题的部位，应正确选择连接的构造详图，一种是柱纵筋伸入梁内，另一种是梁纵筋伸入柱内，前一种方式柱纵筋伸入梁内与梁上部纵筋搭接长度大于等于 $1.5l_{abE}$，且至少要保证有 $65\%A_{S1}$（A_{S1} 为柱外侧纵筋总面积）的柱纵筋伸入梁内，梁宽范围以外的柱纵筋可以伸入现浇板内。当柱外侧纵筋配筋率大于 1.2% 时，分两次截断，两个断点相距 $20d$，当采用后一种方式时，梁纵筋伸入柱内竖直段长度大于等于 $1.7l_{abE}$，当梁上部纵筋配筋率大于 1.2% 时，也应分两次截断，断点相距 $20d$，究竟采用哪一种方式，视柱施工缝留设位置而定，通常柱施工缝留在梁底或梁底下 100mm，多采用第一种方式，当采用第二种方式时，必须把柱的施工缝留在 $1.7l_{abE}$ 或 $1.7l_{abE}+20d$ 以下。

（2）底部框架—抗震墙结构中的转换层的托墙梁上部纵筋应按框支梁进行钢筋安装，而不能按一般框架梁来处理。柱施工缝必须留在外排纵筋的 l_{aE} 以下。

（3）箍筋加密区。框架梁、框支梁箍筋加密范围可依据《混凝土结构施工图平面整体表示方法制图规则和构造详图》构造详图按不同抗震等级选用，但框架柱箍筋加密范围常存在较大问题，须注意以下几个方面。

1）底层柱。底层柱根加密区 $\geqslant h_n/3$，h_n 为柱净高，柱根是指地下室顶面，无地下室时，应为基础顶面（柱基基顶）起算。

2）抗震等级为一、二级时，框支柱、角柱，框支剪力墙结构中柱子箍筋应沿全高加密。结构设计总说明中往往只说明结构抗震等级，施工人员一般并不了解设计规范有相应要求。高层建筑中主楼与裙房之间设有伸缩缝时，由于主楼与裙房的抗震等级是分别确定的，主楼部分的角柱可能需沿全高加密箍筋，裙房部分的角柱则可能不需要。

3）特殊部位的柱，一般发生在楼梯间位置和填充墙部位，由于楼梯平台梁支承在框架柱上，往往使相邻两框架柱变为短柱（$h_n/h<4$）（柱净高与柱截面高度之比），填充墙设置也会使相邻柱形成短柱，这些部位的柱应沿全高加密箍筋。

在框架—抗震墙结构中，一些小墙肢（$l_w\leqslant 3b_w$，b_w 为墙厚，l_w 为墙肢长度），应沿全高加密箍筋，抗震墙的底部加强部位的端柱、紧靠抗震墙洞口的端柱均应沿全高加密箍筋。

（4）腰筋。腰筋实际上包括三种情况，梁侧面构造筋、抗扭筋、框支梁腰部纵筋。构造筋符号是 G，抗扭筋符号是 N，两者作用不完全相同，构造措施不一样，须引起注意。

构造筋主要是为防止梁侧面产生收缩裂缝而构造设置。当 $h_w \geqslant 450mm$ 时需设置，每侧腰筋面积大于或等于 $0.1\%bh_w$，其间距小于或等于 200mm。另外，构造筋伸入柱内的锚固长度为 $15d$。

抗扭筋是由抗扭计算确定的，目的是抵抗扭矩产生的斜裂缝，这种钢筋伸入柱内的锚固长度应为 l_{aE}（l_a）。

由于框支梁是偏心受拉构件，其腰部的纵筋可以起到承担拉力的作用，构造上要求直径不小于 Φ16，间距不大于 200mm，伸入柱内的锚固长度为 l_{aE}（l_a）。

（5）悬臂梁纵筋。混凝土规范中规定，在钢筋混凝土悬臂梁中，其余钢筋不应在梁的上部截断。这里的上部应理解为第一排，原因是悬臂梁全长受负弯矩作用，临界斜裂缝的倾角明显偏小，不允许截断。不应截断的纵筋是否需在端部弯下，视 l 与 h_b 的关系而定，若 $l > 4h_b$，则在端部弯下，若 $l < 4h_b$，不必弯下，但此时必须通长设置，如梁上部纵筋有二排时，若 $l < 5h_b$，第二排纵筋可以不在 $0.75l$ 处截断，伸至悬挑梁外端向下弯折 $12d$（参见《平法图集》92 页详图）。

（6）钢筋连接接头。目前框架梁、柱纵筋连接采用绑扎搭接方法已很少，焊接连接、机械连接用得最多，隐蔽验收时发现的主要问题有：

1）接头位置不对。接头位置要设在受力较小处。梁跨中正弯矩较大，支座附近负弯矩、剪力较大，柱端在水平力作用下弯矩较大，接头应尽量避开这些位置，事先要算好钢筋下料长度，梁上部纵筋接头尽量靠近跨中，下部纵筋（若要焊接）尽量远离跨中（建议设在梁箍筋加密区外且离支座 $l_n/3$ 的范围内）。柱筋接头尽量远离柱端，所有焊接接头均应避开梁、柱箍筋加密区，确实无法避开时，宜采用机械连接。

2）接头数量不符合规范要求。正确理解"同一连接区段"的概念，它指的是 $35d$（d 为纵筋较大直径）且不小于 500mm 的长度范围，凡接头中点位于此长度内的接头均视为同一连接区段的接头，并且要求纵筋焊接接头面积百分率应该小于等于 50%。对机械连接接头，也应改变原来的做法，已经修订的《钢筋机械连接通用技术规程》将其分为三个等级，Ⅰ级接头面积百分率不受限制，Ⅱ级接头面积百分率不大于 50%，Ⅲ级接头面积百分率不大于 25%。

3.3 梁钢筋计算实例

【实例1】单跨楼层框架梁钢筋计算

抗震等级为二级，混凝土强度等级为 C30，锚固长度 $38d$，搭接长度 $35d$，保护层厚度为 25mm。KL2 的平法标注图如图 3-31 所示。钢筋计算见表 3-2。如果施工时，Φ6 钢筋用 Φ6.5 钢筋代替，则钢筋理论质量改为 0.26kg/m。

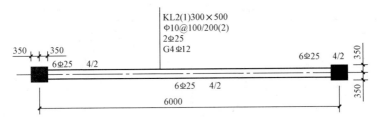

图 3 - 31　KL2 平法表示图

表 3 - 2			单跨楼层框架梁钢筋计算表					
构件名称	KL2	构件数量：1		构件钢筋质量：341.03kg				
钢筋类型	钢筋直径	钢筋形状	单根长度/m	根数	总长度/m	理论质量/(kg/m)	质量/kg	
（1）上部通长钢筋	ϕ 25		$6-0.35 \times 2 + \max（38 \times 0.025, 0.4 \times 38 \times 0.025 + 15 \times 0.025, 0.7-0.025 + 15 \times 0.025）\times 2 = 7.4$	2	14.8	3.853	57.02	
（2）左支座一排负筋	ϕ 25		$（6-0.35 \times 2）/3 + \max（38 \times 0.025, 0.4 \times 38 \times 0.025 + 15 \times 0.025, 0.7-0.025 + 15 \times 0.025）= 2.82$	2	5.64	3.853	21.73	
（3）右支座一排负筋	ϕ 25		$（6-0.35 \times 2）/3 + \max（38 \times 0.025, 0.4 \times 38 \times 0.025 + 15 \times 0.025, 0.7-0.025 + 15 \times 0.025）= 2.82$	2	5.64	3.853	21.73	
（4）左支座二排负筋	ϕ 25		$（6-0.35 \times 2）/4 + \max（38 \times 0.025, 0.4 \times 38 \times 0.025 + 15 \times 0.025, 0.7-0.025 + 15 \times 0.025）= 2.38$	2	4.76	3.853	18.34	
（5）右支座二排负筋	ϕ 25		$（6-0.35 \times 2）/4 + \max（38 \times 0.025, 0.4 \times 38 \times 0.025 + 15 \times 0.025, 0.7-0.025 + 15 \times 0.025）= 2.38$	2	4.76	3.853	18.34	
（6）下部通常钢筋	ϕ 25		$6-0.35 \times 2 + \max（38 \times 0.025, 0.4 \times 38 \times 0.025 + 15 \times 0.025, 0.7-0.025 + 15 \times 0.025）\times 2 = 7.4$	6	44.4	3.853	171.07	
（7）构造钢筋	ϕ 12		$6-0.35 \times 2 + 15 \times 0.012 = 5.48$	4	21.92	0.888	19.46	

续表

构件名称	KL2	构件数量：1		构件钢筋质量：341.03kg			
钢筋类型	钢筋直径	钢筋形状	单根长度/m	根数	总长度/m	理论质量/(kg/m)	质量/kg
（8）拉筋	φ6		$0.3-0.025\times2+1.9\times0.006\times2+0.075\times2+2\times0.006=0.43$	17	6.63	0.222	1.47
（9）箍筋	φ6		$2\times(0.3+0.5)-8\times0.025+1.9\times0.006\times2+\max(10\times0.006,0.075)\times2=1.573$	34	53.48	0.222	11.87

注：二级抗震梁箍筋加密区长度为 $1.5\times h_b$（梁高），箍筋距离柱边 50mm。箍筋根数：$[(1.5\times0.5-0.05)/0.1+1]\times2+(6-0.35\times2-1.5\times0.5\times2)/0.2-1=34$。

【实例 2】多跨框架梁钢筋计算

抗震等级为二级，混凝土强度等级为 C30，锚固长度：$38d$，搭接长度 $35d$，保护层厚度为 25mm。KL1 的平法标注图如图 3-32 所示。钢筋计算见表 3-3。

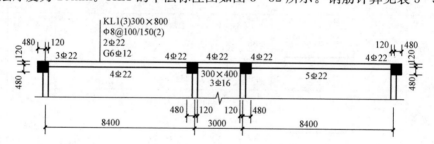

图 3-32　KL1 平法表示图

表 3-3　　　　　　　　　　　　多跨框架梁钢筋计算表

构件名称	KL1	构件数量：1		构件钢筋质量：734.79kg			
钢筋类型	钢筋直径	钢筋形状	单根长度/m	根数	总长度/m	理论质量/(kg/m)	质量/kg
（1）上部通常钢筋	φ22		$8.4\times2+3-0.12\times2+\max[38\times0.022,(0.4\times38\times0.022+15\times0.022),(0.6-0.025+15\times0.022)\times2]=21.37$	2	42.74	2.984	127.54
（2）一跨左支座负筋	φ22		$(8.4-0.12-0.48)/3+\max[38\times0.022,(0.4\times38\times0.022+15\times0.022),(0.6-0.025+15\times0.022)]=3.505$	1	3.505	2.984	10.46
（3）一跨右支座负筋	φ22		$2\times(8.4-0.12-0.48)/3+0.48\times2+3=9.16$	2	18.32	2.984	54.67

续表

构件名称	KL1	构件数量：1	构件钢筋质量：734.79kg				
钢筋类型	钢筋直径	钢筋形状	单根长度/m	根数	总长度/m	理论质量/(kg/m)	质量/kg
（4）一跨下部钢筋	Φ22		$8.4-0.12-0.48+\max[38\times0.022,\ (0.4\times38\times0.022+15\times0.022),\ (0.6-0.025+15\times0.022)]\times2=9.61$	4	38.44	2.984	114.70
（5）二跨下部钢筋	Φ16		$3-0.12-0.12+\max[38\times0.016,\ (0.4\times38\times0.016+15\times0.016),\ (0.6-0.025+15\times0.016)]\times2=4.39$	3	13.17	1.578	20.78
（6）三跨左支座负筋	Φ22		$(8.4-0.12-0.48)/3+\max[38\times0.022,\ (0.4\times38\times0.022+15\times0.022),\ (0.6-0.025+15\times0.022)]=3.505$	2	7.01	2.984	20.92
（7）三跨下部钢筋	Φ22		$8.4-0.12-0.48+\max[38\times0.022,\ (0.4\times38\times0.022+15\times0.022),\ (0.6-0.025+15\times0.022)]\times2=9.61$	5	48.05	2.984	143.38
（8）构造钢筋	Φ12		$8.4+3+8.4-0.12\times2+15\times0.012\times2=19.92$	6	119.52	0.888	106.13
（9）一跨箍筋	Φ8		$2\times(0.3+0.8)-8\times0.025+8\times0.008+1.9\times0.008\times2+\max(10\times0.008,\ 0.075)\times2=2.186$	60	131.7	0.395	51.81

注：二级抗震梁箍筋加密区长度为 $1.5\times h_b$（梁高），箍筋距离柱边 50mm。箍筋根数：
$[(1.5\times0.8-0.05)/0.1+1]\times2+(8.4-0.12-0.48-1.5\times0.8\times2)/0.15-1=60$

| （10）二跨箍筋 | Φ8 | | $2\times(0.3+0.4)-8\times0.025+1.9\times0.008\times2+\max(10\times0.008,\ 0.075)\times2=1.386$ | 23 | 31.88 | 0.395 | 12.59 |

注：二级抗震梁箍筋加密区长度为 $1.5\times h_b$（梁高），箍筋距离柱边 50mm。箍筋根数：$[(1.5\times0.4-0.05)/0.1+1]\times2+(3-0.12\times2-1.5\times0.4\times2)/0.15-1=23$

（11）三跨箍筋	Φ8		$2\times(0.3+0.8)-8\times0.025+1.9\times0.008\times2+\max(10\times0.008,\ 0.075)\times2=2.186$	60	131.16	0.395	51.81
箍筋数量计算同一跨							
（12）拉筋	Φ6		$0.3-0.025\times2+11.9\times0.006\times2=0.39$	231	90.09	0.222	20.0
			$(60+34+60)/2\times3=231$				

【实例 3】 悬挑框架梁钢筋计算

抗震等级为二级，混凝土强度等级为 C30，柱截面尺寸：600mm×600mm。锚固长度：38d，搭接长度 35d，保护层厚度为 25mm。KL4 的平法表示图如图 3 - 33 所示。钢筋计算见表 3 - 4。

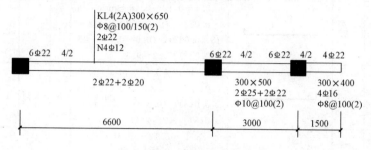

图 3 - 33　KL4 平法表示图

表 3 - 4　　　　　　　　悬挑框架梁钢筋计算表

构件名称	KL4	构件数量：1		构件钢筋质量：426.873kg			
钢筋类型	钢筋直径	钢筋形状	单根长度/m	根数	总长度/m	理论质量/(kg/m)	质量/kg
（1）上部通常钢筋	Φ22	⌐‾‾¬	$6.6+3+1.5-0.3-0.025+$ max $[38×0.022,$ $(0.4×38×0.022+15×0.022),$ $(0.6-0.025+15×0.022)]+12×0.022=11.94$	2	23.88	2.984	71.26
（2）一跨左支座一排负筋	Φ22	⌐‾‾	$(6.6-0.3×2)/3+$ max $[38×0.022,(0.4×38×0.022+15×0.022),(0.6-0.025+15×0.022)]=2.905$	2	5.81	2.984	17.34
（3）一跨左支座二排负筋	Φ22	⌐‾‾	$(6.6-0.3×2)/4+$ max $[38×0.022,(0.4×38×0.022+15×0.022),(0.6-0.025+15×0.022)]=2.41$	2	4.82	2.984	14.38
（4）一跨右支座一排负筋	Φ22	———	$(6.6-0.3×2)/3×2+0.6=4.6$	2	9.2	2.984	27.45
（5）一跨右支座二排负筋	Φ22	———	$(6.6-0.3×2)/4×2+0.6=3.6$	2	7.2	2.984	21.485

续表

构件名称	KL4	构件数量：1	构件钢筋质量：426.873kg				
钢筋类型	钢筋直径	钢筋形状	单根长度/m	根数	总长度/m	理论质量/(kg/m)	质量/kg
（6）一跨下部钢筋	Φ 22		$6.6-0.3\times2+\max[38\times0.022,(0.4\times38\times0.022+15\times0.022),(0.6-0.025+15\times0.022)]\times2=7.81$	2	15.62	2.984	46.61
（7）一跨下部钢筋	Φ 20		$6.6-0.3\times2+\max[38\times0.020,(0.4\times38\times0.020+15\times0.020),(0.6-0.025+15\times0.020)]\times2=7.75$	2	15.5	2.466	38.225
（8）抗扭钢筋	Φ 12		$6.6+3+1.5-0.3+0.6/2-0.025+12.5\times0.012=11.23$	4	44.92	0.888	39.89
（9）二跨下部钢筋1	Φ 25		$3-0.3\times2+38\times0.025\times2=4.3$	2	8.6	3.853	33.14
（10）二跨下部钢筋2	Φ 22		$3-0.3\times2+38\times0.022\times2=4.07$	2	8.14	2.984	24.30
（11）二跨右支座一排钢筋（三跨跨中筋）	Φ 22		$2.4/3+0.6+1.2+12\times0.022-0.025=2.839$	2	5.678	2.984	16.943
（12）二跨右支座2排钢筋（三跨跨中筋）	Φ 22		$2.4/4+0.6+0.75\times1.2=2.1$（钢筋伸入悬挑端长度为$0.75\times l$，$l$为悬挑端净跨长）	2	4.2	2.984	12.533
（13）三跨下部钢筋	Φ 16		$1.2+12\times0.016-0.025=1.367$	2	2.73	1.578	4.31
（14）一跨箍筋	Φ 8		$2\times(0.3+0.65)-8\times0.025+1.9\times0.008\times2+\max(10\times0.008,0.075)\times2=1.81$	47	85.07	0.395	33.60

注：二级抗震梁箍筋加密区长度为$1.5\times h_b$（梁高），箍筋距离柱边50mm。箍筋根数：$[(1.5\times0.65-0.05)/0.1+1]\times2+(6.6-0.3\times2-1.5\times0.65\times2)/0.15-1=47$

续表

构件名称	KL4	构件数量：1		构件钢筋质量：426.873kg				
钢筋类型	钢筋直径	钢筋形状	单根长度/m		根数	总长度/m	理论质量/(kg/m)	质量/kg
(15) 一跨拉筋	$\phi 6$		$0.3-0.025\times2+1.9\times0.006$ $\times2+0.075\times2=0.423$		23	9.73	0.222	2.16
拉筋长度＝梁宽－2×保护层厚度＋2d＋2×1.9d＋max(10d，75mm)×2								
(16) 二跨箍筋	$\phi 8$		$2\times(0.3+0.5)-8\times0.025$ $+1.9\times0.008\times2+$ max $(10\times$ $0.008,0.075)\times2=1.51$		24	36.24	0.395	14.315
注：二级抗震梁箍筋加密区长度为 1.5×h_b（梁高），箍筋距离柱边 50mm。箍筋根数：(3－0.3×2－0.05×2)/0.1+1＝24								
(17) 二跨拉筋	$\phi 6$		$0.3-0.025\times2+1.9\times0.006$ $\times2+0.075\times2=0.423$		12	5.08	0.222	1.128
(18) 三跨箍筋	$\phi 8$		$2\times(0.3+0.45)-8\times$ $0.025+1.9\times0.008\times2+$ max $(10\times0.008,0.075)\times2=1.41$		13	18.33	0.395	7.24
注：二级抗震梁箍筋加密区长度为 1.5×h_b（梁高），箍筋距离柱边 50mm。箍筋根数：(1.2-0.05)/0.1+1＝13								
(19) 三跨拉筋	$\phi 6$		$0.3-0.025\times2+1.9\times0.006$ $\times2+0.075\times2=0.423$		6	2.54	0.222	0.564

【实例 4】 屋面框架梁钢筋计算

屋面框架梁 WKL3，如图 3-34 所示，抗震等级二级，混凝土强度等级 C35，保护层厚度 25mm，钢筋接头：直径≤18mm 为绑扎连接，直径＞18mm 为机械连接，梁上部钢筋在柱中锚固按照到梁底处理。锚固长度：38d，搭接长度 35d。钢筋计算见表 3-5。

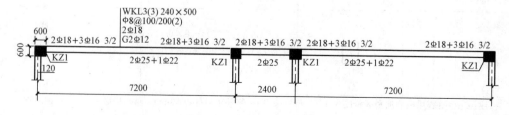

图 3-34 WKL3 平法表示图

表 3-5　　　　　　　　　　　　　屋面框架梁钢筋计算表

构件名称	WKL3	构件数量：1		构件钢筋质量：373.634kg				
钢筋类型	钢筋直径	钢筋形状	单根长度/m	根数	总长度/m	理论质量/(kg/m)	质量/kg
（1）上部通常钢筋	Φ18	⌐‾‾¬	$7.2 \times 2 + 2.4 - 0.12 \times 2 + (0.6 - 0.025) \times 2 + (0.5 - 0.025) \times 2 = 18.66$	2	37.32	1.998	74.57
（2）一跨下部钢筋	Φ25	⌐‾‾¬	$7.2 - 0.48 - 0.3 + \max [38 \times 0.025,\ (0.4 \times 38 \times 0.025 + 15 \times 0.025),\ (0.6 - 0.025 + 15 \times 0.025)] = 7.37$	2	14.74	3.853	56.79
（3）一跨下部钢筋	Φ22	⌐‾‾¬	$7.2 - 0.48 - 0.3 + \max [38 \times 0.022,\ (0.4 \times 38 \times 0.022 + 15 \times 0.022),\ (0.6 - 0.025 + 15 \times 0.022)] = 7.325$	1	7.33	2.984	21.86
（4）一跨左支座负筋	Φ16	⌐‾‾	$(7.2 - 0.48 - 0.3) / 3 + (0.5 - 0.025) = 2.615$	1	2.615	1.578	4.13
（5）一跨左支座第二排负筋	Φ16	⌐‾‾	$(7.2 - 0.48 - 0.3) / 4 + (0.5 - 0.025) = 2.08$	2	4.16	1.578	6.56
（6）一跨右支座第一排负筋	Φ16	‾‾‾	$(7.2 - 0.48 - 0.3) / 3 + 2.4 + (7.2 - 0.48 - 0.3) / 3 = 6.68$	1	6.68	1.578	10.54
（7）一跨右支座第二排负筋	Φ16	‾‾‾	$(7.2 - 0.48 - 0.3) / 4 + 2.4 + (7.2 - 0.48 - 0.3) / 3 = 5.61$	2	11.22	1.578	17.71
（8）二跨下部钢筋	Φ25	⌐‾‾¬	$2.4 - 0.3 \times 2 + \max [38 \times 0.025,\ (0.4 \times 38 \times 0.025 + 15 \times 0.025),\ (0.6 - 0.025 + 15 \times 0.025)] = 2.75$	2	5.5	3.853	21.19
（9）三跨右部支座一排负筋	Φ16	⌐‾‾	$(7.2 - 0.48 - 0.3) / 3 + (0.5 - 0.025) = 2.615$	1	2.615	1.578	4.13
（10）三跨右支座第二排负筋	Φ16	⌐‾‾	$(7.2 - 0.48 - 0.3) / 4 + (0.5 - 0.025) = 2.08$	2	4.16	1.578	6.56

续表

构件名称	WKL3	构件数量：1		构件钢筋质量：373.634kg				
钢筋类型	钢筋直径	钢筋形状	单根长度/m	根数	总长度/m	理论质量/(kg/m)	质量/kg
（11）三跨跨下部钢筋	Φ25		$7.2-0.48-0.3+\max(38\times0.025, 0.4\times38\times0.025+15\times0.025, 0.6-0.025+15\times0.025)=7.37$	2	14.74	3.853	56.79
（12）构造钢筋	Φ12		$7.2\times2+2.4+0.24\times2-0.025\times2+15\times0.012\times2+12.5\times0.012+3\times35\times0.012=19$	2	38	0.888	33.74
（13）一跨箍筋	Φ8		$2\times(0.24+0.5)-8\times0.025+1.9\times0.008\times2+\max(10\times0.008, 0.075)\times2=1.466$	39	57.174	0.395	22.583

二级抗震梁箍筋加密区长度为$1.5\times h_b$（梁高），箍筋距离柱边50mm。箍筋根数：$[(1.5\times0.5-0.05)\times2+(7.2-0.48\times2)]/0.2-1=38$

| （14）一跨箍筋 | Φ8 | | $2\times(0.24+0.5)-8\times0.025+1.9\times0.008\times2+\max(10\times0.008, 0.075)\times2=1.466$ | 18 | 26.388 | 0.395 | 10.423 |

二级抗震梁箍筋加密区长度为$1.5\times h_b$，全跨加密，箍筋距离柱边50mm。箍筋根数：$(2.4-0.3\times2-0.05\times2)/0.1+1=18$

| （15）一跨箍筋 | Φ8 | | $2\times(0.24+0.5)-8\times0.025+1.9\times0.008\times2+\max(10\times0.008, 0.075)\times2=1.466$ | 39 | 57.174 | 0.395 | 22.583 |

二级抗震梁箍筋加密区长度为$1.5\times h_b$，箍筋距离柱边50mm。箍筋根数：$[(1.5\times0.5-0.05)\times2+(7.2-0.48\times2)]/0.2-1=38$

| （16）拉筋 | Φ6 | | $0.24-0.025\times2+11.9\times0.006\times2=0.333$ | 47 | 15.651 | 0.222 | 3.475 |

$38+18/2=47$

【实例 5】 圈梁钢筋计算

如图 3-35 所示，混凝土强度为 C25，由表 1-3 查得，l_a 一级钢筋锚固长度为：$l_a=31d$，搭接长度为 $40d$，纵筋考虑各种因素，圈梁断面面积为 $240\text{mm}\times240\text{mm}$，圈梁保护层厚度为 25mm。具体计算如表 3-6 所示。

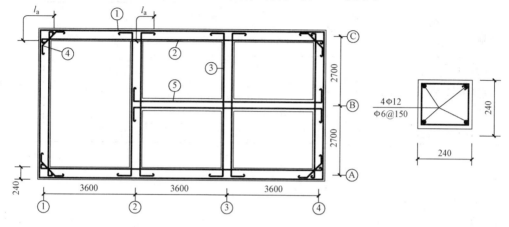

图 3-35　圈梁钢筋图

表 3-6　　　　　　　　　　　　　　圈梁钢筋计算表

构件名称	KL1	构件数量：1	构件钢筋质量：271.61kg				
钢筋类型	钢筋直径	钢筋形状	单根长度/m	根数	总长度/m	理论质量/(kg/m)	质量/kg
（1）①号钢筋 A、C 轴	Φ12	⊏⊐	$3.6\times3+0.12\times2-0.025\times2$ $+40\times0.012+6.25\times2\times0.012$ $=11.62$	4	46.48	0.888	41.27
（2）①号钢筋①、④轴	Φ12	—	$5.4+0.12\times2-0.025\times2+$ $6.25\times2\times0.012=5.74$	4	22.96	0.888	20.39
（3）②号钢筋 A、C 轴	Φ12	⌐⌐	$3.6\times3-0.12\times2+40\times$ $0.012+6.25\times2\times0.012+31\times$ $0.012\times2=11.88$	4	47.52	0.888	42.20
（4）②号钢筋，①、④轴	Φ12	⌐⌐	$5.4-0.12\times2+6.25\times2\times$ $0.012+31\times0.012\times2=6.05$	4	24.2	0.888	21.49
（5）③号钢筋，②、③轴	Φ12	⌐⌐	$5.4+0.12\times2+6.25\times2\times$ $0.012+31\times0.012\times2=6.05$	8	48.4	0.888	42.98
（6）⑤号钢筋轴	Φ12	⌐⌐	$7.2-0.12\times2+31\times0.012\times$ $2=7.7$	4	30.8	0.888	27.35

构件名称	KL1	构件数量：1		构件钢筋质量：271.61kg				
钢筋类型	钢筋直径	钢筋形状	单根长度/m	根数	总长度/m	理论质量/(kg/m)	质量/kg
（7）④号钢筋轴	φ 12		$\sqrt{(0.24-0.025\times2)^2\times2}\times2$ $+0.3\times2=1.14$	8	9.12	0.888	8.1
（8）箍筋	φ 6		$2\times(0.24+0.24)-8\times$ $0.025+1.9\times0.008\times2+\max$ $(10\times0.008,0.075)\times2$ $=0.946$	323	305.558	0.222	67.83

$[(3.6\times3-0.24+5.16\times2)\times2+3.36\times2]/0.15=323$

第4章 板钢筋工程量计算

楼面或屋面板指用钢筋混凝土材料制成的板，是房屋建筑工程结构中的基本结构构件，常用作屋盖、楼盖、平台等。钢筋混凝土楼面或屋面板，按平面形状分为方板、圆板和异形板；按结构的受力作用方式分为单向板和双向板。最常见的有单向板、四边支承双向板和由柱支承的无梁平板。板按照结构形式分为有梁楼盖板和无梁楼盖板两大类。有梁楼盖板指以梁为支座的楼面与屋面板，也适用于梁板式转换层、剪力墙结构、砌体结构以及有梁地下室的楼面与屋面板。无梁楼盖板指现浇板带、加强带、柱帽等。板的厚度应满足强度和刚度的要求。

单向板有现浇和预制两种。现浇板通常与钢筋混凝土梁连成整体并形成多跨连续的结构形式。预制板在工业和民用建筑中广泛用作屋盖和楼盖，常用的预制板有实体板、空心板和槽形板，板的宽度视当地制造、吊装和运输设备的具体条件而定。为了保持预制板结构的整体性，要注意处理好板与板、板与墙和梁的联结构造。

单向板的钢筋由受力钢筋和分布钢筋组成。受力钢筋由计算决定，根据弯矩图的变化沿跨度方向配置在板的下面或上面的受拉区。分布钢筋与受力钢筋垂直，均匀地配置于受力钢筋的内侧，以便在灌筑混凝土时固定受力钢筋的位置、抵抗混凝土收缩和温度变化所产生的应力，承担并分布板上局部荷载产生的应力。

四边支承双向板是沿四边支承的板，当其长边与短边之比不大于2时，板上的荷载将同时沿长跨和短跨两个方向传至支承结构（梁或墙）。

四边支承板的配筋，按两个方向分别平行于支承梁呈十字交叉布置。当荷载和跨度较大时，可采用预应力钢筋。在现浇板中，常采用分散布置的无黏结后张预应力钢丝束。在预制板中，则采用先张法预应力钢丝（见预应力混凝土结构），有时为了减轻板的自重，还在其中一个方向作成多孔空心板。

无梁平板与前述两种板不同之处在于板面不用梁支承而直接由柱支承，常用做荷载较重的楼盖和基础底板，故也称无梁楼盖。无梁平板由于没有凸出的梁肋，因而改善了采光和通风条件，便于保持清洁和敷设各种管线，扩大了楼层净空，降低多层房屋的总高度，取得了明显的经济效益。

无梁平板按结构形式分为无柱帽平板和有柱帽平板。柱帽的设置是为了增大传递支座压力所需的接触面积，增加抗冲切和抵抗支座负弯矩的能力。为减轻板的自重，可作成井式密肋无梁平板的配筋，由平行于柱网轴线的双向钢筋网组成，沿纵横方向的柱上板带和跨中板带的正负钢筋如同单向多跨连续板一样布置。当跨度较大时，可配置无黏结后张预应力钢丝束。无梁平板的施工方法有逐层现浇法和在现场地面就地叠层预制，然后提升至预定层高的升板施工法。

4.1 有梁楼盖钢筋工程量计算

有梁楼盖指以梁为支座的楼面或屋面板。有梁楼盖平法施工图指在楼面板和屋面板布置图上，采用平面注写的表达方式，如图 4-1 所示。

有梁楼盖板平法施工图，系在楼面板和屋面板布置图上采用平面注写的表达方式，板平面注写主要包括板块集中标注。结构平面坐标平面为：

（1）当两向轴网正交布置时，图面从左向右为 X 轴方向，从下至上为 Y 轴方向；

（2）当轴网转折时，局部坐标方向顺轴网转折角度做相应转折；

（3）当轴网向心布置时，切向为 X 方向，径向为 Y 轴方向。

此外，对于平面布置比较复杂的区域，如轴网转折交界区域、向心布置的核心区域等，其平面坐标方向应由设计者另行规定并在图上明确表示。

4.1.1 有梁楼盖板的集中标注

板块集中标注包括：板块编号、板厚、上部贯通纵筋、下部纵筋以及板面标高不同时的标高高差。对于普通楼面板，两向均以一跨为一块板，对于密肋楼盖，两向主梁（框架梁）均以一跨为一板块（非主梁密肋不计）。所有板块应逐一编号，相同板块可择其一做集中标注，其他仅注写置于圆圈内的板编号以及当板面标高不同时的标高高差。板块编号如图 4-2 所示。板块编号可按表 4-1 规定编号。

表 4-1 板 块 编 号

板类型	代号	序号
楼面板	LB	××
屋面板	WB	××
纯悬挑板	XB	××

板厚 h 为垂直于板面的厚度，注写为 $h=\times\times\times$mm，当悬挑板的端部改变截面厚度时，用斜线分割板根部与端部的高度值，注写为 $h=\times\times\times/\times\times\times$mm。当板厚相同时，也可以在设计说明中标注。

板纵筋按照板块的上部和下部纵筋分别注写（当板块上部不设贯通纵筋时则不注），并以 B 代表下部钢筋，T 代表上部钢筋，B&T 代表下部与上部。X 向纵筋以 X 打头，Y 向纵筋以 Y 打头，两向纵筋配置相同时以 X 和 Y 打头。

当为单向板时，分布筋可不必注写，而在图中统一注明。当板内配置有构造钢筋时，X 向以 Xc，Y 向以 Yc 打头注写，如在悬挑板下部常配有构造钢筋。当 Y 向采用放射配筋时（切向为 X 方向，径向为 Y 轴方向），应在设计中注明配筋间距的定位尺寸。

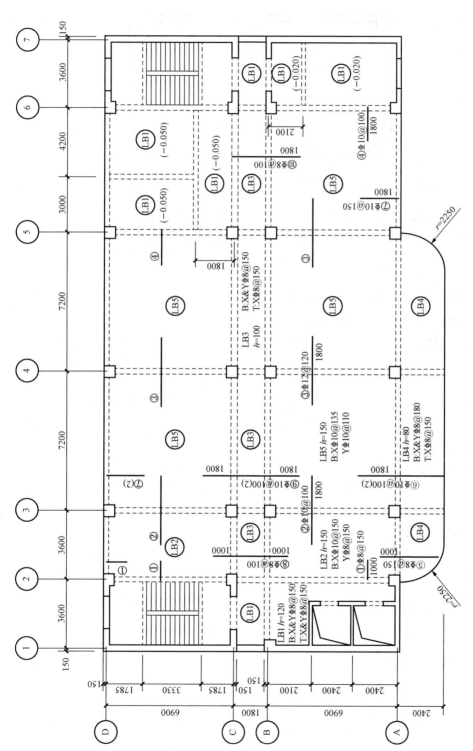

图 4-1　有梁楼盖楼板块平法施工图

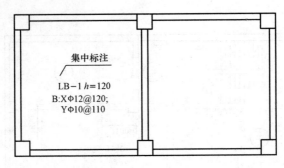

图 4-2　板块集中标注

当纵筋采用两种规格钢筋"隔一布一"方式时，表达为 φ xx/yy@×××，表示直径为××的钢筋和直径为 yy 的钢筋二者之间间距为×××，直径为××的钢筋和直径为××的钢筋间距为×××的 2 倍，直径为 yy 的钢筋和直径为 yy 的钢筋间距为×××的 2 倍。

板面标高高差，指相对于结构层楼面标高的高差，应将其注写在括号内，且有高差则注，布筋范围例如：LB5，$h=110$，B：X φ 10/12@100；Y φ 10@110，表示 5 号楼板，板厚110mm，板下部配置 X 向纵筋为：φ 10 与 φ 12 的钢筋各一布一，φ 10 与 φ 12 钢筋间距为 100，Y 向配筋为 φ 10@110，板上部未配置贯通纵筋。

例如：XB2，$h=150/100$，B：Xc&Yc φ 8@200，表示 2 号悬挑板，板根部厚150mm，端部厚 100mm，下部配置构造钢筋双向均为 φ 8@200，上部受力钢筋见板支座原位标注。

同一编号板块的类型、板厚和纵筋均应相同，但板面的标高、跨度、平面形状以及板支座上部非贯通纵筋可以不同。计算钢筋工程量时，应根据其实际平面形状，分别计算各板块的混凝土与钢筋用量。

单项或双向连续板的中间支座上部同向贯通纵筋，不应在支座位置连接或分别锚固。当相邻两块板的板上部贯通纵筋配置相同，且跨中部位有足够空间连接时，可在两跨任意一跨的跨中连接部位连接；当相邻两块板上部贯通纵筋配置不同时，应将配置较大者越过其标注的跨数重点或起点伸至相邻跨的跨中连接区域连接。

设计者应注明等跨与不等跨板上部纵筋连接部位的特殊要求，对于梁板式转换层楼板，板下部纵筋在支座内的锚固长度不应小于 l_a。当悬挑板需要考虑竖向地震作用时，下部纵筋伸入支座内长度不应小于 l_{aE}。

4.1.2　有梁楼盖板的原位标注

板支座的原位标注内容为：板支座上部非贯通纵筋和纯悬挑板上部受力钢筋。板支座原位标注的钢筋，应在配置相同跨的第一跨表达（当在梁悬挑部位单独配置时，则在原位标注）。在配置相同跨的第一跨（或梁悬挑部位），垂直于板支座

（梁或墙）绘制一段适宜长度的中粗实线（当该筋通长设置在悬挑板或短跨版上部时，实线段应画至对边或贯通短跨），以该线段代表支座上部非贯通纵筋，并在线段上方注写钢筋编号、配筋值、横向连续布置的跨数以及是否横向布置到梁的悬挑端。

　　板支座上部非贯通筋自支座中线向跨内的伸出长度，注写在线段的下方位置。当中间支座上部非贯通纵筋向支座两侧非对称伸出时，应分别在支座两侧线段下方注写伸出长度。对线段画至对边贯通全跨或贯通全悬挑长度的上部通长纵筋，贯通全跨或伸出至全悬挑一侧的长度值不注，只注明非贯通筋另一侧的伸出长度值。板原位标注如图 4-3 所示。

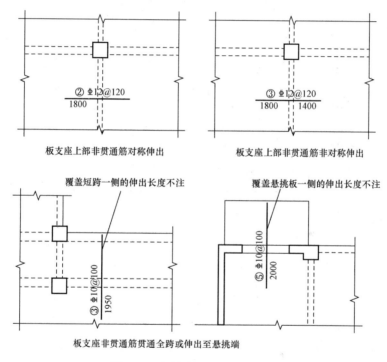

图 4-3　板支座原位标注构造图

　　当板支座为弧形，支座上部非贯通纵筋呈放射状分布时，设计者应注明配筋间距的度量位置并加注"辐射分布"，必要时应绘制配筋平面图，如图 4-4 所示。

　　悬挑板集中标注如图 4-5 所示。当悬挑板端部厚度不小于 150mm 时。设计者应指定板端部封边构造方式。现浇混凝土延伸悬挑板、纯悬挑板在阳角处应设置放射钢筋，如图 4-6 所示，在阴角处应设置附加构造筋，如图 4-7 所示。

　　在板平面布置图中，不同部位的板支座上部非贯通纵筋及悬挑板上部受力钢筋，可仅在一个部位注写，其他相同者则仅需在代表钢筋的线段上注写编号及跨数即可。例如横跨支撑梁绘制的对称线段上注有⑦Φ12@100（5A）和 1500，表示

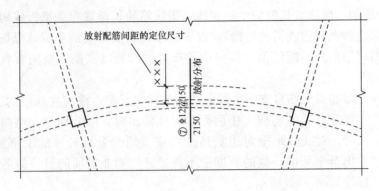

图 4-4 弧形支座板平法标注

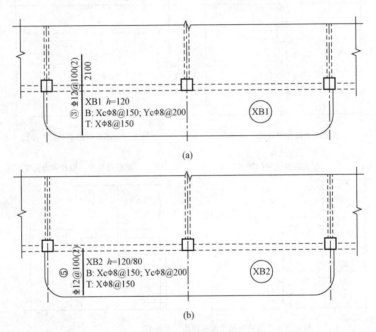

图 4-5 悬挑板平法标注

该支座上部⑦号非贯通纵筋为Φ12@100，从该跨起沿支承梁连续布置5跨加梁一端的悬挑端，该筋自支座中心向两侧跨内的伸出长度为1500mm。此外，与板支座上部非贯通纵筋垂直且绑扎在一起的构造钢筋或分布钢筋，设计人员应在图纸中注明，造价人员计算钢筋工程量时，不应漏掉此类钢筋。

当板上部已经配置有贯通纵筋，仅需增配板支座上部非贯通纵筋时，应结合贯通纵筋的直径与间距，与贯通纵筋采取"隔一布一"方式配置。例如，板上部已经配置贯通纵筋Φ10@250，该跨配置的上部同向支座非贯通纵筋为⑦Φ12@250，表示该跨实际设置的上部纵筋为Φ10与Φ12间隔布置，二者间距为125mm。

当支座一侧设置了上部贯通纵筋（在板集中标注中以T打头），而在支座另一

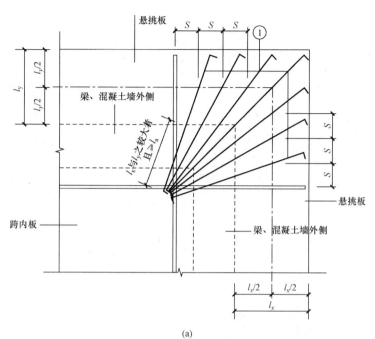

(a)

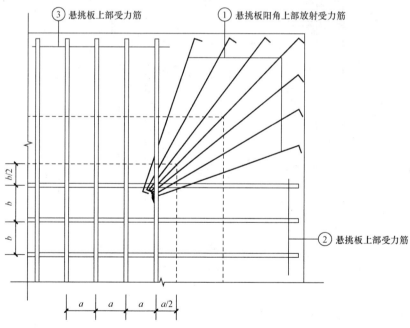

(b)

图 4-6　混凝土悬挑板阳角放射筋布置图（一）

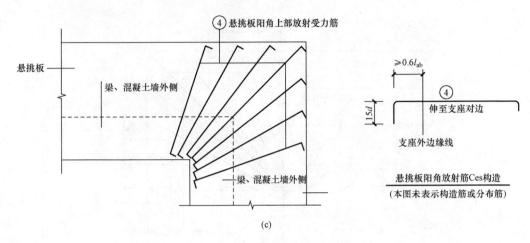

图 4-6 混凝土悬挑板阳角放射筋布置图（二）

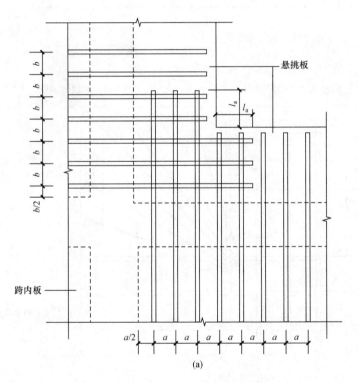

图 4-7 混凝土板阴角放射筋布置图（一）

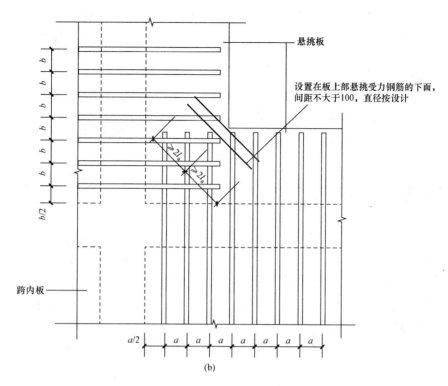

图 4-7　混凝土板阴角放射筋布置图（二）

侧设置了上部非贯通纵筋时，如果支座两侧设置的纵筋直径、间距相同，应将二者连通，避免各自在支座锚固。

4.1.3　板上部纵筋锚固要求

当设计采用铰接时，板上部纵筋平直段伸至端支座对边后弯折，且平直段长度大于等于 $0.35l_{ab}$，弯折段投影长度 $15d$（d 为纵向钢筋直径）；当充分利用钢筋的抗拉强度时，平直段伸至端支座对边后弯折，且平直段长度大于或等于 $0.6l_{ab}$，弯折段投影长度 $15d$，造价人员应根据设计图纸表明的构造做法，计算板纵筋长度。

当板支承在剪力墙顶的端节点时，设计考虑墙外侧竖向钢筋与板上部纵向钢筋搭接传力时，应满足搭接长度要求，造价人员应注意查看节点做法。

4.2　无梁楼盖板的平法标注

无梁楼盖板平法施工图表达，系在楼面板和屋面板布置图上，采用平面注写的表达方式。板平面注写主要有两部分内容：板带集中标注和板带支座原位标注。

4.2.1　无梁楼盖板的集中标注

集中标注应在板带贯通纵筋配置相同跨的第一跨（X 向为左端跨，Y 向为下端跨）注写。相同编号的板带可择其一做集中标注，其他仅注写板带编号（注写在圆圈内）。板带集中标注的内容为：板带编号、板带厚及板带宽和贯通纵筋。无梁楼盖板如图4-8所示。

板带编号按照表4-2的规定。

表4-2 板 带 编 号

板带类型	代号	序号	跨数及有无悬挑
柱上板带	ZSB	××	（××）、（××A）或（××B）
跨中板带	KZB	××	（××）、（××A）或（××B）

注：1. 跨数按柱网轴线计算（两相邻柱轴线之间为一跨）；
   2. （××A）为一端有悬挑，（××B）为两端有悬挑，悬挑不计入跨数。

板带厚注写为 $h=×××$，板带宽注写为 $b=×××$。当无梁楼盖整体厚度和板带宽度已在图中注明时，此项可不注。

贯通纵筋按板带下部和上部分别注写，并以 B 代表下部钢筋，T 代表上部钢筋，B&T 代表下部与上部。当采用放射配筋时，应在设计中注明配筋间距的度量位置，必要时补绘配筋平面图。

当局部区域的板面标高与整体不同时，应在无梁楼盖的板平法施工图上注明板面标高高差及分布范围。

例如，有一板带注写为"ZSB2（5A） $h=300$ $b=3000$ B：Φ 16@100；T：Φ 18@200"表示：2号柱上板带，有5跨且一端悬挑；板带厚300，宽3000；板带配置贯通纵筋下部为 Φ 16@100，上部为 Φ 18@200。

施工和预算时，相邻等跨板带上部贯通纵筋应在跨中 1/3 净跨长范围内连接，当同向连续板带的上部贯通纵筋配置不同时，应将配置较大者越过其标注的跨数终点或起点伸至相邻跨的跨中链接区域连接。

4.2.2 板带支座原位标注

板带支座原位标注的具体内容为板带支座上部非贯通纵筋。

以一段与板带同向的中粗实线段代表板带支座上部非贯通纵筋；对柱上板带，实线段贯穿柱上区域绘制，对跨中板带：实线段横贯柱网轴线绘制，在线段上注写钢筋编号、配筋值及在线段的下方注写自支座中线向两侧跨内的延伸长度。

当板带支座非贯通纵筋自支座中线向两侧对称延伸时，其延伸长度可仅在一侧标注；当配置在有悬挑端的边柱上时，该筋延伸到悬挑尽端，设计不注。当支座上部非贯通纵筋呈放射配筋时，应在设计中注明配筋间距的度量位置。不同部位的板带支座上部非贯通纵筋相同者，可仅在一个部位注写，其余则在代表非贯通纵筋的线段上注写编号。

当板带上部已经配有贯通纵筋，但需增加配置板带支座上部非贯通纵筋时，应结合已配同向贯通纵筋的直径与间距，采取"隔一布一"的方式。

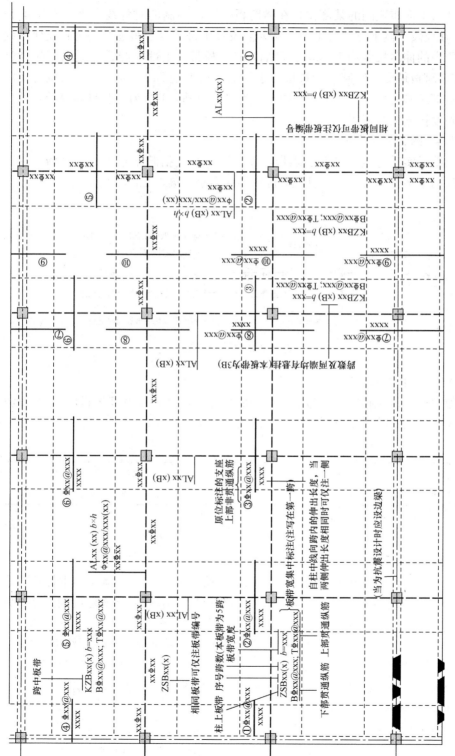

图 4 - 8　无梁楼盖板的平法标注图

例如，平面布置图的某部位，在横跨板带支座绘制的对称线段上注有⑦⌀18@250，在线段一侧下方注有1500，表示：支座上部⑦号非贯通纵筋为自支座中线向两侧跨内的伸出长度均为1500。例如，有一板带，上部已配置贯通纵筋⌀18@240，在横跨板带支座绘制的对称线段上注有⑦⌀18@240，则板带在该位置实际配置的上部纵筋为⌀18@120，其中1/2为贯通纵筋，1/2为⑦非贯通纵筋，伸出中心线长度根据图纸表示计算。

4.2.3 暗梁表示方法

板内暗梁实质为板内纵筋加强带，其平面注写包括暗梁集中标注、暗梁支座原位标注两个部分内容。在柱轴线处画中粗线表示暗梁，如图4-9所示。

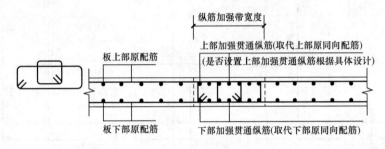

图4-9 板内暗梁构造图

1. 暗梁集中标注

暗梁集中标注包括暗梁编号、暗梁截面尺寸（箍筋外皮宽度×板厚）、暗梁箍筋、暗梁上部通长筋或架立筋四部分。暗梁编号按照表4-3所示。

表4-3			暗 梁 编 号
构件类型	代号	序号	跨数及有无悬挑
暗梁	AL	××	（××）、（××A）或（××B）

注：1. 跨数按柱网轴线计算，两相邻柱轴线之间为一跨。

2. （××A）为一端有悬挑，（××B）为两端有悬挑，悬挑段不计跨数。

2. 暗梁支座原位标注

暗梁支座原位标注包括梁支座上部纵筋、梁下部纵筋。当暗梁集中标注的内容不适用于某跨或某悬挑端时，则将其不同数值标注在该跨或该悬挑端。计算钢筋时，按照原位标注内容读取。

当设置暗梁时，柱上板带及跨中板带标注方式与无梁楼盖板带标注方法相同。柱上板带标注的配筋仅设置在暗梁之外的柱上板带范围内。暗梁中纵向钢筋连接、锚固及支座上部纵筋的伸出长度等要求同轴线处柱上板带中纵向钢筋。

3. 板上部纵筋锚固要求

当设计采用铰接时，板上部纵筋平直段伸至端支座对边后弯折，且平直段长度大于或等于 $0.35l_{ab}$，弯折段投影长度15d（d为纵向钢筋直径）；当充分利用钢筋的抗拉强度时，平直段伸至端支座对边后弯折，且平直段长度大于或等于 $0.6l_{ab}$，弯折段投影长度 $15d$，造价人员应根据设计图纸表明的构造做法，计算板纵筋长度。

4.3　平板钢筋计算

现浇混凝土板根据设计类型，钢筋构造如图 4 - 10 所示，需要计算的钢筋类型如图 4 - 11 所示。

4.3.1　底筋计算

1. 下部纵筋长度计算

钢筋混凝土板下部纵筋包括 X、Y 方向下部纵筋，下部纵筋设置如图 4 - 12 所示，板下部纵钢筋在支座中锚固构造如图 4 - 13 所示。无论单跨板、多跨板，沿通长设置的底筋长度计算公式为：

底筋长度＝净跨＋伸进左支座长度＋伸进右支座长度＋搭接长度＋
　　　　弯钩长度×2

支座构造不同，支座锚固长度有所不同，板底筋的长度有所不同。

（1）当板端的支座为梁。

当板端的支座为梁，板下部纵筋配置如图 4 - 13（a）所示，当板端的支座为圈梁时，板下部纵筋长度同框架梁。板下部纵筋伸进支座长度为：max（$h_b/2$，$5d$），板下部纵筋长度为：

下部纵筋长度＝净跨＋伸进右支座长度 max（$h_b/2$，$5d$）＋
　　　　伸进左支座长度 max（$h_b/2$，$5d$）＋搭接长度＋弯钩×2

（2）对于梁板式转换层的楼面板，下部纵筋配置如图 4 - 13（b）所示，板下部纵筋伸进支座长度为：max（$h_b/2$，$5d$），并在梁中锚固 $15d$。板下部纵筋长度为：

下部纵筋长度＝净跨＋伸进右支座长度 max（$h_b/2$，$5d$）＋
　　　　伸进左支座长度 max（$h_b/2$，$5d$）＋$15d×2$＋搭接长度＋弯钩×2

（3）当板端的支座为剪力墙。

当板端的支座为混凝土墙，板下部纵筋配置如图 4 - 14 所示。板下部纵筋伸进支座长度为：max（$h_a/2$，$5d$）。在梁板式转换层中，当端部支座为剪力墙，板下部纵筋伸进支座长度为：max（$h_a/2$，$5d$，l_{aE}），直锚长度不够时，可弯锚，弯锚长度为 $15d$。板下部纵筋长度为：

下部纵筋长度＝净跨＋伸进右支座长度 max（$h_b/2$，$5d$）＋
　　　　伸进左支座长度 max（$h_b/2$，$5d$）＋搭接长度＋弯钩×2

（4）当板端的支座为砌体墙。

当板端的支座为砌体墙，板底筋配置如图 4 - 15 所示。板底筋伸进支座长度为：max（120，h），板底筋长度为：

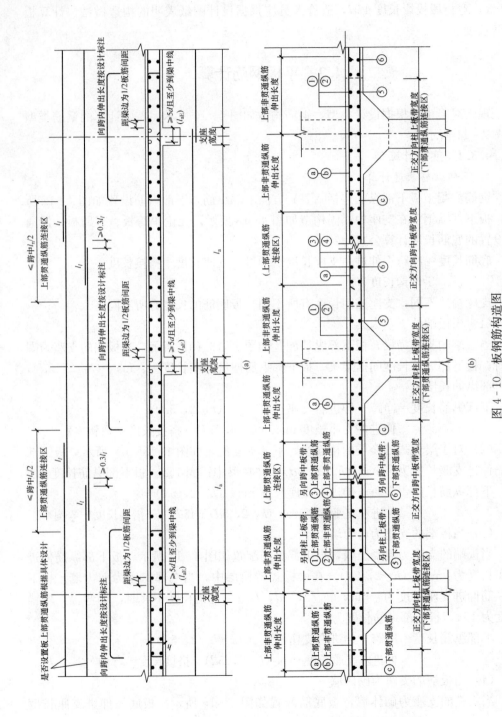

图 4-10 板钢筋构造图

（a）有梁楼盖楼面板 LB 和屋面板 WB 钢筋构造；（b）柱上板带 ZSB 纵向钢筋构造

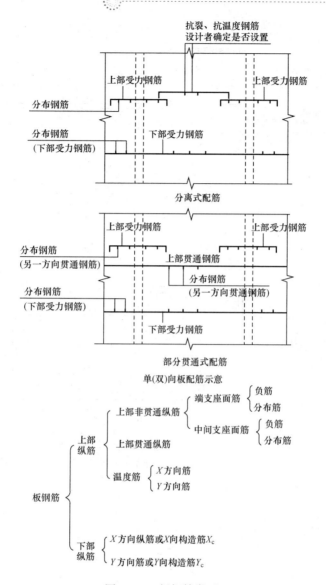

图 4-11　板钢筋类型

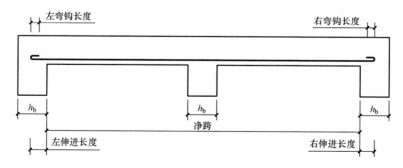

图 4-12　底筋长度计算图

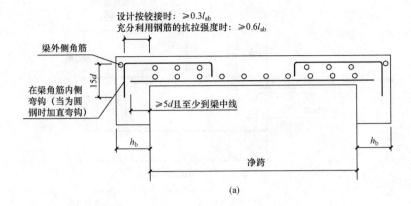

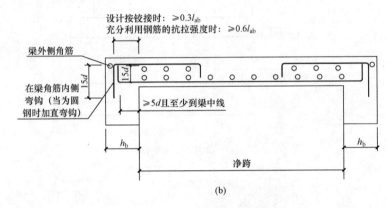

图 4-13 楼面板、屋面板端部支座构造

（a）普通楼屋面板端部支座锚固构造；（b）梁板式转换层楼面板端部支座锚固构造

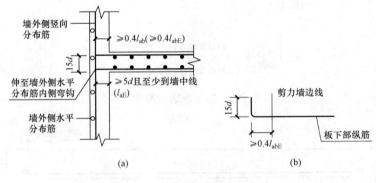

图 4-14 板端部支座为剪力墙

注：括号内的数值用于梁板式转换层的板，当板下部纵筋直锚长度不足时，可弯锚见图（b）

底筋长度＝净跨＋伸进左、右支座长度 max（120，h）＋搭接长度＋弯钩×2

（5）根据设计图纸长度计算。

　　混凝土板下部纵筋长度在设计图纸有明确表示时，依据图纸计算其长度。通常包括下列情况。

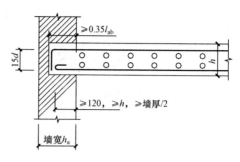

图 4 - 15　板端部支座为砌体墙

　　1）下部纵筋伸进支座长度为：$\geqslant 12d$ 且 $\geqslant$ 梁（或墙）宽/2，底筋计算长度为：

$$底筋长度＝净跨＋左右伸进支座长度 \max(h_a/2,\ 12d)＋搭接长度＋弯钩\times 2$$

　　2）下部纵筋伸进支座长度为：$\geqslant l_{aE}$（锚固长度），底筋计算长度为：

$$底筋长度＝净跨＋l_{aE}\times 2＋搭接长度＋弯钩\times 2$$

　　3）下部纵筋伸进支座长度为：过墙（或梁）中线＋$5d$，底筋计算长度为：

$$底筋长度＝净跨＋左右伸进支座长度（h_a/2＋5d）＋搭接长度＋弯钩\times 2$$

　　4）下部纵筋伸进支座长度为：墙（或梁）宽－保护层后，底筋计算长度为：

$$底筋长度＝净跨＋左右伸进支座长度（支座宽－保护层）＋搭接长度＋弯钩\times 2$$

　　5）下部纵筋伸进支座长度为：到墙（或梁）中线，底筋计算长度为：

$$底筋长度＝净跨＋左右伸进支座长度（支座宽 h_a/2）＋搭接长度＋弯钩\times 2$$

　　2. 下部纵筋根数计算

　　混凝土板底筋布置范围沿板长在跨内均匀分布，板下部第一根纵筋距梁边角筋距离为板筋间距的1/2长度。

　　（1）底筋距梁边50mm。

$$底筋根数＝（净跨－50\times 2）/板筋间距＋1$$

　　（2）底筋距梁边或墙边一个保护层厚度。

$$底筋根数＝（净跨－保护层厚度\times 2）/板筋间距＋1$$

　　（3）底筋距梁角筋距离为：板筋间距/2。

$$底筋根数＝（净跨－板筋间距）/板筋间距＋1$$

4.3.2　面筋计算

　　1. 上部贯通纵筋

　　板中是否设置上部贯通纵筋，应由设计人员根据工程具体情况确定。贯通纵筋应沿 X、Y 向同时布设。上部贯通纵筋在跨中 $l_a/2$ 区域进行连接，搭接长度为 l_l，相邻钢筋搭接间距为 $0.3l_l$，如图 4 - 16 所示。

　　（1）上部贯通纵筋长度计算。

　　当板上部贯通纵筋伸入支座内平直段长度大于 l_a 或 l_{aE} 时，可不弯折，否则应伸至梁支座外侧纵筋内侧后弯折 $15d$。

　　当锚固长度大于等于 l_a 或 l_{aE} 时。

$$贯通纵筋长度＝板内净长＋2\times l_{aE}＋搭接长度$$

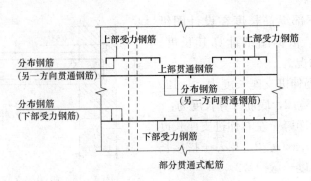

图 4-16　板贯通纵筋构造图

当锚固长度小于 l_a 或 l_{aE} 时。

贯通纵筋长度＝板内净长＋（左支座宽度－保护层厚度＋15d）＋（右支座宽度－保护层厚度＋15d）＋搭接长度

（2）上部贯通纵筋根数计算。

板内贯通纵筋距梁边距离为板筋间距的 1/2，沿板跨内均匀布置。贯通纵筋根数为：

贯通纵筋根数＝（板净跨－板筋间距）/板筋间距＋1（计算结果取整）

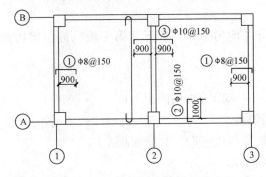

图 4-17　板支座负筋配筋图

2. 上部受力钢筋

板上部受力钢筋也称支座负筋，钢筋混凝土板在支座处均需设置支座负筋，如图 4-17 所示，其中①、②号钢筋为端支座负筋，③号钢筋为中间支座负筋。

（1）端支座负筋计算。

1）端支座负筋长度计算。

端支座负筋长度计算图如图 4-18 所示，当根据负筋在支座中的不同锚固方法，端支座负筋长度计算如下。

a. 钢筋在支座中锚入长度为 l_{aE}（l_a）。

端支座负筋长度＝锚固长度 l_{aE}（l_a）＋板内净长＋板厚－保护层×2

b. 钢筋在剪力墙中锚入长度为 $0.6l_{ab}$＋15d。

端支座负筋长度＝$0.6l_{ab}$＋15d＋板内净长＋板厚－保护层×2

c. 钢筋在梁中锚入长度为 $0.35l_{ab}$＋15d。

支座锚入长度＝$0.35l_{ab}$＋15d＋板内净长＋（板厚－保护层×2）

d. 支座锚入长度＝伸过支座中心线＋板厚－保护层×2

端支座负筋长度＝支座宽/2＋（板厚－保护层×2）＋板内净长＋板厚－保护层×2

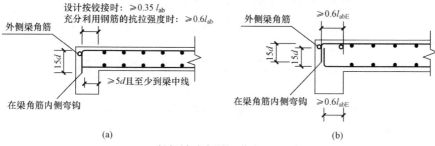

板在端部支座的锚固构造(一)

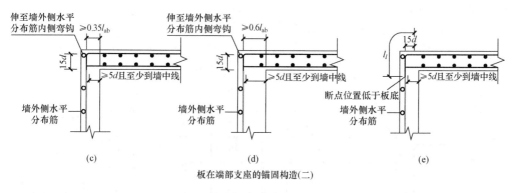

板在端部支座的锚固构造(二)

图 4-18　端支座负筋长度计算图

2）端支座负筋根数计算。

端支座负筋布筋范围根据设计图纸表示计算，通常情况距支座边缘为板筋间距的 1/2。负筋根数＝布筋范围/负筋间距＋1

$$端支座负筋根数＝（净跨－板筋间距）/板筋间距＋1$$

（2）中间支座负筋计算。

1）中间支座负筋长度计算。

中间支座负筋长度计算图见图 4-19 所示，负筋在中间支座两端的伸出长度按设计图纸中标注数据，中间支座负筋长度计算为：

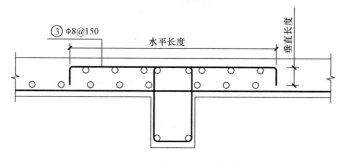

图 4-19　板中间支座负筋计算图

中间支座负筋长度＝水平段长度＋弯折长度×2

＝水平段长度＋（板厚－2×保护层）×2

2）中间支座负筋根数计算。

中间支座负筋布筋范围根据设计图纸表示计算，通常情况距支座边缘为板筋间距的1/2。

中间支座负筋根数＝（净跨－板筋间距）/板筋间距＋1

3. 分布筋

（1）端支座负筋、分布筋。

1）长度计算。

端支座负筋长度按照图4-20计算。

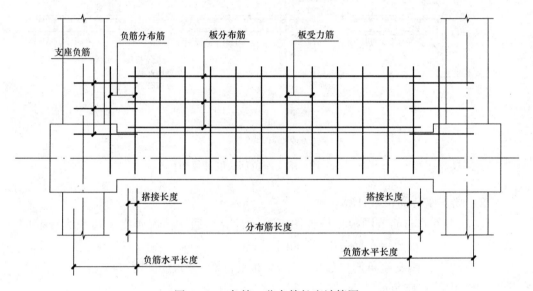

图4-20 负筋、分布筋长度计算图

分布筋自身及与受力主筋、构造钢筋的搭接长度为150mm，当分布筋兼做温度筋时，其自身及与受力主筋、构造钢筋的搭接长度为 l_l，其在支座的锚固按受拉要求考虑。设计图纸通长分为以下几种情况：

a. 分布筋与负筋搭接150cm。

端支座分布筋长度＝净跨长度－垂直向负筋标注长度×2＋150×2

b. 分布筋等于轴线长度。

端支座分布筋长度＝轴线长度

c. 分布筋设置在负筋布置区间内。

端支座分布筋长度＝净跨－50×2

2）负筋分布筋根数计算。

端支座负筋分布筋根数＝（负筋板内净长－板筋间距/2）/分布筋间距＋1

（2）中间支座负筋分布筋。

1）长度计算。

负筋分布筋长度计算同端支座负筋。

2）根数计算。

中间支座负筋分布筋在支座处不设置分布筋，在负筋板内净长处设置分布筋。

中间支座负筋分布筋根数＝（负筋板内净长 1/分布筋间距＋1）＋

（负筋板内净长 2/分布筋间距＋1）

4. 温度筋

在温度变化较大地区，为了防止板热胀冷缩产生裂缝而影响板正常使用，通常在板的上部负筋中间位置布置温度筋。

（1）温度筋长度计算。

1）当负筋标注到支座中心线时，温度筋长度计算图如图 4 - 21 所示。

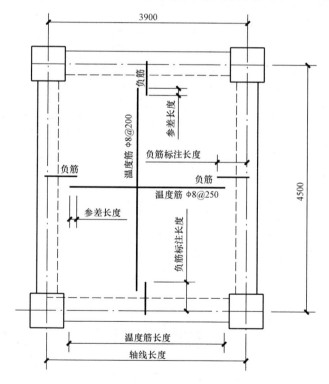

图 4 - 21　温度筋长度计算图

温度筋长度＝两支座中心线长度－左端负筋标注长度－右端负筋标注长度＋

搭接长度（150mm）×2

2）当负筋标注到支座边线。

温度筋长度＝两支座间净长－左端负筋标注长度－右端负筋标注长度＋搭接

长度（150mm）×2

（2）温度筋根数。

1）当负筋标注到支座中心线时。

温度筋间距按图 4 - 22 计算。

温度筋根数=（两支座中心线长度－负筋标注长度×2）/温度筋间距－1

2）当负筋标注到支座边线。

温度筋根数=（两支座中心线长度－负筋标注长度×2）/温度筋间距－1

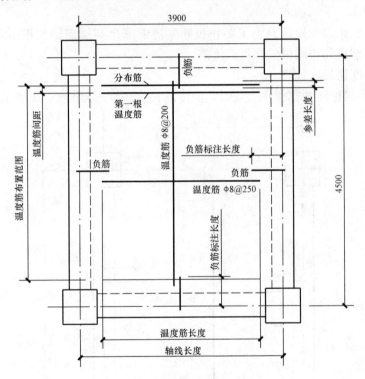

图 4 - 22　温度筋根数计算图

4.4　悬挑板钢筋计算

悬挑板根据设计形式分为纯悬挑板和延伸悬挑板。

4.4.1　纯悬挑板钢筋计算

纯悬挑板钢筋包括上部受力钢筋，上部分布钢筋，下部构造钢筋，下部分布钢筋，受力钢筋直接锚固在梁内，分布筋垂直于受力钢筋布置，如图 4 - 23 所示。

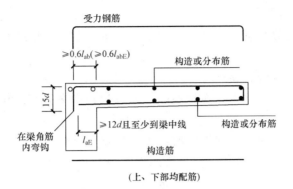

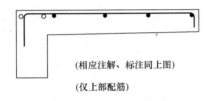

图 4-23　纯悬挑板配筋图

（1）上部受力钢筋长度计算。

纯悬挑板上部受力钢筋长度＝悬挑板净跨长＋$0.6l_{aE}$＋$15d$＋
$$（h_2－保护层厚度 C×2）$$

（2）上部受力钢筋根数计算。

纯悬挑板上部受力钢筋根数＝（悬挑板净宽－保护层厚度 C）/上部受力钢筋间
$$距＋1$$

（3）上部分布钢筋长度计算。

纯悬挑板上部分布钢筋长度＝（悬挑板宽度－保护层厚度 C×2）

（4）上部分布钢筋根数计算。

纯悬挑板上部分布钢筋根数＝（悬挑板净跨长－保护层厚度 C－板筋间距/2）/
$$分布筋间距＋1$$

（5）下部构造钢筋长度计算。

纯悬挑板下部构造钢筋长度＝（悬挑板净跨长－保护层厚度 C）＋max（支座宽/
$$2，12d，l_{aE}）$$

（6）下部构造钢筋根数计算。

纯悬挑板下部构造钢筋根数＝（悬挑板宽度－保护层厚度 C×2）/下部构造钢
$$筋间距＋1$$

（7）下部分布钢筋长度计算。

纯悬挑板下部分布钢筋长度＝（悬挑板宽度－保护层厚度 C×2）

（8）下部分布钢筋根数计算。

纯悬挑板下部分布钢筋根数＝（悬挑板净跨长－保护层厚度C－板筋间距/2）/
分布筋间距＋1

4.4.2 延伸悬挑板钢筋计算

延伸悬挑板按构造形式分为悬挑端与原板板顶端平齐和悬挑端与原板板底端
平齐。

（1）当悬挑板与原板板顶平齐时，板上部钢筋延伸至悬挑板，作为悬挑板受
力筋。如图4-24所示。板钢筋计算参照表4-4。

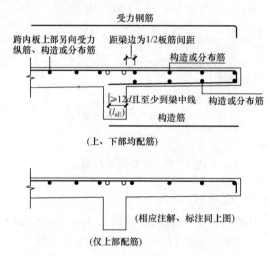

图4-24 延伸悬挑板与原板顶平齐配筋构造图

表4-4 延伸悬挑板与原板顶平齐钢筋计算表

钢筋类型	钢筋方向	钢筋长度计算公式	钢筋根数计算公式	备注
底筋	构造筋	悬挑板净跨长＋max（$12d$，l_{aE}，$h_b/2$）	$n=$布筋范围/钢筋间距＋1	
	分布筋	悬挑板净宽度	$n=$布筋范围/钢筋间距＋1	
面筋	受力筋	板钢筋长度＋悬挑端净长度＋悬挑端板厚－保护层厚度$C\times2$	$n=$布筋范围/钢筋间距＋1	
	分布筋	悬挑板净宽度－左右相交负筋标注长度＋150×2	$n=$布筋范围/钢筋间距＋1	
	负筋	$L=$水平长度＋弯折长度×2	$n=$布筋范围/钢筋间距＋1	
	负筋分布筋	$L=$净跨长度－左右相交负筋标注长度×2＋150×2	$n=$布筋范围/钢筋间距＋1或布筋范围/钢筋间距	

（2）当悬挑板与原板板底平齐时，板钢筋在支座处截断。悬挑板上部受力钢筋延伸至悬挑板内长度大于 $l_{aE}(l_a)$。如图 4-25 所示。延伸悬挑板与原板底平齐时钢筋计算如表 4-5 所示。

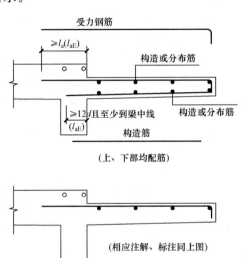

（上、下部均配筋）

（相应注解、标注同上图）

（仅上部配筋）

图 4-25　延伸悬挑板板底平齐配筋构造图

表 4-5　　　　　　　　　延伸悬挑板与原板底平齐钢筋计算表

钢筋类型	钢筋方向	钢筋长度计算公式	钢筋根数计算公式	备注
底筋	构造筋	悬挑板净跨长＋max（$12d$，l_{aE}，$h_b/2$）	$n=$布筋范围/钢筋间距＋1	
	分布筋	悬挑板净宽度	$n=$布筋范围/钢筋间距＋1	
面筋	受力筋	悬挑端净跨长－保护层厚度＋l_{aE}＋悬挑端板厚－保护层厚度 $C\times2$	$n=$布筋范围/钢筋间距＋1	
	分布筋	悬挑板净宽度－左右相交负筋标注长度＋150×2	$n=$布筋范围/钢筋间距＋1	
	负筋	$L=$水平长度＋弯折长度$\times2$	$n=$布筋范围/钢筋间距＋1	
	负筋分布筋	$L=$净跨长度－左右相交负筋标注长度$\times2$＋150×2	$n=$布筋范围/钢筋间距＋1 或布筋范围/钢筋间距	

4.4.3　阳台钢筋计算

阳台根据结构形式主要分为纯悬挑板阳台、挑板式阳台和梁板式阳台。纯悬挑板阳台钢筋计算同 4.3.1 节纯悬挑板钢筋计算。

1. 悬挑板式阳台

悬挑板式阳台结构形式类似于一端悬挑板，带栏板的悬挑板式阳台配筋如图

4‐26所示。支座负筋为阳台底板受力钢筋，见表4‐6。

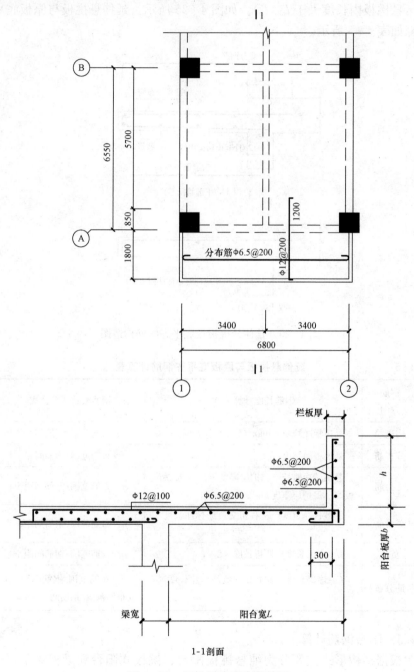

1‐1剖面

图 4‐26 悬挑板式阳台配筋图

表 4 - 6   带栏板的悬挑板式阳台钢筋计算表

钢筋类型	钢筋方向	钢筋长度计算公式	钢筋根数计算公式	备注
阳台栏板	竖向钢筋	$L=$ 阳台栏板高 h ＋底板厚 b －保护层厚度 C ×2＋栏板厚－保护层厚度 C ×2＋下部锚固长度	$n=$ （阳台长度－保护层厚度×2）/钢筋间距＋1	
	水平钢筋	$L=$ 阳台板长度－保护层厚度 C ×2＋弯钩长度×2	$n=$ （阳台栏板高 h －保护层厚度 C ）/钢筋间距	
阳台底板	支座负筋	$L=$ 负筋伸入支座内标注长度＋支座宽度＋阳台板宽－保护层厚度 C ＋（板厚－保护层厚度 C ×2）×2	$n=$ （阳台长度－保护层厚度 C ×2）/钢筋间距＋1	
	阳台板分布筋	$L=$ 阳台板长度－保护层厚度 C ×2＋弯钩长度×2	$n=$ （阳台净宽－保护层厚度 C －板筋间距/2）/钢筋间距	

2. 梁板式阳台

梁板式阳台钢筋包括板中受力钢筋、负筋、分布钢筋，如图 4 - 27 所示。其中悬挑梁、连系梁、阳台栏板钢筋应按照梁钢筋计算方法，此处不再考虑。梁板式阳台钢筋计算见表 4 - 7。

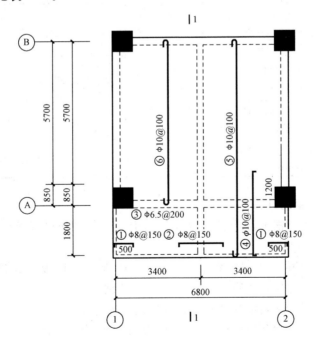

图 4 - 27 梁板式阳台配筋图（一）

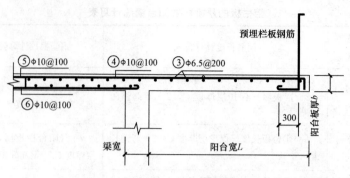

图 4-27　梁板式阳台配筋图 （二）

表 4-7　　　　　　　　　　　　　**梁板式阳台钢筋计算表**

钢筋类型	钢筋名称	钢筋长度计算公式	钢筋根数计算公式	备注
阳台底板	①负筋	L＝端支座宽度－保护层厚度 C＋阳台板内净尺寸＋（板厚－保护层厚度 $C×2$）×2	n＝2×布筋范围/钢筋间距＋1	
	②负筋	L＝中间支座 （梁） 宽＋支座两端标注尺寸之和＋（板厚－保护层厚度 $C×2$）×2	n＝布筋范围/钢筋间距＋1	
	④负筋	L＝中间支座 （框架梁） 宽＋板内标注尺寸之和＋阳台板宽－保护层厚度 C＋（板厚－保护层厚度 $C×2$）×2	n＝布筋范围/钢筋间距＋1	
	③分布筋	L＝阳台板长度－保护层厚度 $C×2$＋弯钩长度×2	n＝布筋范围/钢筋间距＋1	
	⑤筋	L＝板跨宽度＋支座锚固长度×2＋弯钩×2	n＝布筋范围/钢筋间距＋1	板中钢筋
	⑥筋	L＝板跨宽度＋阳台板宽度＋支座锚固长度×2＋弯钩×2	n＝布筋范围/钢筋间距＋1	

4.4.4　挑檐钢筋计算

现浇混凝土挑檐根据结构形式分为平衡板式挑檐和压梁式挑檐两种形式，如图 4-28、图 4-29 所示。

平衡板式挑檐编号为：PTY×××，其中 PTY 为平衡板式挑檐代号，前两个××表示挑檐详图编号，最后一个×表示环境类别代号，共分为二 a、二 b、三类三个级别，如 PTX08a 表示 8 号平衡板式挑檐，环境类别为二 a。

压梁式挑檐代号为 TY×××，其中 TY 为压梁式挑檐代号，前两个××表示挑檐详图编号，最后一个 X 表示环境类别代号，其中 a、b、c 分布代表二 a、二 b、三类三个级别，例如 TY02b 表示 2 号压梁式挑檐，环境类别为二 b。

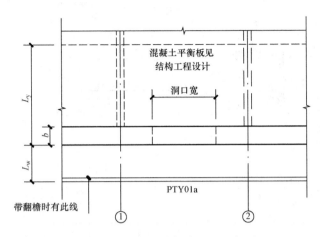

图 4 - 28　平衡板式挑檐平面示意图

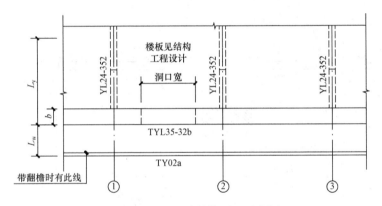

图 4 - 29　压梁式挑檐平面示意图

　　挑檐梁编号为 TYL××－×××，其中 TYL 为挑檐梁代号，×× 为挑檐梁高缩写，梁高为 350mm 时缩写为 35，－X 中× 为挑檐梁宽，其中代号 2 表示 240，3 代表 370，倒数第二个 X 表示挑檐承载能力，共分为 1、2～9 级，最后一个 X 表示挑檐梁的环境类别代号，其中 a、b、c 分布代表二 a、二 b、三类三个级别，例如：TYL40－b2a 表示挑檐梁高为 400mm，梁宽 370mm，承载能力为 2 级，环境类别为二 a。

　　压梁编号为 YL××－×××，其中 YL 为压梁代号，×× 为压梁宽缩写，梁宽为 190mm 时缩写为 19，－×× 中×× 为挑檐梁高，其中 350 表示 35，最后一个× 表示挑檐梁表示挑檐承载能力，共分为 1～9 级，例如 YL24－352 表示挑檐梁宽为 240mm，梁高 350mm，挑檐梁承载能力为 2 级。

　　带翻檐的平衡板式挑檐包括直翻檐和斜翻檐两种形式，配筋如图 4－30 所示。带直翻檐钢筋计算如表 4－8 所示。带斜翻檐挑檐中③号钢筋在板中的锚固长度为 250mm，其余钢筋同直翻檐挑檐板。挑檐转角处应布置挑檐转角钢筋，参见图4－5。

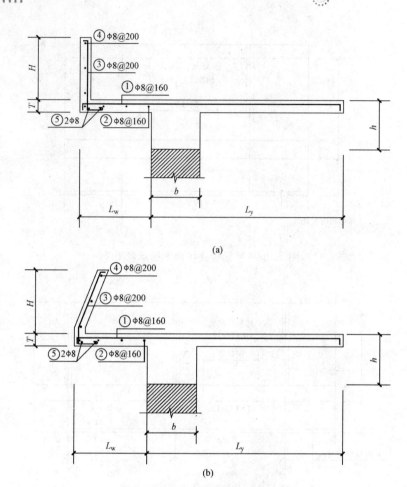

图 4-30 平衡板式挑檐配筋图

（a）带直栏板的平衡板式挑檐配筋图；（b）带斜栏板的平衡板式挑檐配筋图

表 4-8 平衡板式挑檐钢筋计算表

钢筋类型	钢筋名称	钢筋长度计算公式	钢筋根数计算公式	备注
直栏板挑檐底板	①受力筋	$L=$挑檐板宽 L_w ＋平衡板宽度 L_y ＋挑檐板厚 $T-$保护层厚度×2	$n=$挑檐板总长度/钢筋间距＋1	
	②分布筋	$L=$挑檐板长＋弯钩×2	$n=$（挑檐板宽 L_w 一保护层厚度 C）/钢筋间距＋1	
	⑤分布筋	$L=$挑檐板长＋弯钩×2	$n=2$	

续表

钢筋类型	钢筋名称	钢筋长度计算公式	钢筋根数计算公式	备注
直栏板挑檐底板	③钢筋	$L=$（栏板高 $H-$保护层厚度 C）$+$（栏板厚$-$保护层厚度 $C\times2$）$+$锚固长度（l_a）$+$弯钩	$n=$挑檐板总长度/钢筋间距$+1$	
	④分布筋	$L=$挑檐板长$+$弯钩$\times2$	$n=$（栏板高 $H+$底板厚 $T-$保护层厚度 $C\times2$）/钢筋间距$+1$	
斜栏板挑檐底板	①②⑤钢筋	同直栏板挑檐底板	同直栏板挑檐底板	
斜栏板挑檐栏板	③钢筋	$L=$（垂直段高$+$斜段高$-$保护层厚度 C）$+$（栏板厚$-$保护层厚度 $C\times2$）$+$锚固长度（l_a）$+$弯钩	$n=$挑檐板总长度/钢筋间距$+1$	
	④分布筋	同直栏板挑檐栏板钢筋计算	同直栏板挑檐栏板钢筋计算	

带翻檐的压梁式挑檐包括直翻檐和斜翻檐两种形式，配筋如图 4-31 所示。带直翻檐钢筋计算如表 4-9 所示。带斜翻檐挑檐中③号钢筋的垂直长度与直翻檐挑檐中，其余钢筋同带直翻檐挑檐板。

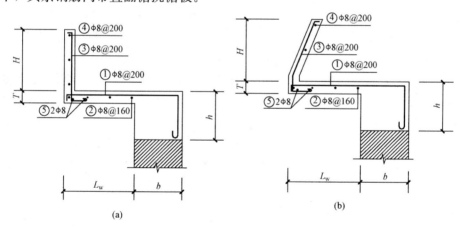

4-31　压梁式挑檐配筋图

（a）带直栏板的压梁式挑檐配筋图；（b）带斜栏板的压梁式挑檐配筋图

表 4-9　　　　　　　　　　　压梁式挑檐钢筋计算表

钢筋类型	钢筋名称	钢筋长度计算公式	钢筋根数计算公式	备注
直栏板挑檐底板	①受力筋	$L=$挑檐板宽 L_w+锚固长度$+$挑檐板厚 $T-$保护层厚度$\times2+$弯钩	$n=$挑檐板总长度/钢筋间距$+1$	
	②分布筋	$L=$挑檐板长$+$弯钩$\times2$	$n=$（挑檐板宽 L_w-保护层厚度 C）/钢筋间距$+1$	
	⑤分布筋	$L=$挑檐板长$+$弯钩$\times2$	$n=2$	

续表

钢筋类型	钢筋名称	钢筋长度计算公式	钢筋根数计算公式	备注
直栏板挑檐	③钢筋	$L=$（栏板高 H＋底板厚 T－保护层厚度 $C×2$）＋（栏板厚－保护层厚度 $C×2$）＋锚固长度250mm	$n=$挑檐板总长度/钢筋间距＋1	C30混凝土，保护层厚度 $C=$15不抗震
	④分布筋	$L=$挑檐板长＋弯钩×2	$n=$（栏板高 H＋底板厚 T－保护层厚度 $C×2$）/钢筋间距＋1	
斜栏板挑檐底板	①②⑤钢筋	同直栏板挑檐栏板钢筋计算	同直栏板挑檐底板	
斜栏板挑檐栏板	③钢筋	$L=$（垂直段高＋斜段高－保护层厚度 $C×2$）＋（栏板厚－保护层厚度 $C×2$）＋锚固长度250mm＋弯钩	$n=$挑檐板总长度/钢筋间距＋1	
	④分布筋	同直栏板挑檐栏板钢筋计算	同直栏板挑檐栏板钢筋计算	

4.5 板钢筋计算实例

【实例1】 单跨板 B-1 钢筋计算

抗震等级为四级，混凝土强度等级为 C25，板厚 100mm，保护层厚度为 15mm，柱截面尺寸 400mm×400mm，负筋分布筋为 Φ6@250。板的平法表示图如图 4-32 所示。钢筋计算见表 4-10。

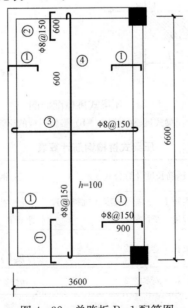

图 4-32 单跨板 B-1 配筋图

表 4 - 10　　　　　　　　　　　　　**单跨板钢筋计算表**

构件名称	B-1	构件数量：1	构件钢筋质量：187.60kg				
钢筋类型	钢筋直径	钢筋形状	单根长度/m	根数	总长度/m	理论质量/(kg/m)	质量/kg
1. ①号钢筋板负筋	Φ8	⌐‾¬	$0.9+(0.1-0.015\times2)\times2$ $=1.04$	105	109.2	0.394	43.02
负筋锚固方式选择：左净长+弯折+支座宽/2+板厚-两倍保护层。负筋根数计算：$(6.6-0.33\times2+$ $6.6-0.34+3.6-0.28-0.12-0.05\times2)/0.15+3=105$							
2. ②号钢筋板负筋	Φ8	⌐‾¬	$0.6+(0.1-0.015\times2)\times2$ $=0.74$	22	16.28	0.394	6.41
负筋根数计算：$(3.6-0.28-0.12-0.05\times2)/0.15+1=22$							
3. ③钢筋受力筋	Φ8	⌐‾‾‾¬	$3.36+\max(0.24/2,5\times$ $0.008)\times2+12.5\times0.008=3.7$	43	159.1	0.394	62.69
受力筋根数计算：$(6.6-0.12\times2-0.05\times2)/0.15+1=43$							
4. ④钢筋受力筋	Φ8	⌐‾‾‾¬	$6.36+\max(0.24/2,5\times$ $0.008)\times2+12.5\times0.008=6.7$	23	154.1	0.394	60.72
受力筋根数计算：$(3.6-0.12\times2-0.05\times2)/0.15+1=23$							
5. 负筋分布筋1	Φ6	⌐‾¬	$3.6-0.12\times2-0.9\times2+$ $0.15\times2=1.86$	3+5 =8	14.88	0.222	3.3
负筋分布筋分布在负筋布设范围内的板顶部位置，长度取该与负筋垂直方向的相邻负筋间净距，且与相邻负筋搭接长度为150mm							
6. 负筋分布筋2	Φ6	⌐‾¬	$6.6-0.12\times2-0.6-0.9+$ $0.15\times2=5.16$	5+5 =10	51.6	0.222	11.46

【**实例 2**】　多跨板 B - 2 钢筋计算

抗震等级为三级，混凝土强度等级为 C25，板厚 120mm，保护层厚度为 15mm，柱截面尺寸 400mm×400mm，负筋分布筋为 Φ6@250，钢筋绑扎搭接长度为 29d，9m 计算一个搭接。板的平法表示图见图 4-33 所示。钢筋计算见表 4-11。

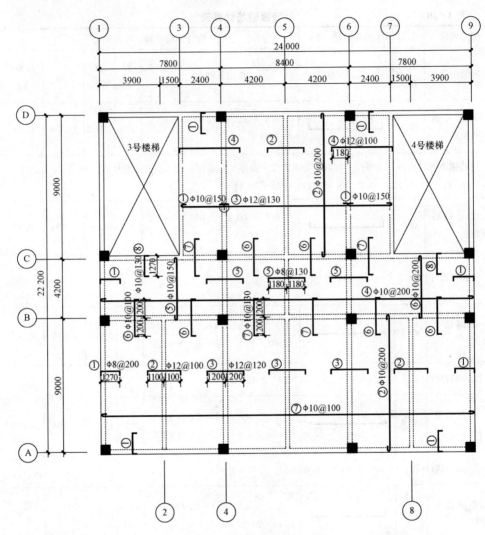

图 4-33 多跨板 B-2 配筋图

表 4-11　　　　　　　　　　　　　多跨板钢筋计算表

构件名称	B-2	构件数量：1	构件钢筋质量：6252.85kg				
钢筋类型	钢筋直径	钢筋形状	单根长度/m	根数	总长度/m	理论质量/(kg/m)	质量/kg
1. ⑨受力筋	φ10@150	⊢————————————⊣	2.4 － 0.24 ＋ max (0.24/2，5×0.01)×2＋ 12.5×0.01＝2.53	118	298.54	0.617	184.20
（Ⓒ～Ⓓ）轴线间根数		（9－0.24）/0.15＋1＝59 根，总根数＝59×2＝118 根					

续表

构件名称	B-2	构件数量：1		构件钢筋质量：6252.85kg				
钢筋类型	钢筋直径	钢筋形状	单根长度/m	根数	总长度/m	理论质量/(kg/m)	质量/kg
2. ⑩、② 受力筋	φ10@200	⊏⊐	$9-0.24+\max（0.24/2，5×0.01）×2+12.5×0.01+29×0.01=9.42$	184	1733.28	0.617	1069.43
（Ⓒ～Ⓓ）轴线根数		$（2.4-0.24）/0.2+1=12$ 根，$（4.2-0.24）/0.2+1=21$ 根，总根数 $=12×2+21×2=66$ 根						
（Ⓐ～Ⓑ）轴线间根数		$（3.9-0.24）/0.2+1=19$ 根，$（4.2-0.24）/0.2+1=21$ 根，总根数 $=19×4+21×2=118$ 根						
3. ⑪ 受力筋	φ12@130	⊏⊐	$8.4-0.24+\max（0.24/2，5×0.012）×2+12.5×0.12+29×0.012=8.9$	68	605.2	0.888	537.42
（Ⓒ～Ⓓ）轴线间根数		$（9-0.24）/0.13+1=68$ 根						
4. ⑫ 受力筋	φ10@200	⊏⊐	$24-0.24+\max（0.24/2，5×0.010）×2+12.5×0.01+29×0.01×3=25$	21	525	0.617	323.93
（Ⓑ～Ⓒ）轴线间根数		$（4.2-0.24）/0.2+1=21$ 根						
5. ⑬ 受力筋	φ10@150	⊏⊐	$4.2-0.24+\max（0.24/2，5×0.01）×2+12.5×0.01=4.33$	51	220.83	0.617	136.25
（Ⓑ～Ⓒ）轴线间根数		$（7.8-0.24）/0.15+1=51$ 根						
6. ⑭ 受力筋	φ10@200	⊏⊐	$4.2-0.24+\max（0.24/2，5×0.01）×2+12.5×0.01=4.33$	81	350.73	0.617	216.4
（Ⓑ～Ⓒ）轴线间根数		$（8.4-0.24+7.8-0.24）/0.20+2=81$ 根						
7. ⑮ 受力筋	φ10@100	⊏⊐	$24-0.24+\max（0.24/2，5×0.010）×2+12.5×0.01+29×0.01×3=25$	89	2225	0.617	1372.83
（Ⓐ～Ⓑ）轴线间根数		$（9-0.24）/0.1+1=89$ 根						
8. ① 号 负筋	φ8	⊏⊐	$1.27+（0.12-0.015×2）×2=1.45$	317	459.65	0.394	181.10

续表

构件名称	B-2	构件数量：1	构件钢筋质量：6252.85kg				
钢筋类型	钢筋直径	钢筋形状	单根长度/m	根数	总长度/m	理论质量/(kg/m)	质量/kg
Ⓐ轴根数			(8.4-0.24)/0.2+1+[(7.8-0.24)/0.2+1]×2=119				
Ⓓ轴根数			[(4.2-0.24)/0.2+1]×2+[2.16/0.2+1]×2=66				
①④轴根数			[(4.2-0.24)/0.2+1+(9-0.24)/0.2+1]×2=132				
9. ①号负筋分布筋	φ6@250						
(Ⓐ,①)～(Ⓐ,④)轴			(3.9-1.27-1.1+0.15×2+3.9-1.1-1.2-0.15×2+4.2-1.2×2+0.15×2)×2=10.46	5	52.3	0.222	11.61
(Ⓓ,②)～(Ⓓ,③)轴			(4.2-1.18-1.1+0.15×2)×2=4.44	5	22.2	0.222	4.93
(Ⓑ,①)～(Ⓒ,①)轴 (Ⓑ,④)～(Ⓒ,④)轴			(4.2-1.27-1.2+0.15×2)×2=4.06	5	20.3	0.222	15.16
(Ⓐ,①)～(Ⓑ,①)轴 (Ⓐ,④)～(Ⓑ,④)轴			(9-1.27-1.2+0.15×2)×2=13.66	5	68.3	0.222	4.51
10. ②号负筋	φ12@100		2.2+(0.12-0.015×2)×2=2.38	267	635.46	0.888	564.29
②、⑧轴根数			[(9-0.24)/0.1+1]×2=178				
⑤轴根数			(9-0.24)/0.1+1=89				
11. ②号负筋分布筋	φ6@250						
②、⑧轴根数			9-1.2-1.27+0.15×2=6.83	20	136.6	0.222	30.33
⑤轴根数			9-1.2-1.27+0.15×2=6.83	10	68.3	0.222	15.16
12. ③号负筋	φ12@120		2.4+(0.12-0.015×2)×2=2.58	222	572.76	0.888	508.61

续表

构件名称	B-2	构件数量：1		构件钢筋质量：6252.85kg			
钢筋类型	钢筋直径	钢筋形状	单根长度/m	根数	总长度/m	理论质量/(kg/m)	质量/kg
④、⑤、⑥轴根数			[（9－0.24）/0.12＋1]×3＝222				
13.③号负筋分布筋	Φ6@250	▬▬▬▬	9－1.2－1.27＋0.15×2＝6.83	30	204.9	0.222	45.49
④、⑤、⑥轴根数			(1.2－0.12)/0.25＋1＝5，5×2×3＝30				
14.④号负筋	Φ12@100	⎍	2.4＋1.18＋（0.12－0.015×2）×2＝3.76	178	672.84	0.888	597.48
③④轴根数			(9－0.24)/0.10＋1＝89				
⑥⑦轴根数			(9－0.24)/0.10＋1＝89				
15.④号负筋分布筋	Φ6@250	▬▬▬▬	9－1.2－1.27＋0.15×2＝6.83	28	191.24	0.222	42.46
分布筋根数			(1.18＋2.4－0.12－0.24)/0.25＋1＝14，14×2＝28				
16.⑤号负筋	Φ8@130	⎍	1.18＋1.18＋（0.12－0.015×2）×2＝2.54	155	393.7	0.394	155.12
负筋根数			(4.2－0.24)/0.13＋1＝31，31×5＝155				
17.⑤号负筋分布筋	Φ6@250	▬▬▬▬	4.2－1.27－1.2＋0.15×2＝2.03	36	73.08	0.222	16.22
分布筋根数			(1.16/0.25＋1)×2×3＝6×2×3＝36				
18.⑥号负筋	Φ10@100	⎍	2.4＋（0.12－0.015×2）×2＝2.58	119	307.02	0.617	189.43
Ⓑ轴根数			(8.4－0.24)/0.2＋1＋[（7.8－0.24）/0.2＋1]×2＝119				
19.⑥号负筋分布筋	Φ6@250						

续表

构件名称	B-2	构件数量：1		构件钢筋质量：6252.85kg				
钢筋类型	钢筋直径	钢筋形状		单根长度/m	根数	总长度/m	理论质量/(kg/m)	质量/kg
Ⓑ轴，①～②轴间				3.9－1.27－1.1+0.15×2=1.83	5	9.15	0.222	2.03
Ⓑ轴，②～④轴间				3.9－1.2－1.1+0.15×2=1.9	5	9.5	0.222	2.11
Ⓑ轴，①～④轴间				7.8－1.18－1.27+0.15×2=5.65	5	28.25	0.222	6.27
Ⓑ轴，⑥～⑧轴间				3.9－1.2－1.1+0.15×2=1.9	5	9.5	0.222	2.11
Ⓑ轴，⑧～⑨轴间				3.9－1.27－1.1+0.15×2=1.83	5	9.15	0.222	2.03
Ⓑ轴，⑥～⑨轴间				7.8－1.18－1.27+0.15×2=5.65	5	28.25	0.222	6.27
Ⓒ轴，④～⑤轴间 Ⓒ轴，⑤～⑥轴间				4.2－1.18×2+0.15×2=2.14	10	21.4	0.222	4.75
Ⓒ轴，④～⑤轴间 Ⓒ轴，⑤～⑥轴间				4.2－1.18－1.1+0.15×2=2.22	10	22.2	0.222	4.93

第5章　剪力墙钢筋工程量计算

剪力墙也称抗风墙或抗震墙,房屋或构筑物中主要承受风荷载或地震作用引起的水平荷载的墙体。防止结构剪切破坏。

1. 分类及适用范围

剪力墙包括平面剪力墙和筒体剪力墙两大类。

平面剪力墙用于钢筋混凝土框架结构、升板结构、无梁楼盖体系中。为增加结构的刚度、强度及抗倒塌能力,在某些部位可现浇或预制装配钢筋混凝土剪力墙。现浇剪力墙与周边梁、柱同时浇筑,整体性好。

(1)周边有梁、柱的剪力墙。

钢筋混凝土框架结构的多层、高层建筑中,为增加房屋的刚度、强度及抗倒塌能力,可在某些部位的框架中布置这种剪力墙。

周边有梁、柱的剪力墙又可分为现浇的和预制装配的。现浇剪力墙周边的梁、柱(即框架)与墙体混凝土同时浇筑,整体性好。预制装配剪力墙的梁、柱为预制构件,在现场装配,墙板可预制或现浇,连接构造及施工较复杂。

(2)侧边有柱的剪力墙。

在板柱结构(如升板结构、无梁楼盖体系等)中,为提高结构抗风、抗震性能,有时需在某些柱之间设置剪力墙。此种墙体仅在侧边有柱,而相连的楼板无梁。此外,在框架—剪力墙结构体系中,为了施工方便,也可做成侧边有柱的剪力墙,即将楼板直接搁在墙上,墙内设置构造暗梁。

(3)周边无梁、柱的剪力墙。

分为现浇剪力墙和预制装配式剪力墙。现浇剪力墙多采用大模板或滑模施工,结构刚度大、强度高、结构传力直接均匀,整体性好,地震时抗倒塌能力强,适用于剪力墙结构体系。预制装配剪力墙的墙板在工厂预制,现场拼装,适用于装配式大板结构体系。

筒体剪力墙用于高层建筑、高耸结构和悬吊结构中,由电梯间、楼梯间、设备及辅助用房的间隔墙围成,筒壁均为现浇钢筋混凝土墙体,其刚度和强度较平面剪力墙高可承受较大的水平荷载。

2. 计算要点

剪力墙既承受剪力和弯矩,也承受轴向力。无孔洞或开洞很小的平面剪力墙可按一般竖向悬臂构件进行内力、位移计算。开洞较大并且比较规则的平面剪力墙可简化为带刚域的宽杆件框架(或称壁式框架)进行内力、位移计算;也可简化为由均匀连续分布的弹性薄片连系的竖向悬臂梁,建立微分方程求解位移和内力。不规则开洞的平面剪力墙可用有限元法计算。

3. 剪力墙的类别

一般按照剪力墙上洞口的大小、多少及排列方式，将剪力墙分为以下几种类型。

（1）整体墙。有门窗洞口或只有少量很小的洞口时，可以忽略洞口的存在，这种剪力墙即为整体剪力墙，简称整体墙。当门窗洞口的面积之和不超过剪力墙侧面积的15%，且洞口间净距及孔洞至墙边的净距大于洞口长边尺寸时，即为整体墙。

（2）小开口整体墙。门窗洞口尺寸比整体墙要大一些，此时墙肢中已出现局部弯矩，这种墙称为小开口整体墙。

（3）联肢墙。剪力墙上开有一列或多列洞口，且洞口尺寸相对较大，此时剪力墙的受力相当于通过洞口之间的连梁连在一起的一系列墙肢，故称连肢墙。

（4）框支剪力墙。当底层需要大空间时，采用框架结构支撑上部剪力墙，就形成框支剪力墙。

（5）壁式框架。在联肢墙中，如果洞口开的再大一些，使得墙肢刚度较弱、连梁刚度相对较强时，剪力墙的受力特性已接近框架。由于剪力墙的厚度较框架结构梁柱的宽度要小一些，故称壁式框架。

（6）开有不规则洞口的剪力墙。有时由于建筑使用的要求，需要在剪力墙上开有较大的洞口，而且洞口的排列不规则，即为此种类型。

上述剪力墙的类型划分不是严格意义上的划分，严格划分剪力墙的类型还需要考虑剪力墙本身的受力特点。

4. 结构效能

建筑物中的竖向承重构件主要由墙体承担时，这种墙体既承担水平构件传来的竖向荷载，同时承担风力或地震作用传来的水平地震作用。剪力墙是建筑物的分隔墙和围护墙，因此墙体的布置必须同时满足建筑平面布置和结构布置的要求。剪力墙结构体系，有很好的承载能力，而且有很好的整体性和空间作用，比框架结构有更好的抗侧力能力，因此，可建造较高的建筑物。剪力墙的间距有一定限制，故不可能开间太大。对需要大空间时就不太适用。灵活性就差。一般适用住宅、公寓和旅馆。剪力墙结构的楼盖结构一般采用平板，可以不设梁，所以空间利用比较好，可节约层高。

5. 剪力墙结构体系的类型及适用范围

（1）框架—剪力墙结构。是由框架与剪力墙组合而成的结构体系，适用于需要有局部大空间的建筑，这时在局部大空间部分采用框架结构，同时又可用剪力墙来提高建筑物的抗侧能力，从而满足高层建筑的要求。

（2）普通剪力墙结构。全部由剪力墙组成的结构体系。

（3）框支剪力墙结构。当剪力墙结构的底部需要有大空间，剪力墙无法全部落地时，就需要采用底部框支剪力墙的框支剪力墙结构。

6. 剪力墙结构的结构布置

剪力墙结构中全部竖向荷载和水平力都由钢筋混凝土墙承受，所以剪力墙应沿平面主要轴线方向布置。

（1）矩形、L 形、T 形平面时，剪力墙沿两个正交的主轴方向布置。

（2）三角形及 Y 形平面可沿三个方向布置。

（3）正多边形、圆形和弧形平面，则可沿径向及环向布置。

单片剪力墙的长度不宜过大。剪力墙以处于受弯工作状态时，才能有足够的延性，故剪力墙应当是高细的，如果剪力墙太长时，将形成低宽剪力墙，就会有受剪破坏，剪力墙呈脆性，不利于抗震。故同一轴线上的连续剪力墙过长时，应用楼板或小连梁分成若干个墙段，每个墙段的高宽比应不小于 2。每个墙段可以是单片墙，小开口墙或联肢墙。每个墙肢的宽度不宜大于 8.0m，以保证墙肢是由受弯承载力控制，和充分发挥竖向分布筋的作用。内力计算时，墙段之间的楼板或弱连梁不考虑其作用，每个墙段作为一片独立剪力墙计算。

7. 剪力墙结构特点

短肢剪力墙结构是指墙肢的长度为厚度的 5~8 倍剪力墙结构，常用的有"T"字形、"L"形、"十"字形、"Z"字形、折线形、"一"字形。

这种结构型式的特点如下。

（1）结合建筑平面，利用间隔墙位置来布置竖向构件，基本上不与建筑使用功能发生矛盾。

（2）墙的数量可多可少，肢长可长可短，主要视抗侧力的需要而定，还可通过不同的尺寸和布置来调整刚度中心的位置。

（3）能灵活布置，可选择的方案较多，楼盖方案简单。

（4）连接各墙的梁，随墙肢位置而设于间隔墙竖平面内，可隐蔽。

（5）根据建筑平面的抗侧刚度的需要，利用中心剪力墙，形成主要的抗侧力构件，较易满足刚度和强度要求。

按《高层建筑结构设计与施工规范》进行截面与构造设计，相对于异形柱结构，短肢剪力墙结构的理论与实践较为成熟，但这种结构在结构设计中需要重视以下方面：

（1）由于短肢剪力墙结构相对于普通剪力墙结构其抗侧刚度相对较小，设计时宜布置适当数量的长墙，或利用电梯，楼梯间形成刚度较大的内筒，以避免设防烈度下结构产生大的变形，同时也形成两道抗震设防。

（2）短肢剪力墙结构的抗震薄弱部位是建筑平面外边缘的角部处的墙肢，当有扭转效应时，会加剧已有的翘曲变形，使其墙肢首先开裂，应加强其抗震构造措施，如减小轴压比，增大纵筋和箍筋的配筋率。

（3）高层短肢剪力墙结构在水平力作用下，显现整体弯曲变形为主，底部外围小墙肢承受较大的竖向荷载和扭转剪力，由一些模型试验反映出外周边墙肢开裂，因而对外周边墙肢应加大厚度和配筋量，加强小墙肢的延性抗震性能。短肢墙应在两个方向上均有连接，避免形成孤立的"一"字形墙肢。

（4）各墙肢分布要尽量均匀，使其刚度中心与建筑物的形心尽量接近，必要时用长肢墙来调整刚度中心。

（5）高层结构中的连梁是一个耗能构件，在短肢剪力墙结构中，墙肢刚度相对减小，连接各墙肢间的梁已类似普通框架梁，而不同于一般剪力墙间的连梁，不应在计算的总体信息中将连梁的刚度大幅下调，使其设计内力降低，应按普通框架梁要求，控制混凝土压区高度，其梁端负弯矩钢筋可由塑性调幅 $70\%\sim80\%$ 来解决，按强剪弱弯，强柱弱梁的延性要求进行计算。

8. 剪力墙的计算方法

剪力墙所承受的竖向荷载，一般是结构自重和楼面荷载，通过楼面传递到剪力墙。竖向荷载除了在连梁（门窗洞口上的梁）内产生弯矩以外，在墙肢内主要产生轴力。可以按照剪力墙的受荷面积简单计算。

在水平荷载作用下，剪力墙受力分析实际上是二维平面问题，精确计算应该按照平面问题进行求解。可以借助计算机，用有限元方法进行计算。计算精度高，但工作量较大。在工程设计中，可以根据不同类型剪力墙的受力特点，进行简化计算。

在水平力的作用下，整体墙类似于一悬臂柱，可以按照悬臂构件来计算整体墙的截面弯矩和剪力。小开口整体墙，由于洞口的影响，墙肢间应力分布不再是直线，但偏离不大。可以在整体墙计算方法的基础上加以修正。联肢墙是由一系列连梁约束的墙肢组成，可以采用连续化方法近似计算。壁式框架可以简化为带刚域的框架，用改进的反弯点法进行计算。框支剪力墙和开有不规则洞口的剪力墙。此两类剪力墙比较复杂，其计算判断过程是由整体参数来判断的。对于框剪结构，框架和剪力墙之间的这种相互作用关系为协同工作原理。

考虑地震作用组合的剪力墙，其正截面抗震承载力应按规定计算，但在其正截面承载力计算公式中应除以相应的承载力抗震调整系数。剪力墙各墙肢截面考虑地震作用组合的弯矩设计值：对一级抗震等级剪力墙的底部加强部位及以上一层，应按墙肢底部截面考虑地震作用组合弯矩设计值采用，其他部位可采用考虑地震作用组合弯矩设计值乘以增大系数。

5.1　剪力墙平法施工图制图规则

剪力墙可视为由剪力墙柱、剪力墙身和剪力墙梁三类构件构成，剪力墙身中包括墙洞。剪力墙平法施工图的表示方法分为列表注写方式和截面注写方式。

在剪力墙平法施工图中，应当用表格或其他方式注明包括地下和地上各层的结构层楼（地）面标高、结构层高及相应的结构层号及上部结构嵌固部位的位置。

5.1.1　列表注写方式

列表注写方式是在剪力墙柱表、剪力墙身表、剪力墙梁表中，对应于剪力墙平面布置图上的编号，用绘制截面配筋图并注写几何尺寸与配筋具体数值的方式，来表达剪力墙平法施工图。将剪力墙按剪力墙柱、剪力墙身、剪力墙梁（简称墙柱、墙身、墙梁）三类构件分别编号。

1. 墙柱编号

墙柱构件编号由墙柱类型代号和序号组成，表达形式如表 5-1 所示，截面形状如图 5-1 所示。其中：λ_v—配箍特征值；l_c—约束边缘构件沿墙肢的长度；h_w—剪力墙墙肢的长度。λ_v、l_c 的取值参见表 5-2。

表 5-1　　　　　　　墙　柱　编　号

墙柱类型		代号	序号	截面形状
约束边缘构件	约束边缘暗柱 YAZ	YBZ	××	图 5-1 (a)
	约束边缘端柱 YDZ		××	图 5-1 (b)
	约束边缘翼墙（柱）YYZ		××	图 5-1 (c)
	约束边缘转角墙（柱）YJZ		××	图 5-1 (d)
构造边缘构件	构造边缘端柱 GDZ	GBZ	××	图 5-1 (e)
	构造边缘暗柱 GAZ		××	图 5-1 (f)
	构造边缘翼墙（柱）GYZ		××	图 5-1 (g)
	构造边缘转角墙（柱）GJZ		××	图 5-1 (h)
非边缘暗柱		AZ	××	图 5-1 (i)
扶壁柱		FBZ	××	图 5-1 (j)

表 5-2　　　　约束边缘构件沿墙肢的长度 l_c 及配箍特征值 λ_v 取值表

抗震等级（设防烈度）		一级（9度）	一级（7、8度）	二级
λ_v		0.2	0.2	0.2
l_c/mm	暗柱	max(0.25h_w, 1.5b_w, 450mm)	max(0.2h_w, 1.5b_w, 450mm)	max（0.2h_w, 1.5b_w, 450mm）
	端柱、翼墙或转角墙	max(0.2h_w, 1.5b_w, 450mm)	max(0.15h_w, 1.5b_w, 450mm)	max（0.15h_w, 1.5b_w, 450mm）

当翼墙长度小于其厚度的 3 倍时，视为无翼墙剪力墙；端柱截面边长小于墙厚的 2 倍时，视为无端柱剪力墙；约束边缘构件沿墙肢长度，除满足上表中的要求外，当有端柱、翼墙或转角墙时，尚不应小于翼墙厚度或墙柱沿墙肢方向截面高度加 300mm；约束边缘构件的箍筋或拉筋沿竖向的间距，对一级抗震等级不宜大于 100mm，对二级抗震等级不宜大于 150mm。

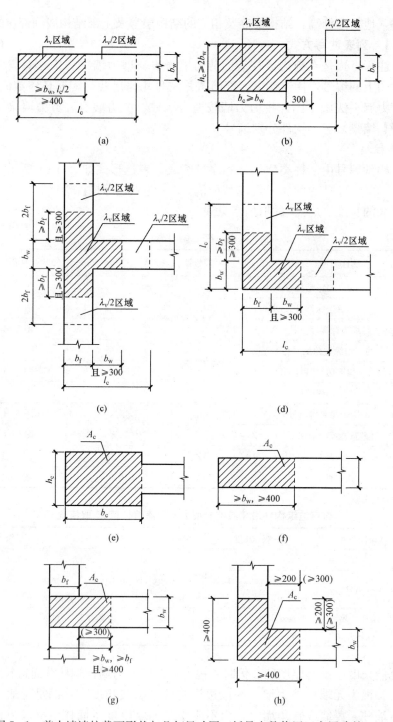

图 5-1　剪力墙墙柱截面形状与几何尺寸图（括号中数值用于高层建筑）（一）

(a) 约束边缘暗柱 YAZ；(b) 约束边缘端柱 YDZ；(c) 约束边缘翼墙 YYZ；(d) 约束边缘转角墙 YJZ

(e) 构造边缘端柱 GDZ；(f) 构造边缘暗柱 GAZ；(g) 构造边缘翼墙 GYZ；(h) 构造边缘转角墙 GJZ

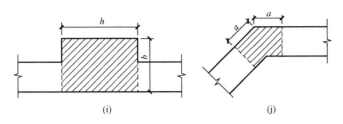

图 5-1　剪力墙墙柱截面形状与几何尺寸图（括号中数值用于高层建筑）（二）

(i) 扶壁柱 FBZ；(j) 非边缘暗柱 AZ

剪力墙列表注写方式标注剪力墙柱配筋的柱表见表 5-3。

在剪力墙柱表中应表达如下内容：

(1) 注写墙柱编号，绘制墙柱的截面配筋图，标注墙柱几何尺寸。

(2) 注写各段墙柱的起止标高，自墙柱根部往上以变截面位置或截面未变但配筋改变处为界分段注写。墙柱根部标高一般指基础顶面标高（部分框支剪力墙结构则为框支梁顶面标高）。

(3) 注写各段墙柱的纵向钢筋和箍筋，注写值应与在表中绘制的配筋截面图对应一致，纵向钢筋注写总配筋值，墙柱箍筋的注写方式与柱箍筋相同。

从相同编号的墙柱中选择一个截面，标注全部纵筋及箍筋的具体数值。在剪力墙平面布置图中，需注写约束边缘构件非阴影区内布置的拉筋或箍筋直径，与阴影区箍筋直径相同时，可不注。

2. 墙身编号

剪力墙身由墙身代号、序号以及墙身所配置的水平与竖向分布钢筋的排数组成，其中，排数注写在括号内，表达式为：Q××（×排）。当墙身所设置的水平与竖向分布钢筋的排数为 2 时，可不注。非抗震结构中，当剪力墙厚度大于160mm 时，应配置双排筋，当其厚度不大于 160mm 时，宜配置双排筋。抗震结构中，当剪力墙厚度不大于 400mm 时，应配置双排筋，当其厚度大于 400mm 时，但不大于 700mm 时，宜配置 3 排筋，当其厚度大于 700mm 时，宜配置 4 排钢筋。各排水平分布钢筋和竖向分布钢筋的直径与间距宜保持一致。

当剪力墙配置的分布钢筋多于两排时，应设置拉筋，且拉筋应同时钩住外排水平纵筋和竖向纵筋，还应与剪力墙内排水平纵筋和竖向纵筋绑扎在一起。

在剪力墙墙身应表达墙身编号、各段墙身起止标高，墙身根部自基础顶面标高（部分框支剪力墙结构则为框支梁顶面标高），自墙身根部往上以变截面位置或截面未变但配筋改变处为界分段注写。注写墙水平分布钢筋、竖向分布钢筋和拉筋的具体数值，注写数值为一排水平分布钢筋和竖向分布钢筋的规格和间距。

拉结钢筋应注明布置方式"矩形"或"梅花"布置，用于剪力墙分布钢筋的拉结，当拉结筋按"矩形"布置时，拉结筋间距为：@3a3b，a 为竖向分布钢筋间

表 5 - 3　剪力墙平法施工图剪力墙柱配筋表

剪 力 墙 柱 表

项目	GDZ1	GDZ2	GJZ4
截面 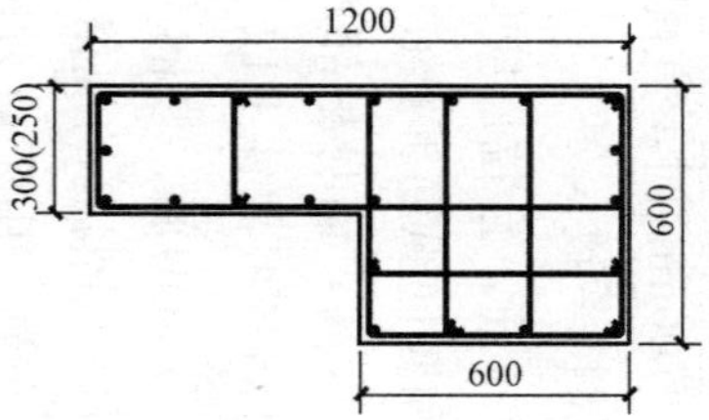 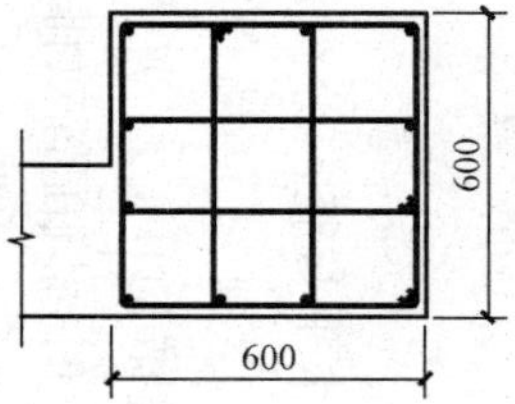 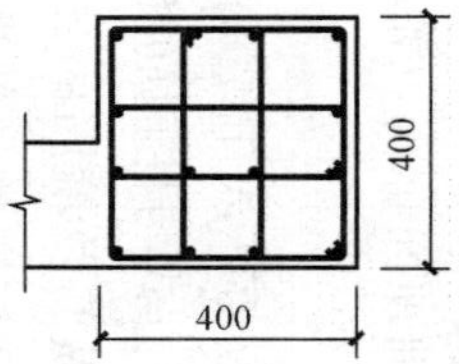 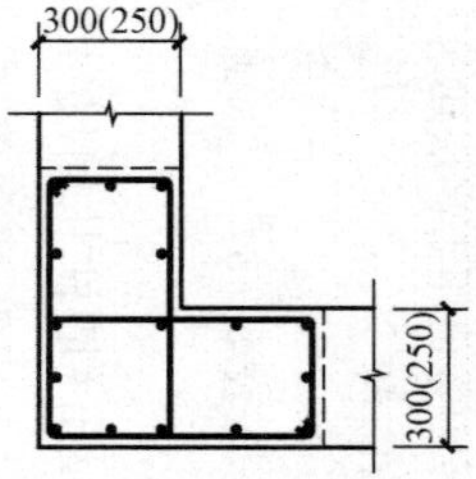 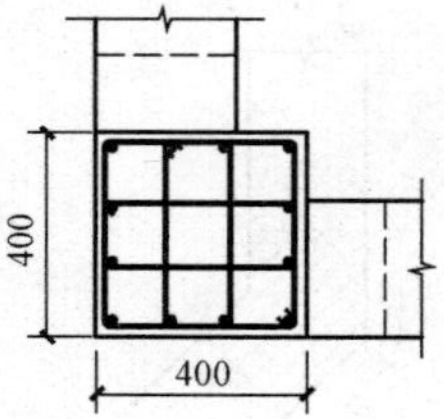			
编号	GDZ1	GDZ2	GJZ4
标高	−0.030～8.670　8.670～30.270 （30.270～59.070）	−0.030～8.670 8.670～59.070　59.070～65.670	−0.030～8.670 8.670～30.270 （30.270～59.070）　59.070～65.670
纵筋	22 Φ 22　22 Φ 20　（22 Φ 18）	12 Φ 25　12 Φ 22　12 Φ 20	16 Φ 22(16 Φ 18) 16 Φ 20　12 Φ 18
箍筋	Φ 10@100　Φ 10@100/200 （Φ 10@100/200）	Φ 10@100　Φ 10@100/200	Φ 10@150　Φ 10@200 Φ 10@150　Φ 8@100
截面 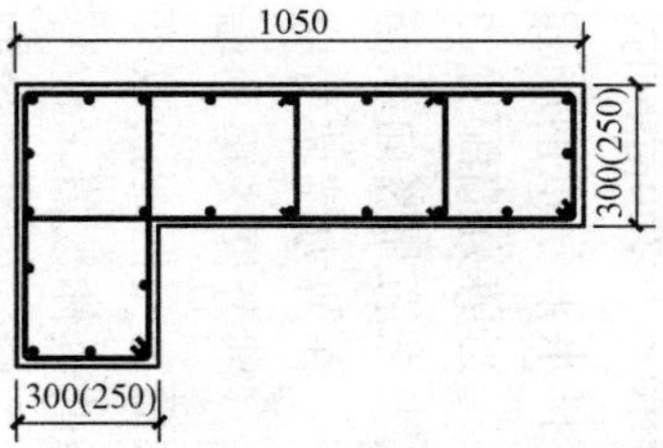 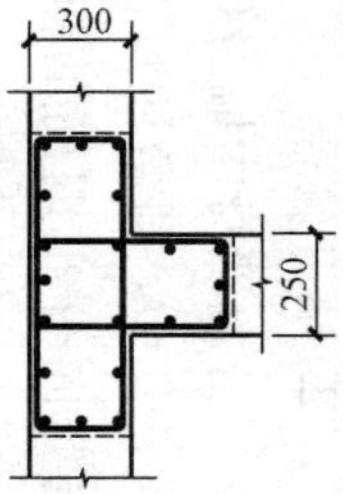 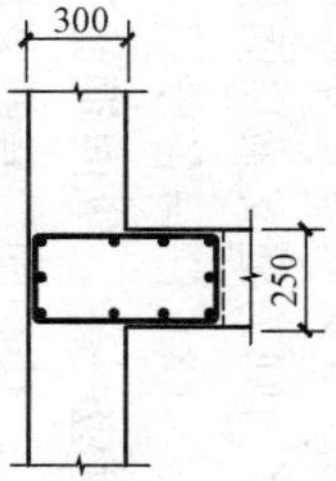 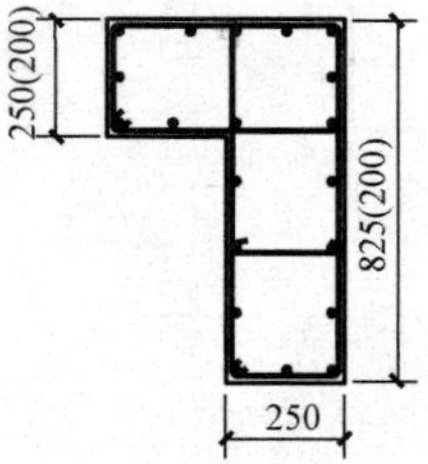			

编号	GJZ1	GYZ2		GJZ3
标高	−0.030~8.670 8.670~30.270 (30.270~59.070)	−0.030~8.670	8.670~30.270 (30.270~59.070)	−0.30~8.670 8.670~30.270 (30.270~59.070)
纵筋	24Φ20 24Φ18(24Φ16)	20Φ20	10Φ18(10Φ18)	20Φ20 20Φ18(20Φ18)
箍筋	Φ10@100 Φ10@150(Φ10@150)	Φ10@100	Φ10@150(Φ10@150)	Φ10@100 Φ10@150(Φ10@150)

距，b 为水平分布间距且 a≤200，b≤200；当拉结筋按"梅花"布置时，拉结筋间距为：@4a4b，a 为竖向分布钢筋间距，b 为水平分布间距且 a≤150，b≤150。

剪力墙平法施工图列表注写法表示墙身配筋如表 5-4 所示。

表 5-4 　　　　　　　　剪力墙墙身配筋表

剪 力 墙 身 表

编号	标　高	墙厚	水平分布筋	垂直分布筋	拉　筋
Q1（2排）	−0.030～30.270	300	Φ12@250（2）	Φ12@250（2）	Φ6@500（2）
	30.270～59.070	250	Φ10@250（2）	Φ10@250（2）	Φ6@500（2）
Q2（2排）	−0.030～30.270	250	Φ10@250（2）	Φ10@250（2）	Φ6@500（2）
	30.270～59.070	200	Φ10@250（2）	Φ10@250（2）	Φ6@500（2）

3. 墙梁编号

墙梁由墙梁类型编号和序号组成，表达形式应符合表 5-5 的规定。在具体的工程中，当某些墙身需要设置暗梁或边框梁时，宜在剪力墙平法施工图中绘制暗梁或边框梁的平面布置简图并编号，如图 5-2 所示。

剪力墙墙梁中应注写墙梁编号（见表 5-5）、楼层号、墙梁顶面标高高差值以及墙梁截面尺寸、上部纵筋、下部纵筋、箍筋的数值。

表 5-5 　　　　　　　　墙 梁 编 号

墙 梁 类 型	代　号	序　号
连梁	LL	××
连梁（对角暗撑配筋）	LL（JC）	××
连梁（交叉斜筋配筋）	LL（JX）	××
连梁（集中对角斜筋配筋）	LL（DJ）	××
连梁（跨高比不小于5）	LLK	××
暗梁	AL	××
边框梁	BKL	××

剪力墙平法施工图列表注写法表示墙梁配筋如表 5-6 所示。

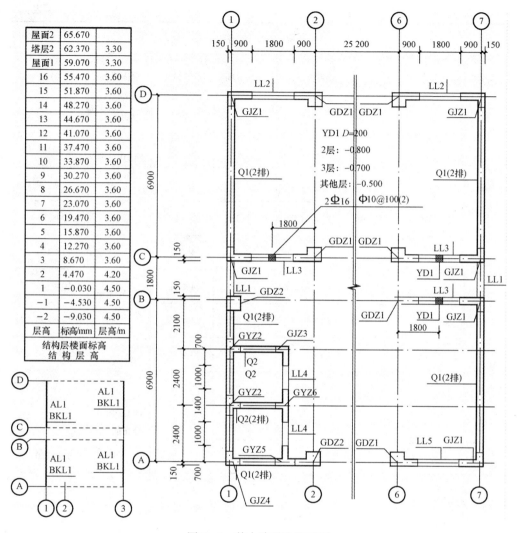

图 5 - 2　剪力墙平法施工图

| 表 5 - 6 | | | | 剪 力 墙 墙 梁 配 筋 表 | | | |

剪 力 墙 梁 表

编号	所在楼层号	梁顶相对 标高高差	梁截面 $b \times h$	上部纵筋	下部纵筋	侧面纵筋	箍筋
LL1	2~9	0.800	300×2000	4 ⊉ 22	4 ⊉ 22	同 Q1 水平 分布筋	⊉ 10@100 （2）
	10~16	0.800	250×2000	4 ⊉ 20	4 ⊉ 20		⊉ 10@100 （2）
	屋面		250×1200	4 ⊉ 20	4 ⊉ 20		⊉ 10@100 （2）

结构层楼面标高表（左侧）：

层高	标高/mm	层高/m
屋面2	65.670	
塔层2	62.370	3.30
屋面1	59.070	3.30
16	55.470	3.60
15	51.870	3.60
14	48.270	3.60
13	44.670	3.60
12	41.070	3.60
11	37.470	3.60
10	33.870	3.60
9	30.270	3.60
8	26.670	3.60
7	23.070	3.60
6	19.470	3.60
5	15.870	3.60
4	12.270	3.60
3	8.670	3.60
2	4.470	4.20
1	−0.030	4.50
−1	−4.530	4.50
−2	−9.030	4.50
层高	标高/mm	层高/m

结构层楼面标高
结构层高

剪 力 墙 梁 表

编号	所在楼层号	梁顶相对标高高差	梁截面 $b×h$	上部纵筋	下部纵筋	侧面纵筋	箍筋
LL2	3	−1.200	200×2520	4 Φ 22	4 Φ 22	同 Q1 水平分布筋	Φ 10@150 (2)
	4	−0.900	300×2070	4 Φ 22	4 Φ 22		Φ 10@150 (2)
	5—9	−0.900	300×1770	4 Φ 22	4 Φ 22		Φ 10@150 (2)
	10—屋面 1	−0.900	250×1770	3 Φ 22	3 Φ 22		Φ 10@150 (2)
LL3	2		300×2070	4 Φ 22	4 Φ 22	同 Q1 水平分布筋	Φ 10@100 (2)
	3		300×1770	4 Φ 22	4 Φ 22		Φ 10@100 (2)
	4—9		300×1170	4 Φ 22	4 Φ 22		Φ 10@100 (2)
	10—屋面 1		250×1170	3 Φ 22	3 Φ 22		Φ 10@100 (2)
LL4	2		250×2070	3 Φ 20	3 Φ 20	同 Q2 水平分布筋	Φ 10@120 (2)
	3		250×1770	3 Φ 20	3 Φ 20		Φ 10@120 (2)
	4—屋面 1		250×1170	3 Φ 20	3 Φ 20		Φ 10@120 (2)
AL1	2—9		300×600	3 Φ 20	3 Φ 20		Φ 8@150 (2)
	10—16		250×500	3 Φ 18	3 Φ 18		Φ 8@150 (2)
BKL1	屋面		500×750	4 Φ 22	4 Φ 22		Φ 10@150 (2)

5.1.2　截面注写方式

截面注写方式，是在分标准层绘制的剪力墙平面布置图上，以直接在墙柱、墙身、墙梁上注写截面尺寸和配筋具体数值的方式来表达剪力墙平法施工图。如图 5-3 所示。

在剪力墙平法施工图中，也应采用表格或其他方式注明各结构层的楼面标高、结构层标高及相应的结构层号。选用适当比例原位放大绘制剪力墙平面布置图。对各墙柱、墙身、墙梁分别编号。

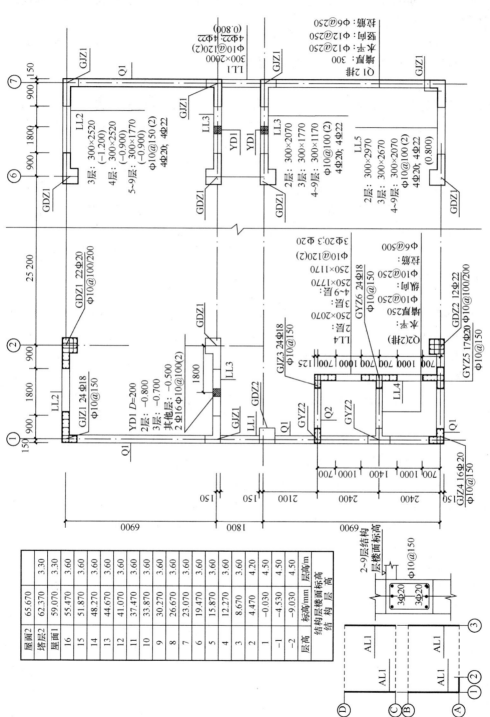

图 5 - 3　剪力墙平法施工截面注写施工图

（1）从相同编号的墙柱中选择一个截面，标注截面尺寸、全部纵筋及箍筋的具体数值（注写要求与平法柱相同）。

（2）从相同编号的墙身中选择一道墙身，按墙身编号、墙厚尺寸，水平分布筋、竖向分布筋和拉筋的顺序注写具体数值。

（3）从相同编号的墙梁中选择一根墙梁，依次引注墙梁编号、截面尺寸、箍筋、上部纵筋、下部纵筋和墙梁顶面标高高差。墙梁顶面标高高差，是指相对于墙梁所在结构层楼面标高的高差值，高于者为正值，低于者为负值，无高差时不注。

必要时，可在一个剪力墙平面布置图上用小括号"（ ）"和尖括号"＜ ＞"区分和表达各不同标准层的注写数值。

如若干墙柱（或墙身）的截面尺寸与配筋均相同，仅截面与轴线的关系不同时，可将其编为同一墙柱（或墙身）号。

当在连梁中配交叉斜筋时，应绘制交叉斜筋的构造详图，并注明设置交叉斜筋的连梁编号。

5.1.3 剪力墙洞口

无论采用列表注写或截面注写方式，剪力墙上的洞口均可在剪力墙平面布置图上原位表达，在剪力墙平面布置图上原位绘制洞口示意，并标注洞口中心的平面定位尺寸。在洞口中心位置引注洞口编号、洞口几何尺寸、洞口中心相对标高、洞口每边补强钢筋四部分内容。

（1）洞口编号。矩形洞口为 JD××（××为序号）；圆形洞口为 YD××（××为序号）。

（2）洞口几何尺寸。矩形洞口为洞宽×洞高 （$b \times h$），圆洞为洞口直径 D。

（3）洞口中心相对于结构楼（地）面标高的洞口中心高度。

（4）洞口每边的补强钢筋。当矩形洞口的洞宽、洞高均不大于 800 时，此项注写为洞口每边补强钢筋的具体数值，当洞宽、洞高方向补强钢筋不一致时，分别注写洞宽方向、洞高方向补强钢筋，以"/"分隔。例如 JD1 800×300＋3.1003 ⊈ 18/3 ⊈ 14，表示 1 号洞口，洞宽 800mm，洞高 300mm，洞口中心距离本结构层楼面 3100m，洞口方向补强钢筋为 3 ⊈ 18，洞高方向补强钢筋为 3 ⊈ 14。

当矩形或圆形洞口的洞宽或直径大于 800 时，在口的上、下需设补强暗梁，此项注写为洞口上、下每边暗梁的纵筋与箍筋的具体数值，在标准构造详图中，补强暗梁梁高一律定为 400mm，当设计不同时，另行注明。

例如 JD2　1000×900＋1.400 6 ⊈ 20 Φ 8＠150，表示 2 号洞口，洞宽 1000mm，洞高 900mm，洞口中心距离本结构层楼面 1400m，洞口上下设补强暗梁，每边暗梁纵筋为 6 ⊈ 20，箍筋为 Φ 8＠150。

5.1.4 地下室外墙的表示方法

地下室外墙仅用于起挡土作用的地下室外层维护墙。地下室外墙中的墙柱、连梁及洞口等的表示方法同地上剪力墙。

地下室外墙编号，由墙身代号、序号组成。表达为 DWQ ××。

地下室外墙平面注写方式，包括集中标注墙体编号、厚度、贯通筋、拉筋等和原位标注附加非贯通箍筋等两部分内容。当仅设置贯通筋。未设置附加非贯通筋时，则仅作集中标注。

1. 集中标注

（1）注写地下室外墙编号，包括代号、序号、墙身长度。

（2）注写地下室外墙厚度 $b_w = \times\times\times$。

（3）注写地下室外墙的外侧、内侧贯通筋和拉筋。

1）以 OS 代表外墙外侧贯通筋。其中，外侧水平贯通筋以 H 打头注写，外侧竖向贯通筋以 V 打头注写。

2）以 IS 代表外墙内侧贯通筋。其中，内侧水平贯通筋以 H 打头注写，内侧竖向贯通筋以 V 打头注写。

3）以 tb 打头注写拉结筋直径、强度等级及间距，并注明"矩形"或"梅花"。

例如：DWQ1（①～⑥），$b_w = 300$

OS：H Φ 18@200，V Φ 20@200

IS：H Φ 16@200，V Φ 18@200

tb Φ 8@400@400 矩形

表示 1 号墙，长度范围为①～⑥之间，墙后为 300mm，外侧水平贯通筋为 Φ 18@200，竖向贯通筋为 Φ 20@200，内侧水平贯通筋为 Φ 16@200，竖向贯通筋为 Φ 18@200，拉结筋为 Φ 8，矩形布置，水平间距 400mm，竖向间距 400mm。

2. 原位标注

地下室外墙原位标注，主要表示在外墙外侧配置的水平非贯通筋或竖向非贯通筋。当配置水平非贯通筋时，在地下室墙体平面图上原位标注。在地下室外墙外侧绘制粗实线段代表水平非贯通筋，在其上注写钢筋编号并以 H 打头注写钢筋强度等级、直径、分部间距，以及自支座中线向两边跨内的伸出长度值。当自支座中线向两侧对称伸出时，可仅在单侧标注跨内伸出长度，另一侧不注。边支座处非贯通钢筋的伸出长度值从支座外边缘算起。

地下室外墙外侧非贯通筋通常采用"隔一布一"方式与集中标注的贯通筋间隔布置，其标注间距应与贯通筋相同，两者组合后的实际分布间距为各自标注间距的 1/2。地下室外墙平法施工图如图 5-4 所示。

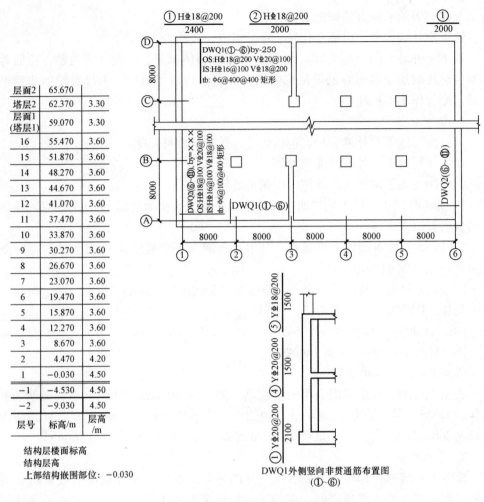

层号	标高/m	层高/m
层面2	65.670	
塔层2	62.370	3.30
层面1（塔层1）	59.070	3.30
16	55.470	3.60
15	51.870	3.60
14	48.270	3.60
13	44.670	3.60
12	41.070	3.60
11	37.470	3.60
10	33.870	3.60
9	30.270	3.60
8	26.670	3.60
7	23.070	3.60
6	19.470	3.60
5	15.870	3.60
4	12.270	3.60
3	8.670	3.60
2	4.470	4.20
1	−0.030	4.50
−1	−4.530	4.50
−2	−9.030	4.50
层号	标高/m	层高/m

结构层楼面标高
结构层高
上部结构嵌固部位：−0.030

DWQ1外侧竖向非贯通筋布置图
（①~⑥）

图5-4 地下室外墙平法施工图

5.2 剪力墙钢筋工程量计算基本方法

在计算剪力墙钢筋时，需要考虑以下几个问题。

（1）剪力墙中需要布设的钢筋类型。剪力墙主要有墙身、墙柱、墙梁、洞口四大部分构成。其中墙身钢筋包括水平筋、垂直筋、拉筋和洞口加强筋；墙柱包括暗柱和端柱两种类型，其钢筋主要有纵筋、箍筋和拉筋；墙梁包括暗梁和连梁两种类型，其钢筋主要有纵筋和箍筋。

（2）计算剪力墙墙身钢筋需要考虑以下几个因素：基础型式、中间层和顶层构造；墙柱、墙梁对墙身钢筋的影响。剪力墙中要计算的钢筋种类如图5-5所示。

在钢筋工程量计算中剪力墙是最难计算的构件，具体体现在：剪力墙包括墙

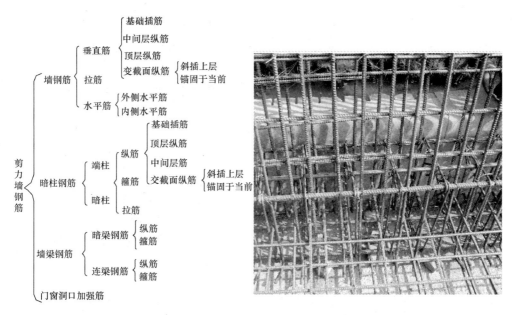

图 5-5　剪力墙钢筋计算种类及配筋实例

身、墙梁、墙柱、洞口，必须要考虑它们的关系；剪力墙在平面上有直角、丁字角、十字角、斜交角等各种转角形式；剪力墙在立面上有各种洞口；墙身钢筋可能有单排、双排、多排，且可能每排钢筋不同；墙柱有各种箍筋组合；连梁要区分顶层与中间层，依据洞口的位置不同还有不同的计算方法。

5.2.1　剪力墙边缘构件钢筋计算

剪力墙墙柱包括：约束边缘暗柱 YAZ、约束边缘端柱 YDZ、约束边缘翼墙 YYZ、约束边缘转角墙 YJZ、扶壁柱 FBZ、非边缘暗柱 AZ、构造边缘翼墙 GYZ、构造边缘转角墙 GJZ、构造边缘端柱 GDZ、构造边缘暗柱 GAZ、扶壁柱 FBZ、非边缘暗柱 AZ 等类型，在计算钢筋工程量时，只需要考虑为端柱或暗柱即可。

1. 剪力墙边缘构件纵筋计算

（1）剪力墙边缘构件基础层插筋。

1）基础层边缘构件插筋长度计算。

剪力墙边缘构件包括暗柱、转角墙、翼墙等构件，分为约束边缘构件和构造边缘构件两种。插筋是剪力墙边缘构件钢筋与基础梁或基础板的锚固钢筋，包括垂直长度和锚固长度两部分，基础插筋构造如图 5-6 所示。图中边缘构件角部纵筋图中角部纵筋（不包含端柱）是指边缘构件阴影区角部纵筋。伸至钢筋网上的边缘构件角部纵筋（不包含端柱）之间间距不应大于 500mm，不满足时应将边缘构件其他纵筋伸至钢筋网上。

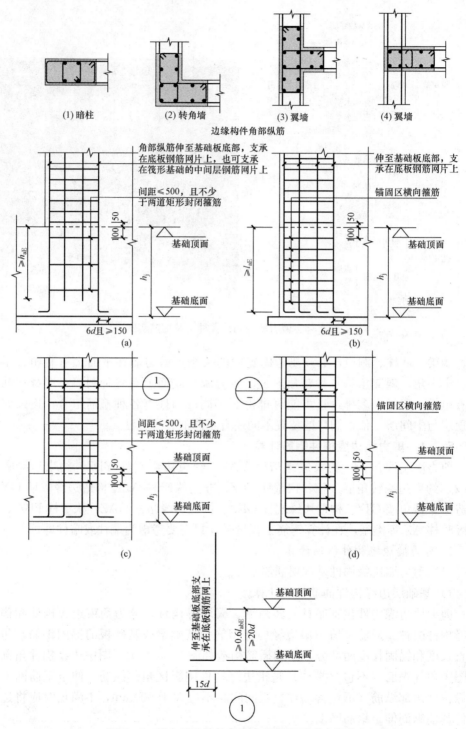

图 5 - 6 剪力墙边缘构件纵向钢筋在基础中构造

（a）保护层厚度≥5d，基础高度满足直锚；（b）保护层厚度＜5d，基础高度满足直锚；

（c）保护层厚度≥5d，基础高度不满足直锚；（d）保护层厚度＜5d，基础高度不满足直锚

当剪力墙边缘构件基础插筋保护层厚度大于等于 $5d$（d 为剪力墙身竖向分布钢筋直径），且基础高度满足基础插筋直锚即 $h_{j} \geqslant l_{aE}$ 时，基础插筋构造如图 5 - 6（a）所示，只需要角筋伸至筏形基础底部，支承在底板钢筋网片上，也可支承在筏形基础中间层钢筋网片上，水平锚固长度为 $6d$ 且大于等于 150mm。

当剪力墙边缘构件基础插筋保护层厚度大于等于 $5d$，但基础高度不能满足基础插筋直锚即 $h_{j} < l_{aE}$ 时，基础插筋构造如图 5 - 6（c）所示，全部纵筋伸至筏形基础底部，支承在底板钢筋网片上，且垂直长度大于等于 $0.6l_{abE}$ 且大于等于 $20d$，水平锚固长度为 $15d$。

当剪力墙边缘构件（包括端柱）基础插筋保护层厚度小于 $5d$，且基础高度（h_{j}）满足基础插筋直锚即 $h_{j} \geqslant l_{aE}$ 时，基础插筋构造如图 5 - 6（b）所示，纵筋伸至筏形基础底部，支承在底板钢筋网片上，水平锚固长度为 $6d$ 且大于等于 150mm，且纵筋弯向基础方向，并在基础中设置锚固区横向箍筋。

当剪力墙边缘构件基础插筋保护层厚度小于 $5d$，但基础高度不能满足基础插筋直锚即 $h_{j} < l_{aE}$ 时，基础插筋构造如图 5 - 6（d）所示，全部纵筋伸至筏形基础底部，支承在底板钢筋网片上，且垂直长度大于等于 $0.6l_{abE}$ 且大于等于 $20d$，水平锚固长度为 $15d$。且纵筋弯向基础方向，并在基础中加入锚固区横向箍筋。端柱锚固区横向钢筋应按照柱构件纵向钢筋在基础中构造处理，其他情况端柱纵筋在基础中构造按照柱构件纵向钢筋在基础中构造处理，见 16G101 - 3 图集 66 页相关节点设置。

基础层边缘构件插筋长度＝基础高度－保护层＋末端弯折长度＋伸入锚固长度
＋搭接长度 l_{lE}（l_{l}）

l_{lE} 或 l_{l} 取值参见 16G101 - 3 图集第 60、61 页纵向受拉钢筋搭接长度值 l_{l}、纵向受拉钢筋抗震搭接长度 l_{lE} 值所示。

当采用机械连接或焊接时，钢筋搭接长度不计，暗柱基础插筋长度有以下两种：

基础层边缘构件插筋长度＝基础高度－保护层＋末端弯折长度＋伸入
上层的锚固长度＋纵筋交错长度（500 或 35d）

基础层边缘构件插筋长度＝基础高度－保护层＋末端弯折长度
＋伸入上层的锚固长度

通常在工程预算中计算钢筋重量时，不考虑钢筋错层搭接问题，因为错层搭接对钢筋总重量没有影响。

2）插筋根数计算。

基础层剪力墙边缘构件插筋布置范围在剪力墙边缘构件内，如图 5 - 7 所示。每个基础层插筋根数可以直接从图纸数出，总根数为：构件数量×单个构件插筋根数。

（2）剪力墙边缘构件中间层纵筋。

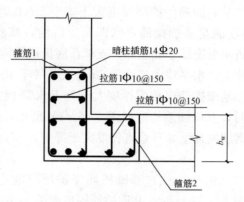

图 5-7　GJZ1 暗柱插筋构造图

中间层是剪力墙基础之上各层，剪力墙边缘构件纵筋连接方法分为绑扎连接、焊接和机械连接三种。如图 5-8 所示。HPB300 钢筋端头加 180°的弯钩，当受压区钢筋直径大于 25mm、受拉区钢筋直径大于 28mm 时，不宜采用绑扎连接。当边缘构件纵筋采用搭接连接时，应在柱纵筋搭接长度范围内均按小于等于 $5d$ 及小于等于 100mm 的间距加密箍筋。

1）纵筋长度计算。

绑扎连接的中间层边缘构件纵筋长度＝层高－本层搭接长度 l_{lE}（l_l）＋

伸入上层的搭接长度 l_{lE}（l_l）

机械连接、焊接的中间层边缘构件纵筋长度＝中间层层高

2）中间层边缘构件纵筋根数计算同基础层插筋根数的计算。

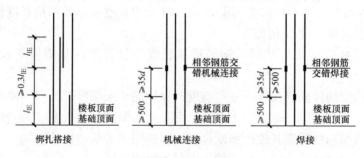

图 5-8　剪力墙中间层纵向钢筋连接构造

端柱竖向钢筋和箍筋的构造与框架柱相同，矩形截面独立墙肢，当截面高度不大于截面厚度的 4 倍时，其竖向钢筋和箍筋的构造要求与框架柱相同或按设计要求设置。

（3）顶层剪力墙边缘构件纵筋。

剪力墙边缘构件纵筋顶部构造如图 5-9 所示。

（括号内数值是考虑屋面板上部钢筋与剪力墙外侧竖向钢筋搭接传力时的做

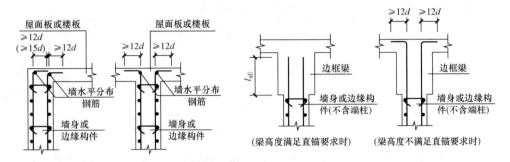

图 5 - 9 剪力墙边缘构件竖向钢筋顶部构造

法，详见 16G101 - 3 图集第 60、61 页）

顶层墙柱纵筋长度＝顶层净高－本层非连接区长度－搭接长度 l_{lE}（l_l）＋

顶层锚固长度 $12d$（梁高度满足直锚时不需弯折）

注意：如果是端柱，可以看作是框架柱，所以其锚固也与框架柱相同。顶层锚固要区分边、中、角柱，要区分外侧钢筋和内侧钢筋。

2. 剪力墙边缘构件箍筋计算

依据 16G101 - 1 计算剪力墙边缘构件箍筋长度计算同柱箍筋。

（1）按照箍筋中心线计算箍筋长度。

箍筋长度＝$(b+h)×2$－保护层厚度$×8－d/2×8+1.9d×2$

$+\max$（$10d$，$75mm$）$×2$

$=(b+h)×2$－保护层厚度$×8－4d+1.9d×2$

$+\max$（$10d$，$75mm$）$×2$

（2）按照箍筋外皮计算箍筋长度。

箍筋长度＝$(b+h)×2$－保护层厚度$×8+1.9d×2$

$+\max$（$10d$，$75mm$）$×2$

（3）箍筋根数计算。

剪力墙边缘构件箍筋根数在基础层、中间层、顶层布置略有不同。

剪力墙基础层边缘构件箍筋根数，根据设计图纸分为以下三种情况。

1）基础上、下两端均布置箍筋。

拉筋根数＝（基础高度－基础保护层）/箍筋间距 $500+1$

2）基础上或下一端不布置箍筋。

拉筋根数＝（基础高度－基础保护层）/箍筋间距 500

3）基础两端均不布置箍筋。

拉筋根数＝（基础高度－基础保护层）/箍筋间距 500

剪力墙中间层、顶层边缘构件箍筋根数计算时，当箍筋采用搭接连接时，搭接间距应≤$5d$ 且≤$100mm$，箍筋根数计算如表 5 - 7 所示。

表5-7　　　　　　　　　　　中间层箍筋根数计算表

计算方法	拉筋根数＝(绑扎范围内加密区排数＋非加密区排数)×每排拉筋个数		
计算过程	加密区根数计算	非加密区根数计算	
	(搭接范围－50)/间距＋1	(层高－搭接范围)/间距	根数合计

采用机械连接时,箍筋根数＝(层高－50)/箍筋间距＋1

3.剪力墙边缘构件拉筋

剪力墙边缘构件拉筋设置同框架柱中拉筋,如图5-10所示其长度计算分以下几种情况。

(1) 按照拉筋中心线长度计算拉筋长度。

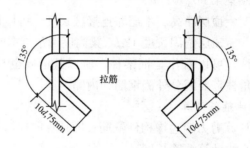

图5-10　剪力墙暗柱拉筋构造图

1) 拉筋同时勾住纵筋和箍筋。

拉筋长度＝(h－保护层厚度×2＋2d＋d/2×2)＋1.9d×2＋max(10d，75mm)×2
　　　　＝(h－保护层厚度×2＋3d)＋1.9d×2＋max(10d，75mm)×2

式中,h—暗柱宽,d—拉筋直径。

2) 拉筋同时勾住纵筋。

拉筋长度＝(h－保护层厚度×2＋d/2×2)＋1.9d×2＋max(10d，75mm)×2
　　　　＝(h－保护层厚度×2＋d)＋1.9d×2＋max(10d，75mm)×2

(2) 按照拉筋外皮长度计算。

1) 拉筋同时勾住纵筋和箍筋。

拉筋长度＝(h－保护层厚度×2＋2d＋d×2)＋1.9d×2＋max(10d，75mm)×2
　　　　＝(h－保护层厚度×2＋4d)＋1.9d×2＋max(10d，75mm)×2

2) 拉筋同时勾住纵筋。

拉筋长度＝(h－保护层厚度×2＋d×2)＋1.9d×2＋max(10d，75mm)×2
　　　　＝(h－保护层厚度×2＋2d)＋1.9d×2＋max(10d，75mm)×2

(3) 拉筋根数计算。

边缘构件拉筋根数在基础层、中间层、顶层布置略有不同,其设置及计算方法同箍筋。

1）基础层边缘构件拉筋根数。

根据设计图纸分为三种情况

a. 基础上、下两端均布置拉筋。

拉筋根数＝［（基础高度－基础保护层）/拉筋间距 500＋1］×每排拉筋根数

b. 基础上或下一端不布置拉筋。

拉筋根数＝［（基础高度－基础保护层）/拉筋间距 500］×每排拉筋根数

c. 基础两端均不布置拉筋。

拉筋根数＝［（基础高度－基础保护层）/拉筋间距 500］×每排拉筋根数

2）中间层、顶层边缘构件拉筋根数。

拉筋采用搭接连接时，根数计算见如表 5 - 8 所示。

表 5 - 8　　　　　　　　　　　　　　拉筋根数计算

计算方法	拉筋根数＝（绑扎范围内加密区排数＋非加密区排数）×每排拉筋个数		
计算过程	加密区根数计算	非加密区根数计算	
	（搭接范围－50）/间距＋1	（层高－搭接范围）/间距	根数合计

采用机械连接时，拉筋根数＝［（层高－50）/拉筋间距＋1］×每排拉筋根数

5.2.2　剪力墙墙梁钢筋计算

剪力墙墙梁包括：连梁、暗梁、边框梁、有交叉暗撑连梁、有交叉钢筋连梁等。

1. 剪力墙连梁钢筋计算

（1）墙端部小墙垛处洞口连梁。

墙端部小墙垛处洞口连梁是设置在剪力墙端部洞口上的连梁，如图 5 - 11 所示。

1）连梁纵筋计算。

当端部小墙肢的长度满足直锚时，纵筋可以直锚。当端部小墙肢的长度无法满足直锚时，须将纵筋伸至墙外侧纵筋内侧再弯折，弯折长度为 $15d$。

a. 当剪力墙连梁端部小墙肢的长度满足直锚时，

连梁纵筋长度＝洞口宽＋左、右两边锚固 max（l_{aE}，600）

b. 当剪力墙连梁端部小墙肢的长度不能满足直锚时，

连梁纵筋长度＝洞口宽＋右边锚固 max（L_{aE}，600）＋左边锚固墙肢宽度－保护层厚度＋15d）

纵筋根数根据图纸标注根数计算。

2）连梁箍筋计算。

连梁箍筋计算同其他构件箍筋长度计算，按照外皮计算箍筋长度见下式：

箍筋长度＝（梁宽 b＋梁高 h－4×保护层）×2 ＋ 1.9d×2

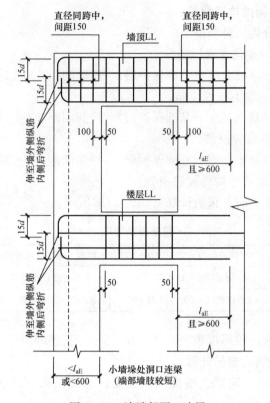

图 5 - 11　墙端部洞口连梁

$$+ \max(10d, 75mm)$$

中间层连梁箍筋根数＝(洞口宽－50×2)/箍筋配置间距＋1

顶层连梁箍筋根数＝(洞口宽－50×2)/箍筋配置间距＋1)＋（左端连梁

锚固直段长－100）/150＋1＋（右端连梁锚固直段

长－100）/150＋1

（2）单洞口连梁。

单洞口连梁钢筋构造如图 5 - 12 所示。

1）连梁纵筋计算。

单洞口顶层连梁和中间层连梁纵筋在剪力墙中均采用直锚，两边各伸入墙中

$\max(l_{aE}, 600)$，

纵筋长度＝洞口宽＋左、右锚固长度＝洞口宽＋ $\max(l_{aE}, 600) \times 2$

纵筋根数见图纸所示。

2）连梁箍筋计算。

单洞口连梁箍筋计算同其他构件箍筋长度计算，按照外皮计算箍筋长度见下式：

箍筋长度＝（梁宽 b＋梁高 h－4×保护层）×2＋1.9d×2＋ $\max$（10d，

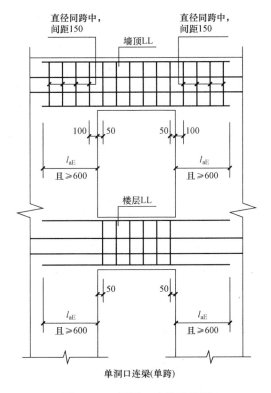

图 5 - 12　单洞口连梁配筋图

75mm）

中间层连梁箍筋根数＝（洞口宽－50×2）/箍筋配置间距＋1

顶层连梁箍筋根数＝（洞口宽－50×2）/箍筋配置间距＋1）＋（左端连梁锚固直段长－100）/150＋1＋（右端连梁锚固直段长－100）/150＋1

（3）双洞口连梁。

1）连梁纵筋计算。

双洞口顶层连梁和中间层连梁纵筋在剪力墙中均采用直锚，如图 5 - 13 所示，两边各伸入墙中 max（l_{aE}，600）。

纵筋计算长度 l＝两洞口宽合计＋洞口间墙宽度＋左、右两端锚固长度 max（l_{aE}，600）×2

纵筋根数见图纸所示。

2）连梁箍筋计算。

双洞口连梁箍筋计算同其他构件箍筋长度计算，按照外皮计算箍筋长度见下式：

箍筋长度＝（梁宽 b＋梁高 h－4×保护层）×2＋1.9d×2＋max（10d，75mm）

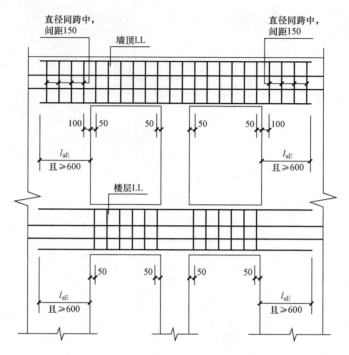

图 5-13　双洞口连梁钢筋构造图

中间层连梁箍筋根数＝（洞口宽－50×2）/箍筋配置间距＋1

顶层连梁箍筋根数＝（洞口宽＋两洞口中间墙肢宽度－50×2）/箍筋配置间距＋1)＋（左端连梁锚固直段长－100）/150＋1＋（右端连梁锚固直段长－100）/150＋1

（4）连梁（LLK）配筋构造。

当连梁的跨高比不小于5时，按框架梁设计，采用平面注写方式，注写规则同框架梁。连梁（LLK）配筋构造如图 5-14 所示，连梁纵筋在剪力墙中均采用直锚，两边各伸入墙中 max（l_{aE}，600），贯通纵筋长度＝洞口宽＋左右锚固长度＝洞口宽＋ max（l_{aE}，600)×2，当梁上部贯通钢筋由不同直径钢筋搭接时，不同直径钢筋搭接长度为 l_{lE}，当梁上有架力筋时，架力筋与非贯通钢筋的搭接长度为150mm。箍筋加密区同框架梁做法。

图 5-14　连梁（LLK）配筋构造（一）

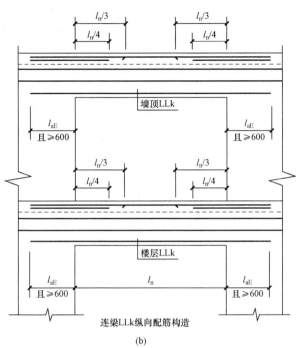

连梁LLk纵向配筋构造

(b)

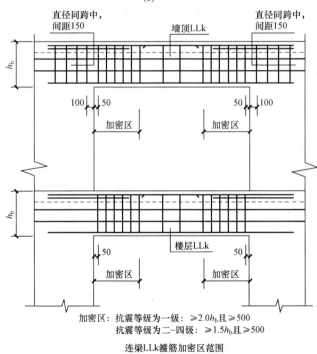

加密区：抗震等级为一级：≥2.0h_b且≥500

抗震等级为二～四级：≥1.5h_b且≥500

连梁LLk箍筋加密区范围

(c)

图 5-14 连梁（LLK）配筋构造（二）

（5）连梁中拉筋的计算。连梁中拉筋构造如图 5-15 所示，连梁中拉筋设置应按照设计图纸布置，当设计未注写时，侧面构造纵筋同剪力墙水平分布筋；当梁宽≤350 时，拉筋直径为 6mm，梁宽>350 时，为 8mm，拉筋间距为 2 倍箍筋间距，竖向沿侧面水平筋隔一拉一。

1）拉筋长度。

$$
\begin{aligned}
拉筋同时勾住梁纵筋和梁箍筋拉筋长度 &= (b-保护层厚度\times2+2d)+1.9d\times2 \\
&\quad +\max\ (10d,\ 75\text{mm})\times2 \\
&= (b-保护层厚度\times2)+1.9d\times2+ \\
&\quad \max\ (10d,\ 75\text{mm})\times2
\end{aligned}
$$

式中，d—拉筋直径；b—梁宽。

2）拉筋根数计算。

$$拉筋根数=拉筋排数\times每排拉筋根数$$

$$拉筋排数=\left[\ (连梁高-保护层\times2)\ /水平筋间距+1\right]\ (取整)\ \times2$$

$$每排拉筋根数=(连梁净长-50\times2)\ /连梁箍筋间距的\ 2\ 倍+1\ (取整)$$

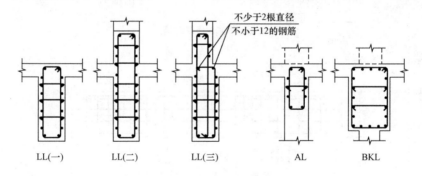

图 5-15 连梁拉筋构造图

（6）连梁中斜向交叉暗撑钢筋。

连梁中设有交叉斜筋、集中对角斜筋、对角暗撑钢筋如图 5-16 所示。

当洞口连梁截面宽度不小于 250 时，可采用交叉斜筋配筋，交叉斜筋配筋连梁的对角斜筋在梁端部位应设置拉筋，具体值见设计标注；当连梁截面宽度不小于 400 时，可采用集中对角斜筋或对角暗撑配筋，集中对角斜筋配筋连梁应在梁截面内沿水平方向及竖直方向设置双向拉筋，拉筋应勾住外侧纵筋，间距不应大于 200mm，直径不应小于 8mm；对角暗撑配筋连梁中暗撑箍筋的外缘沿梁截面宽度方向不宜小于梁宽的 1/2，另一方向不宜小于梁宽的 1/5，对角暗撑约束箍筋肢距不应大于 350mm。

交叉斜筋配筋连梁、对角暗撑配筋连梁的水平钢筋及箍筋形成的钢筋网之间应采用拉筋拉结，拉筋直径不宜小于 6mm，间距不宜大于 400mm。

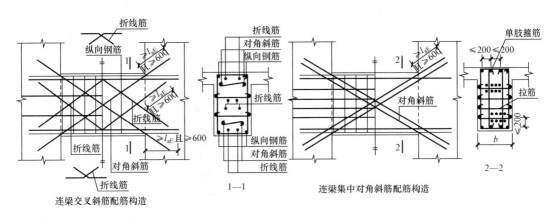

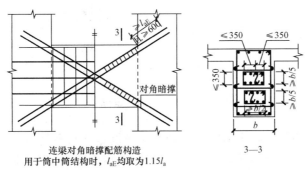

图 5-16 连梁交叉斜筋、集中对角斜筋、对角暗撑构造图

斜向交叉配筋折线筋长度＝洞口中钢筋斜长＋水平长度＋两端锚固长度

$$= l_0/2 + \sqrt{\left(\frac{h}{2}\right)^2 + \left(\frac{l_0}{2}\right)^2} + 2l_{aE}(l_a)$$

式中，h—洞口高，l_0—洞口宽。

斜向交叉配筋对角斜筋长度＝洞口中钢筋斜长＋两端锚固长度

$$= \sqrt{h^2 + l_0^2} + 2l_{aE}(l_a)$$

集中对角斜筋或对角暗撑配筋斜向钢筋长度计算同交叉斜筋配筋对角斜筋长度。

箍筋长度、根数计算方法同连梁箍筋计算，箍筋布置范围依据设计。

2. 剪力墙暗梁钢筋计算

暗梁是剪力墙的一部分组成构件之一，如图 5-17 所示。暗梁不是"梁"，而是在剪力墙身中的构造加劲条带，暗梁一般设置在各层剪力墙靠近楼板底部的位置，如砖混结构的圈梁。暗梁的作用不是抗剪，主要作用是阻止剪力墙开裂，暗梁的长度是整个墙肢，暗梁与墙肢等长。所以，暗梁不存在锚固问题，只有收边问题。

剪力墙洞口补强暗梁是另外一个概念。洞口暗梁应为洞口补强暗梁，箍筋布在洞宽范围，其构造见 16G101-1 第 83 页。

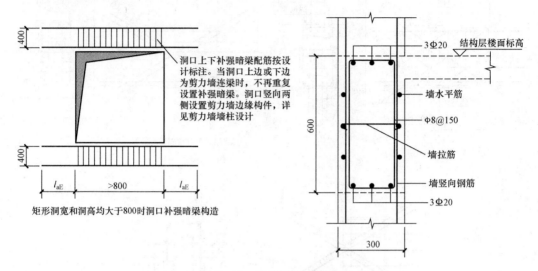

图 5-17 暗梁截面构造图

暗梁钢筋包括纵筋，箍筋和拉筋，暗梁纵筋也是"水平筋"，按照 16G101-1 中第 72 页剪力墙身水平钢筋构造；暗梁纵筋伸到端部弯钩 $15d$，暗梁纵筋构造做法同框架梁，箍筋全长设置。

墙中水平钢筋和竖向钢筋连续通过暗梁中。暗梁纵筋遇到跨层连梁时，纵筋连续通过，遇到纯剪力墙时连续通过，遇到非跨层连梁时，连梁与暗梁相冲突的纵向钢筋（一般为上部纵筋）连梁纵筋贯通，暗梁纵筋与连梁纵筋搭接；不相冲突的纵向钢筋照布（一般为暗梁的下部纵筋要贯穿连梁），暗梁钢筋与连梁钢筋搭接长度为 l_{aE}（l_a），如图 5-18 所示。边框梁 BKL 与 LL 重叠构造如图 5-18（a）所示。剪力墙 AL 与 LL 重叠时配筋构造如图 5-18（b）所示。

暗梁纵筋长度＝暗梁净跨或洞口净宽＋左、右锚固长度

当暗梁与连梁相交时，

暗梁纵筋长度＝暗梁净跨长＋暗梁左右端部锚固长度

连梁上部附加纵筋，当连梁上部纵筋计算面积大于暗梁或边框梁时需设置。

连梁上部附加纵筋＝洞口净宽＋max（l_{aE}，600）×2

暗梁与暗柱相交，节点构造同框架结构。

暗梁箍筋长度计算同连梁计算方法。暗梁和暗柱交接时，不配置暗梁箍筋，暗梁箍筋距暗柱边框 50mm，箍筋设置如图 5-19 所示。

箍筋根数＝［暗梁净跨（洞口宽）－箍筋间距］/箍筋间距＋1

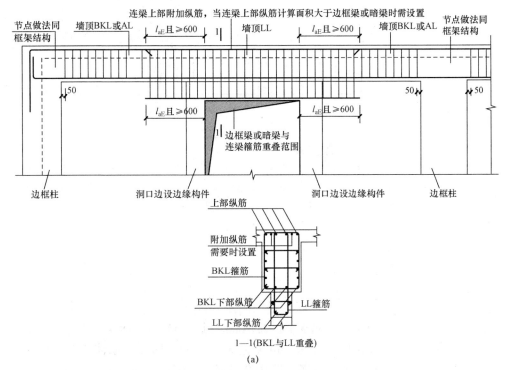

1—1(BKL与LL重叠)

(a)

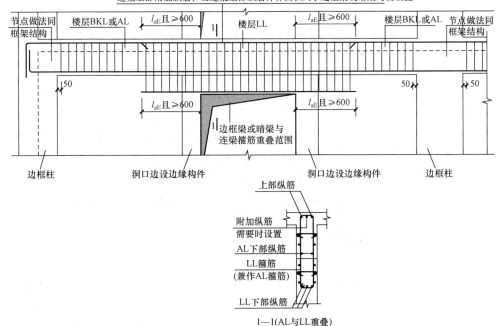

1—1(AL与LL重叠)

注：AL、LL、BKL侧面纵向钢筋构造详见本图集第78页

(b)

图 5-18　剪力墙边框梁或暗梁与连梁重叠时配筋构造图

(a) 边框梁 BKL 与 LL 重叠构造；(b) 剪力墙 AL 与 LL 重叠时配筋构造

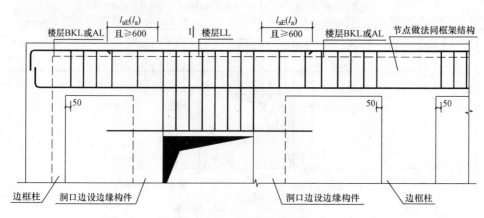

图 5-19　暗梁箍筋布置图

3. 地下室外墙钢筋构造

地下室外墙钢筋构造如图 5-20 所示。

（1）当转角两边墙体外侧钢筋直径及间距相同。当相邻两边转角墙体外侧水平钢筋直径及间距相同时，外侧水平贯通钢筋绕过转角锚固长度为 $0.8l_{aE}$，外侧水平非贯通筋在跨中非连接区长度为 min（$l_{n1}/3$，$h_n/3$）；内侧钢筋伸长至对面钢筋内侧弯折 $15d$，内侧水平非贯通筋在跨中非连接区长度为 min（$l_{n1}/4$，$h_n/4$），l_{n1} 为相邻水平跨的较大净跨值，h_n 为本层净高。

（2）当地下室顶板作为外墙的简支支承。墙体内、外侧贯通纵筋在板中锚固 $12d$，钢筋在墙体的连接区内采用搭接、机械连接或焊接。外侧竖向非贯通筋在底部锚入基础中，伸入墙中 $H_n/3$。中间层外侧竖向非贯通筋长度为 $2×H_n/3＋$板厚。内侧竖向非贯通筋在底部锚入基础中，伸入墙中 $H_n/4$。中间层外侧竖向非贯通筋长度为 $2×H_n/4＋$板厚。

（3）当地下室顶板作为外墙的弹性嵌固支承（搭接连接）。墙体内、外侧贯通纵筋在板中锚固 $15d$，钢筋在墙体的连接区内采用搭接、机械连接或焊接。内、外侧竖向非贯通筋在底部锚入基础中，伸入墙中 $H_n/3$。中间层外侧竖向非贯通筋长度为 $2×H_n/3＋$板厚。内侧竖向非贯通筋在底部锚入基础中，伸入墙中 $H_n/4$。中间层外侧竖向非贯通筋长度为 $2×H_n/4＋$板厚。

5.2.3　剪力墙钢筋计算

1. 剪力墙竖向钢筋计算

剪力墙插筋是剪力墙钢筋与基础梁或基础板的锚固钢筋，包括垂直长度和锚固长度两部分。

（1）剪力墙基础层插筋计算。

1）剪力墙墙身竖向插筋长度计算。剪力墙基础层保护层厚度＞$5d$，插筋采用绑扎连接时，钢筋构造图如图 5-21 所示。当基础高度满足直锚时，钢筋构造如图

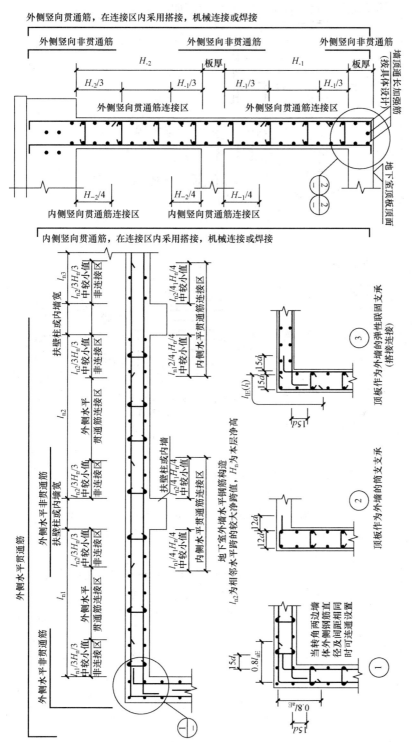

图 5 - 20　地下室外墙钢筋构造图

5-21（a）所示。当基础高度满足直锚时，钢筋构造如图 5-21（b）所示。

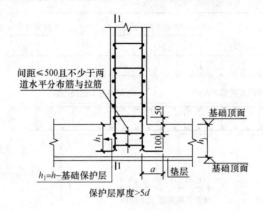

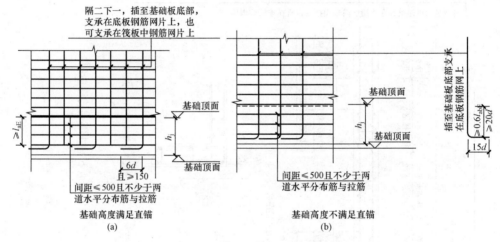

图 5-21　剪力墙基础插筋构造图

基础层剪力墙插筋长度（带弯折）＝弯折长度＋垂直锚固长度＋搭接长度 $1.2l_{aE}$

基础层剪力墙插筋长度（无弯折）＝垂直锚固长度＋搭接长度 $1.2l_{aE}$

当采用焊接、机械连接时，钢筋搭接长度不计，剪力墙基础插筋长度为：

基础层剪力墙插筋长度＝弯折长度＋锚固竖直长度＋钢筋出基础长度 500 mm

基础层剪力墙插筋长度（无弯折）＝垂直锚固长度＋500mm

通常在工程预算中计算钢筋重量时，一般不考虑钢筋错层搭接问题，因为错层搭接对钢筋总重量没有影响。

2）剪力墙墙身竖向插筋根数计算。剪力墙墙身竖向钢筋在基础中插筋布置距离暗柱边缘为竖筋间距。

剪力墙插筋根数＝（墙净长－2×插筋间距）/插筋间距

＝（墙长－两端边缘构件截面长－2×插筋间距）/插筋间距

（2）中间层剪力墙竖向钢筋计算。中间层剪力墙竖向钢筋布置分为有洞口和无洞口两种情况。无洞口时，钢筋布置如图 5-22 所示。有洞口时，竖向钢筋连续贯穿边框梁和暗梁，布置图见图 5-23 所示。

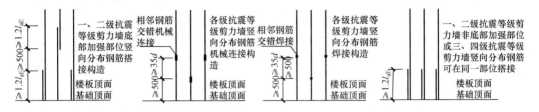

图 5-22　中间层剪力墙竖向钢筋布置图

无洞口时，中间层竖向钢筋绑扎连接长度＝层高＋搭接长度 $1.2l_{aE}$

中间层竖向钢筋焊接、机械连接长度＝层高＋搭接长度 $500mm＋35d$

剪力墙墙身有洞口时，墙身竖向钢筋在洞口上下两边截断，分别横向弯折 $15d$。

竖向钢筋长度＝该层内钢筋净长＋弯折长度 $15d$＋搭接长度 $1.2l_{aE}$

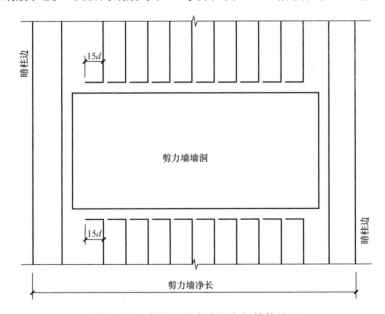

图 5-23　有洞口剪力墙竖向钢筋构造图

（3）顶层剪力墙竖向钢筋计算。顶层剪力墙竖向钢筋应在板中进行锚固，当纵筋在边框梁中锚固长度满足 l_{aE} 时，纵向钢筋可不需弯锚，如图 5-24（c）所示。当剪力墙上端不存在边框梁或在边框梁中锚固长度不满足 l_{aE} 时，纵向钢筋在板中锚固长度为 $12d$，当考虑屋面板上部钢筋与剪力墙外侧竖向钢筋搭接传力时锚固长度为 $15d$。

顶层竖向钢筋＝层高－板保护层厚度＋$12d$（$15d$）

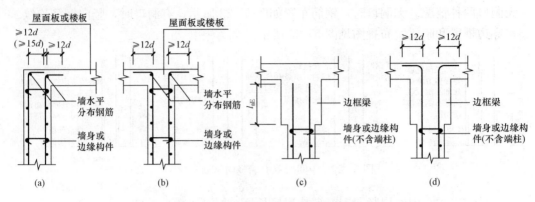

图 5 - 24　剪力墙竖向钢筋顶部构造图

(a)，(b) 构造图；(c) 梁高度满足直锚要求时；(d) 梁高度不满足直锚要求时

注：图 (a) 中括号内数值是考虑屋面板上部钢筋与剪力墙外侧竖向钢筋搭接传力时做法

（4）纵筋根数。

纵筋根数同基础插筋根数。

2. 剪力墙水平钢筋计算

（1）剪力墙水平筋构造。

1）剪力墙端部构造。剪力墙端部有暗柱或无暗柱时，水平分布钢筋构造如图 5 - 25 所示。当剪力墙端部无暗柱时，水平分布钢筋在墙端部弯折 $10d$。当剪力墙端部有暗柱时，水平分布钢紧贴角筋内侧弯折 $10d$。

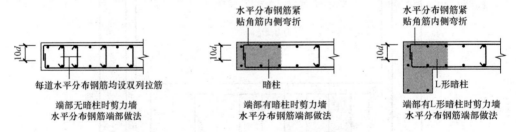

图 5 - 25　剪力墙端部水平分布钢筋构造

2）转角剪力墙水平分布钢筋构造。转角剪力墙水平分布钢筋构造有多种，具体工程根据设计说明选用。

①当剪力墙转角处有暗柱，剪力墙内侧水平分布钢筋在剪力墙转角处断开搭接，在暗柱中弯折 $15d$。当 $A_{s1} \leqslant A_{s2}$ 时，外侧钢筋在转角处可以连续通过暗柱，上、下相邻两层水平分布筋在转角配筋量较小一侧交错搭接，并在暗柱外搭接，搭接长度 $\geqslant 1.2 l_{aE}$。如图 5 - 26 中转角墙构造（一）所示。

②当 $A_{s1} = A_{s2}$ 时，外侧水平分布筋可在剪力墙转角两侧交错搭接，并在暗柱外两边搭接，搭接长度 $\geqslant 1.2 l_{aE}$。剪力墙内侧水平分布钢筋在剪力墙转角处断开搭

接，在暗柱中弯折 $15d$。如图 5‑26 中转角墙构造（二）所示。

③剪力墙外侧水平钢筋在转角暗柱处搭接，伸过转角暗柱后伸过长度 $0.8l_{aE}$。剪力墙内侧水平分布钢筋在剪力墙转角处断开搭接，在暗柱中弯折 $15d$。如图 5‑26 中转角墙构造（三）所示。

④剪力墙有斜交转角暗柱时，外侧水平钢筋连续通过转角墙，内侧转角暗柱处搭接，剪力墙内侧水平分布钢筋在剪力墙转角处断开搭接，并在暗柱中伸至墙对侧并弯折 $15d$。如图 5‑26 中斜交转角墙构造所示。

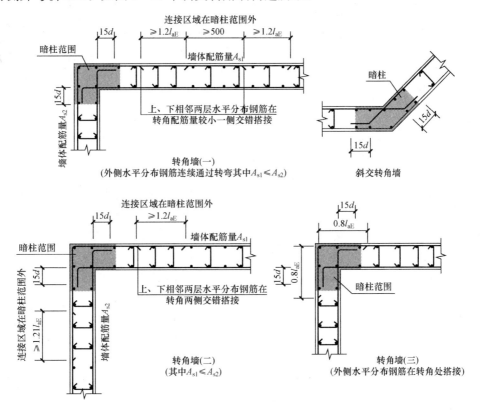

图 5‑26　转角剪力墙水平分布钢筋构造

3）剪力墙水平分布钢筋在端柱中构造。

①当剪力墙转角处有端柱，如图 5‑27 端柱转角墙构造（一），两侧墙与端柱外边平齐时，剪力墙内侧水平分布钢筋在剪力墙转角处断开搭接。在端柱中紧贴柱角筋弯折 $15d$。剪力墙外侧钢筋伸入端柱转角处长度大于等于 $0.6l_{abE}$ 后断开，并交叉锚固 $15d$。

②当剪力墙转角处有端柱，如图 5‑27 端柱转角墙构造（二），一侧墙与柱边平齐时，剪力墙外侧、内侧水平分布钢筋伸入端柱长度大于等于 $0.6l_{abE}$ 后在剪力墙端柱中断开，并在端柱中紧贴柱角筋弯折 $15d$。与端柱外边不对齐的一侧剪力

墙，剪力墙外侧、内侧水平分布钢筋伸入端柱对边钢筋内侧后截断弯折15d。

③当剪力墙转角处有端柱，如图5-27端柱转角墙构造（三），一侧墙与柱边平齐时，剪力墙外侧、内侧水平分布钢筋伸入端柱长度大于等于0.6l_{abE}后在剪力墙端柱中断开，并在端柱中紧贴柱角筋弯折15d。另一侧剪力墙与端柱内侧边对齐的，剪力墙外侧、内侧水平分布钢筋伸入端柱对边钢筋内侧后截断弯折15d。

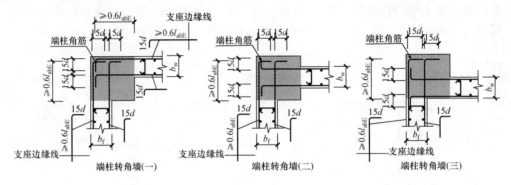

图5-27 端柱转角墙构造

4）剪力墙端柱翼墙构造。剪力墙端柱翼墙钢筋贯通或分别锚固于端柱内，直锚长度l_{aE}，另一侧墙钢筋伸至端柱对边钢筋内侧，并在端柱中锚固15d。如图5-28所示。

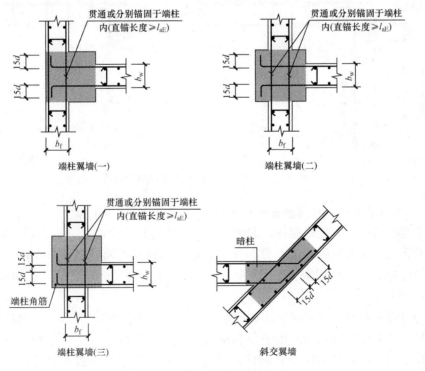

图5-28 剪力墙端柱翼墙构造

5）剪力墙端柱端部墙构造。当剪力墙端柱端部墙垂直与端柱相交，并位于端柱中间，墙钢筋伸入端柱边，并弯折 $15d$。当剪力墙端柱端部墙垂直与端柱相交，并与端柱一边平齐，墙钢筋伸入端柱内长度大于等于 $0.6l_{abE}$，并向柱内侧弯折 $15d$。如图 5-29 所示。

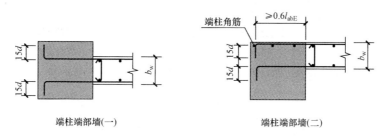

端柱端部墙(一)　　　　端柱端部墙(二)

图 5-29　剪力墙端柱端部墙构造

6）剪力墙翼墙构造。剪力墙翼墙构造如图 5-30 所示。翼墙节点处设置有暗柱，翼墙水平筋连续通过暗柱，与翼墙垂直的墙肢中水平筋伸至暗柱边缘后截断后锚固 $15d$，如图 5-30 翼墙构造一。两边翼墙截面尺寸变化时，可选用 5-30 翼墙二、三构造图，当截面 $(b_{w1}-b_{w2})$／垂直墙肢宽 $b \leqslant 1/6$ 时，翼墙钢筋倾斜连续通过变截面处，如图 5-30 构造三所示。当截面 $(b_{w1}-b_{w2})$／垂直墙肢宽 $b>1/6$ 时，较宽翼墙变截面处钢筋截断，并弯折 $15d$，较窄翼墙变截面处钢筋伸入较宽墙段锚固 $1.2l_{aE}$ 后截断，如图 5-30 构造二所示。

基础层剪力墙水平筋分内侧钢筋、中间钢筋和外侧钢筋。根据图纸设计剪力墙转角处构造不同，其内侧钢筋在剪力墙转角处截断并锚固 $15d$，外侧钢筋在转角处构造不同，可以连续通过，也可以断开搭接。

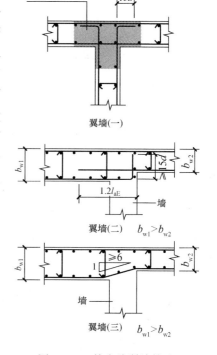

翼墙(一)

翼墙(二)　　$b_{w1}>b_{w2}$

翼墙(三)　　$b_{w1}>b_{w2}$

图 5-30　剪力墙翼墙构造

1）外侧钢筋连续通过。

外侧钢筋长度＝墙长－保护层×2＋锚固长度

　　内侧钢筋＝墙长－保护层＋$15d$×2

2）外侧钢筋不连续通过。

　　外侧钢筋长度＝墙长－保护层×2＋$0.6l_{abE}$×2

　　内侧钢筋长度＝墙长－保护层＋$15d$×2（弯折）

如果剪力墙存在多排垂直筋和水平钢筋时，其中间水平钢筋在拐角处的锚固措施同该墙的内侧水平筋的锚固构造。

（2）基础层剪力墙水平筋的根数。

$$基础层水平钢筋根数＝层高/间距＋1$$

部分设计图纸，明确表示基础层剪力墙水平筋的根数，也可以根据图纸实际根数计算。

（3）中间层剪力墙水平筋计算。当剪力墙中无洞口时，中间层剪力墙中水平钢筋设置同基础层，钢筋长度计算同基础层。当剪力墙墙身有洞口时，墙身水平筋在洞口左、右两边截断，分别向下弯折 15d。如图 5 - 31 所示。

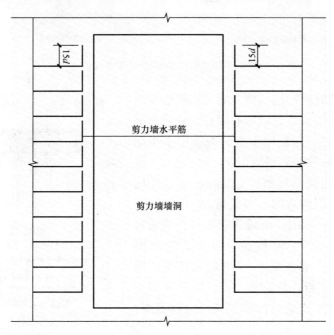

剪力墙水平筋

剪力墙墙洞

图 5 - 31　有洞口剪力墙水平钢筋构造图

洞口水平钢筋长度＝该层内钢筋净长＋弯折长度 15d

（4）剪力墙拉筋计算。剪力墙中拉筋设置应按照设计图纸布置，拉筋形状同连梁拉筋。墙内拉筋呈双向布置或梅花型布置。

1）拉筋长度。

拉筋同时勾住墙竖向钢筋和墙水平钢筋。

$$拉筋长度＝(b－保护层厚度×2)＋1.9d×2$$
$$＋\max(10d, 75mm)×2$$
$$＝(b－保护层厚度×2)＋1.9d×2＋\max(10d, 75mm)×2$$

式中，d—拉筋直径，b—墙宽。

2）拉筋根数计算。

a. 基础层拉筋根数计算。

基础层拉筋根数决定于基础墙水平钢筋排数。

$$拉筋根数＝拉筋排数×每排拉筋根数$$

其中，拉筋排数＝基础水平筋排数。

每排拉筋根数＝（基础墙净长－剪力墙竖向筋间距）/拉筋间距（取整）＋1

b. 中间层、顶层拉筋根数计算。

中间层剪力墙拉筋呈梅花型布置，剪力墙拉筋根数的计算方法见下式：

拉筋根数＝（墙总面积－门洞面积－窗洞面积－窗下面积－连梁面积
　　　　　－暗柱面积）/（间距×间距）＝墙净面积/拉筋的布置面积

c. 梅花状拉筋根数计算。

设剪力墙净高度为 H，水平筋沿高度间距为 h，剪力墙净长度为 L，竖向筋沿长度间距为 l，如果拉筋按 2 倍间距呈梅花状设置，则拉筋数量：

$$n = [(H-2h)/2h+1] \times [(L-2l)/2l+1] + [(H-4h)/2h+1]$$
$$\times [(L-4l)/2l+1]$$

如拉筋从第二排布置且呈梅花状设置，则拉筋数量：

$$n = (H/2h+1) \times (L/2l+1) + [(H-2h)/2h+1] \times [(L-2l)/2l+1]$$

例：某剪力墙净高度为 $H=4000\text{mm}$，水平筋沿高度间距为 $h=200\text{mm}$，剪力墙净长度为 $L=4000\text{mm}$，竖向筋沿长度间距为 $l=200\text{mm}$，设拉筋按 2 倍间距呈梅花状设置，计算拉筋数量。

$$拉筋数量 \ n = (4000/400+1) \times (4000/400+1) + [(4000-400)/400+1]$$
$$\times [(4000-400)/400+1]$$
$$= (10+1) \times (10+1) + (9+1) \times (9+1)$$
$$= 11 \times 11 + 10 \times 10$$
$$= 221（根）$$

（5）剪力墙变截面钢筋计算。变截面剪力墙竖向钢筋布置分四种情况，如图 5-30 所示。当剪力墙上、下部单面宽度差为 Δ，且 Δ≤30mm，当变截面处高度 $h \geq 6\Delta$，剪力墙纵筋连续通过变截面处，变截面处钢筋长度 $l = \sqrt{h^2 + \Delta^2}$，如图 5-32（c）所示。

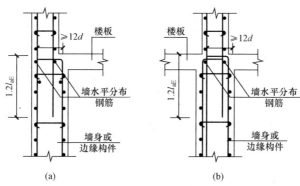

图 5-32　剪力墙变截面处竖向钢筋构造图（一）

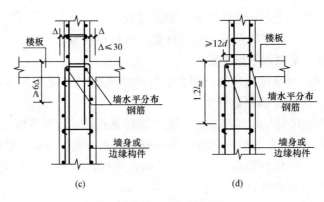

图 5-32　剪力墙变截面处竖向钢筋构造图（二）

当 $\Delta \geqslant 30mm$ 时，且剪力墙一边截面变化，下部变截面钢筋在墙板相交处板顶部截断后锚固 $12d$，上部墙钢筋插入墙下部 $1.2l_{aE}$。截面宽度不变的一面墙纵筋连续通过，变截面剪力墙竖向钢筋构造如图 5-32（a）、（d）所示。

当 $\Delta \geqslant 30mm$ 时，且剪力墙两面截面均变化，剪力墙下部变截面钢筋在墙板相交处板顶部截断后锚固 $12d$，上部墙钢筋插入墙下部 $1.2l_{aE}$。变截面剪力墙竖向钢筋构造如图 5-32（b）所示。

5.3　剪力墙钢筋工程量计算实例

已知：某剪力墙配筋如图 5-33 所示，三级抗震，C25 混凝土，基础底面钢筋的保护层厚度取 40mm，各层楼板厚度均为 100mm，剪力墙竖向钢筋采用绑扎连接。柱保护层厚度 25mm，墙、板保护层厚度 15mm。计算图中剪力墙 GDZ2、Q2 钢筋的工程量。纵向受力钢筋的最小锚固长度 l_{aE}、l_a、最小搭接长度 l_{lE} 及 l_l 见 16G101-1 图集第 57~61 页。楼层参数见表 5-9。

表 5-9　　　　　　　　　　某剪力墙楼层相关数据

楼层	顶标高/m	层高/mm	板厚/mm
3（顶层）	9.850	3000	100
2	6.850	3600	100
1	3.550	3600	100
−1	−0.05	4200	100
基础	−4.250	筏板基础厚 500	—

基础插筋计算之前，查 16G101-1 图集，得出 $\oplus$ 钢筋锚固长度为 $35d$，$20d = 440mm \leqslant h_j = 500mm < 35 \times 22 = 770$（mm），基础插筋末端弯折长度为 $15d = 15 \times 22 = 330$（mm）。剪力墙钢筋计算表见表 5-10。

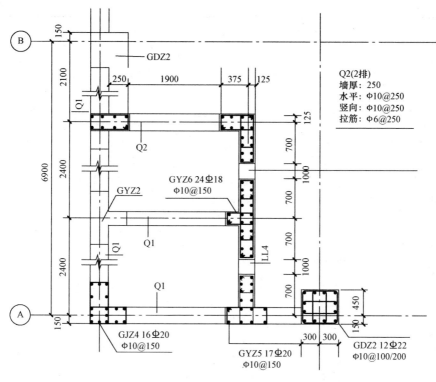

图 5 - 33 剪力墙配筋图

表 5 - 10			剪力墙钢筋计算表						
构件名称		GDZ2		构件数量		1	质量	Φ 10：0.419 t	Φ 22：0.564 t
基础层				Φ 10：7.354kg；Φ 22：59.978kg					
钢筋类型	钢筋直径	钢筋形状		长度/mm		根数	总长度/m	理论质量/(kg/m)	质量/kg
纵筋	Φ22	└___		$500-40+15\times22+500$ $=1290$		6	7.74	2.984	23.096
纵筋	Φ 22	└___		$500-40+15\times22+500+$ $35\times22=2060$		6	12.36	2.984	36.882
箍筋 1	Φ 10	▢		$(600-2\times25)\times4+11.9\times$ $10\times2=2438$		2	4.876	0.617	3.008

续表

构件名称	GDZ2		构件数量	1	质量	Φ10：0.419 t	Φ22：0.564 t
基础层			Φ10：7.354kg；Φ22：59.978kg				
钢筋类型	钢筋直径	钢筋形状	长度/mm	根数	总长度/m	理论质量/(kg/m)	质量/kg
箍筋2	Φ10		$[(600-2\times25-2\times10-22)/3+22+10\times2)]\times2+(600-2\times25)\times2+11.9\times10\times2=1761$	4	7.044	0.617	4.346
一1层			Φ10：124.351kg；Φ22：148.404kg				
纵筋	Φ22		$4150-1270+500+35\times22=4150$	12	49.8	2.984	148.404
箍筋1	Φ10		$2\times[(600-2\times25)+(600-2\times25)]+2\times(11.9\times10)=2438$	33	80.454	0.617	49.64
箍筋2	Φ10		$[(600-2\times25-2\times10-22)/3+22+10\times2)]\times2+(600-2\times25)\times2+11.9\times10\times2=1761$	66	116.226	0.617	74.711
首层、二层			Φ10：102.965×2=205.93kg；Φ22：128.736×2=257.472kg				
纵筋	Φ22		$3600-1270+500+35\times22=3600$	12	43.2	2.984	128.736
箍筋1	Φ10		$2\times[(600-2\times25)+(600-2\times25)]+2\times(11.9\times10)=2438$	28	68.264	0.617	42.119
箍筋2	Φ10		$[(600-2\times25-2\times10-22)/3+22+10\times2)]\times2+(600-2\times25)\times2+11.9\times10\times2=1761$	56	98.616	0.617	60.846
顶层			Φ10：80.901kg；Φ22：98.447kg				
纵筋1	Φ22		$3000-500+29\times22=3138$	6	3.138	2.984	56.107

构件名称		GDZ2	构件数量	1	质量	Φ 10: 0.419 t	Φ 22: 0.564 t
顶层			Φ 10: 80.901kg; Φ 22: 98.447kg				
钢筋类型	钢筋直径	钢筋形状	长度/mm	根数	总长度/m	理论质量/(kg/m)	质量/kg
纵筋2	Φ 22		3000－1270＋29×22＝2368	6	2.368	2.984	42.34
箍筋1	Φ 10		2×［(600－2×25)＋(600－2×25)］＋2×(11.9×10)＝2438	22	53.636	0.617	33.093
箍筋2	Φ 10		［(600－2×25－2×10－22)/3＋22＋10×2)］×2＋(600－2×25)×2＋11.9×10×2＝1761	44	77.484	0.617	47.808

构件名称		Q2	构件数量	1	质量	Φ 10: 0.443t	
基础层			Φ 10: 22.891kg				
钢筋类型	钢筋直径	钢筋形状	长度/mm	根数	总长度/m	理论质量/(kg/m)	质量/kg
墙在基础左侧水平筋1	Φ 10		2900－15＋36×10/2－15＋6.25×10＝3113	2	6.226	0.617	3.841
基础右侧水平筋2	Φ 10		2400＋250－15＋15×10＋250－15＋15×10＋12.5×10＝3295	2	6.59	0.617	4.066
墙身左侧插筋.1	Φ 10		1.2×30×10＋500－40＋6×10＋12.5×10＝1005	4	4.02	0.617	2.48
墙身左侧插筋.2	Φ 10		500＋1.2×30×10＋1.2×30×10＋500－40＋6×d＋12.5×10＝1865	4	7.4	0.617	4.603
墙身右侧插筋.1	Φ 10		500＋1.2×30×10＋1.2×30×10＋500－40＋6×d＋12.5×10＝1865	4	7.46	0.617	4.603

构件名称	GDZ2	构件数量	1	质量	Φ10: 0.419 t	Φ22: 0.564 t

基础层			Φ10: 22.891kg			

钢筋类型	钢筋直径	钢筋形状	长度/mm	根数	总长度/m	理论质量/(kg/m)	质量/kg
墙身右侧插筋.2	Φ10		$1.2 \times 30 \times 10 + 500 - 40 + 6 \times 10 + 12.5 \times 10 = 1005$	4	4.02	0.617	2.48
墙身拉筋.1	Φ10		$(250 - 2 \times 15) + 2 \times (11.9 \times 10) = 458$	8	3.664	0.617	2.261
一1层			Φ10: 119.172kg				
墙身水平钢筋.1	Φ10		$2900 - 15 + 36 \times 10/2 - 15 + 6.25 \times 10 = 3113$	18	56.034	0.617	34.573
墙身水平钢筋.2	Φ10		$2400 + 250 - 15 + 15 \times 10 + 250 - 15 + 15 \times 10 + 12.5 \times 10 = 3295$	18	59.31	0.617	36.594
墙身垂直钢筋.1	Φ10		$4150 + 1.2 \times 10 \times 30 + 12.5 \times 10 = 4635$	16	74.16	0.617	45.757
墙身拉筋.1	Φ10		$(250 - 2 \times 15) + 2 \times (11.9 \times 10) = 458$	22	10.076	0.617	6.217
首层、二层			Φ10: 108.956×2=217.912kg				
墙身水平钢筋.1	Φ10		$2900 - 15 + 36 \times 10/2 - 15 + 6.25 \times 10 = 3113$	16	49.808	0.617	30.732
墙身水平钢筋.2	Φ10		$2400 + 250 - 15 + 15 \times 10 + 250 - 15 + 15 \times 10 + 12.5 \times 10 = 3295$	16	59.72	0.617	32.528
墙身垂直钢筋.1	Φ10		$3600 + 1.2 \times 10 \times 30 + 12.5 \times 10 = 4085$	16	65.36	0.617	40.327
墙身拉筋.1	Φ10		$(250 - 2 \times 15) + 2 \times (11.9 \times 10) = 458$	19	8.702	0.617	5.369

构件名称	GDZ2		构件数量	1	质量	Φ 10：0.419 t	Φ 22：0.564 t
三层			Φ 10：83.364kg				

钢筋类型	钢筋直径	钢筋形状	长度/mm	根数	总长度/m	理论质量/(kg/m)	质量/kg
墙身水平钢筋.1	Φ 10		$2900-15+36×10/2-15+6.25×10=3113$	13	3.113	0.617	40.469
墙身水平钢筋.2	Φ 10		$2400+250-15+15×10+250-15+15×10+12.5×10=3295$	13	3.295	0.617	42.835
墙身垂直钢筋.1	Φ 10		$3000-15+10×10+12.5×10=3210$	8	3.21	0.617	25.68
墙身垂直钢筋.2	Φ 10		$3000-500-1.2×30×10-15+10×10+12.5×10=235$	8	2.35	0.617	18.8
墙身拉筋.1	Φ 10		$（250-2×15）+2×(11.9×10)=458$	16	0.458	0.617	7.328

第6章　钢筋混凝土基础钢筋工程量计算

钢筋混凝土基础包括混凝土独立基础、混凝土条形基础、混凝土满堂基础、桩基础等结构形式。

6.1　独立基础

当建筑物上部结构采用框架结构或单层排架结构承重时，基础常采用矩形独立式基础，这类基础称为独立基础，是结构构件下的无筋或配筋基础。一般是指结构柱基。独立基础一般布置在十字轴线交点上，有时也跟其他条形基础相连，但是截面尺寸和配筋不尽相同。基础内纵横两方向配筋都是受力钢筋，且长方向钢筋一般布置在下面。

常见独立基础分阶形基础、坡形基础、杯形基础三种形式。底面一般为矩形或正方形，为双向受力构件。独立基础通常为单柱独立基础，也可为多柱独立基础（三柱或四柱），多柱独立基础的编号、几何尺寸和配筋的标注方法与单柱独立基础相同。当为双柱独立基础且柱距较小时，通常仅配置基础底部钢筋；当柱距较大时，除基础底部配筋外，尚需在两柱间配置基础顶部钢筋或设置基础梁，当为四柱独立基础时，通常可设置两道平行的基础梁，需要时可在两道基础梁之间配置基础顶部钢筋，通常对称分布在双柱中心线两侧。注写时以"T"打头，注写为：双柱间纵向受力钢筋/分布钢筋。当纵向受力钢筋在基础底板顶面非满布时，应注明其总根数。如 T9 Φ 18 @100/ϕ 10/200，表示独立基础顶部配置纵向受力钢筋 HRB400 级，直径为 Φ 18 设置 9 根，间距 100；分布筋 HPB300 级，直径为 10，间距 200。

独立基础钢筋包括：基础底面受力钢筋、基础插筋或多柱独立基础的顶部钢筋等，如图 6-1 所示。

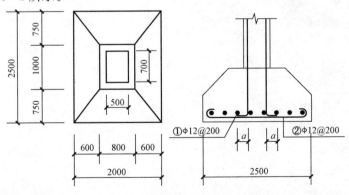

图 6-1　独立基础配筋图（一）

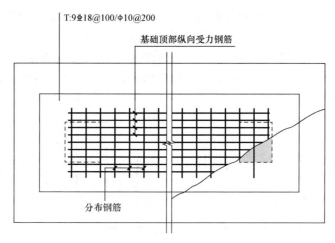

图 6-1　独立基础配筋图（二）

6.1.1　独立基础平法标注

独立基础平面注写方式，分为集中标注和原位标注两部分内容。

1. 独立基础集中标注

独立基础集中标注系在基础平面图上集中引注：基础编号、截面竖向尺寸、配筋三项必注内容，以及基础底面标高（与基础底面标准标高不同时）和必要的文字注解两项选注内容。独立基础编号如表 6-1 所示。

表 6-1　　　　　　　　独立基础编号

类型	基础地板截面形状	代号	序号	说明
普通独立基础	阶形	DJ_J	××	1. 单阶截面即为平板独立基础。 2. 坡形截面基础地板可为四坡、三坡、双坡及单坡
	坡形	DJ_P	××	
杯口独立基础	阶形	BJ_J	××	
	坡形	BJ_P	××	

（1）阶形截面编号为：$DJ_J××$，$BJ_J××$。坡型截面编号加下标"P"，如 $DJ_P××$，$BJ_P××$。

（2）注写独立基础截面竖向尺寸：普通独立基础注写时，各阶尺寸自下而上用"/"分开，应为：$h_1/h_2/h_3\cdots$。

（3）注写杯口独立基础截面竖向尺寸：其竖向尺寸分两组，一组表达杯口内，注写为：a_0/a_1，a_0 表示杯口深度，a_1 表示杯底厚度，另一组表示基础外部高度，自下而上为：$h_1/h_2/h_3/\cdots$。

2. 独立基础原位标注

独立基础原位标注系在基础平面布置图上标注独立基础的平面尺寸。对相同编号的基础，可选择一个进行原位标注；当平面图形较小时，可将所选定进行原位标注的基础按比例适当放大，其他相同编号者仅注编号。

（1）矩形独立基础。原位标注 x、y，x_c、y_c（或圆柱直径 d_c），x_i、y_i，i＝1，2，3，…。其中 x，y 为普通独立基础两向边长，x_c、y_c 为柱截面尺寸，x_i、y_i 为阶宽或坡形平面尺寸。如图 6-2 所示。

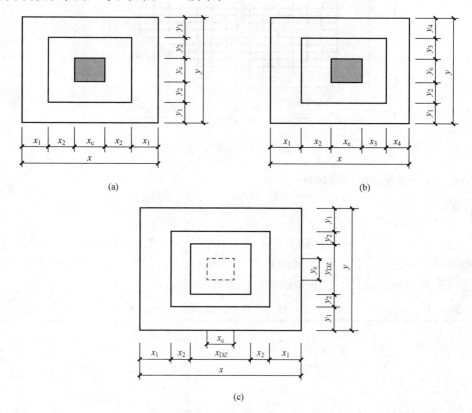

图 6-2 矩形独立基础原位标注图

（a）对称阶形截面普通独立基础原位标注图；（b）非对称阶形截面普通独立基础原位标注图；

（c）带短柱独立基础原位标注图

（2）坡型独立基础。对称坡型截面独立基础的原位标注如图 6-3（a）所示，非对称坡型截面独立基础的原位标注如图 6-3（b）所示。

（3）杯形独立基础。原位标注 x、y，x_u、y_u，t_i，x_i、y_i，i＝1，2，3，…。其中，x、y 为杯口独立基础两向边长，x_u、y_u 为杯口上口尺寸，t_i 为杯壁厚度，x_i、y_i 为阶宽或坡形截面尺寸。杯口上口尺寸 x_u、y_u，按柱截面边长两侧双向各加 75mm，杯口下口尺寸按标准构造详图（为插入杯口的相应柱截面边长尺寸，每边各加 50mm），设计不注。杯口独立基础平面注写如图 6-4 所示。

（4）集中标注与原位标注综合设计表达。独立基础集中标注与原位标注综合

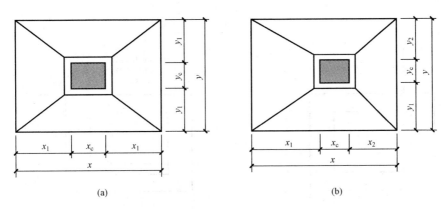

图 6-3　坡型截面独立基础的原位标注图

（a）对称坡型截面独立基础；（b）非对称坡型截面独立基础

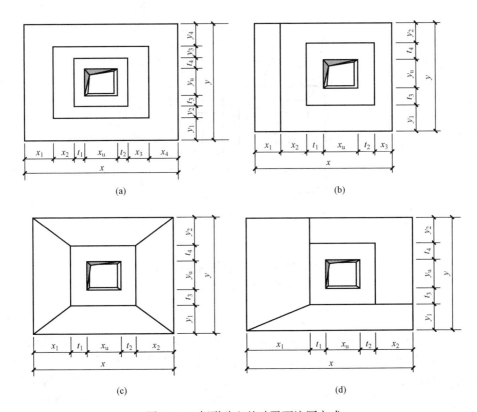

图 6-4　杯形独立基础平面注写方式

（a）对称性阶形普通独立基础；（b）非对称性阶形普通独立基础

（c）对称性阶形普通独立基础；（d）非对称性阶形普通独立基础

设计表达是在平面图上将基础独立标注与原位标注合并在一起表示基础设计信息，如图 6-5 所示。独立基础平法施工图平面注写方式如图 6-6 所示。

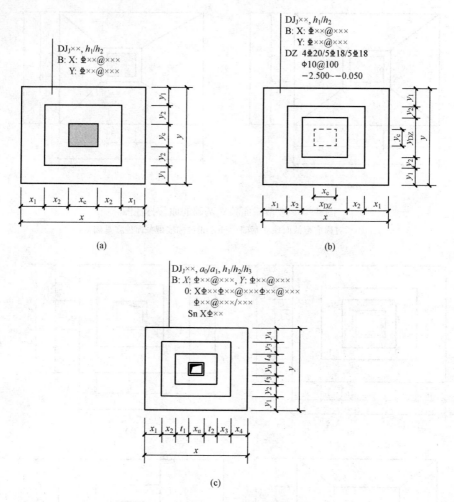

图 6-5 普通独立基础平面注写方式

（a）普通独立基础平面注写；（b）带短柱普通独立基础平面注写；（c）杯口独立基础平面注写方式

3. 注写独立基础配筋

（1）普通独立基础和杯口独立基础底板的底部双向配筋注写。以 B 代表各种独立基础底板的底部配筋，x 向配筋以 X 打头，y 向配筋以 Y 打头注写，当两向配筋相同时，则以 X&Y 打头注写，当基础底板底部的短向钢筋采用两种配筋值时，先注写较大配筋，在"/"后再注写较小配筋。当圆形独立基础采用双向正交配筋时，则以 X&Y 打头注写，当采用放射状配筋时以 R_S 打头，先注写径向受力钢筋，并在"/"后注写环向配筋。

当独立基础底板配筋标注为：B：XΦ 16@150，YΦ 16@200，表示基础底板底部配置 HRB400 级钢筋，x 向钢筋直径为 16mm，间距 150mm；y 向钢筋为 16mm，间距 200mm。

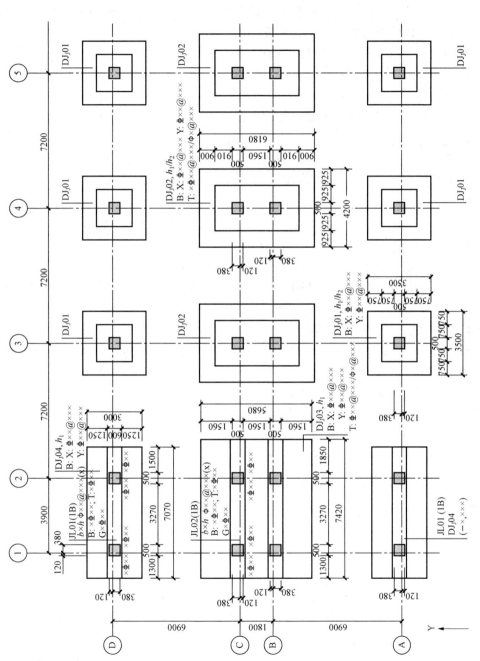

图 6 - 6　独立基础平法施工图平面注写方式

（2）杯口独立基础顶部焊接钢筋网注写。高杯口独立基础应配置顶部钢筋网，以 S_n 打头引注杯口顶部焊接钢筋网的各边钢筋。

（3）注写高杯口独立基础的杯壁外侧和短柱配筋。以〇代表杯壁外侧和短柱配筋，先注写杯壁外侧和短柱竖向纵筋，再注写横向箍筋注写为："〇：角筋/X 边中部筋/Y 边中部筋，箍筋（φ 10@150/300）"。

（4）注写基础底面相对标高高差。当独立基础的底面标高与基础底面基准标高不同时，应将独立基础底面相对标高高差注写在"（ ）"内。

（5）必要的文字注解。当独立基础的设计有特殊要求时，宜增加必要的文字注解。

普通独立基础和杯口独立基础的原位标注，系在基础平面布置图上标注独立基础的平面尺寸。对相同编号的基础，可选择一个进行原位标注。

6.1.2 独立基础截面注写方式

独立基础截面注写方式，可分为截面标注和列表注写两种表达方式。采用截面注写方式，应在基础平面布置图上对所有基础进行编号，对单个基础进行截面标注的内容与形式，与传统的"单构件正投影表示方法"基本相同，对多个同类基础，可采用列表注写（结合截面示意图）的方式集中表达。对多个同类型基础，可采用列表注写的方式进行集中表达，注明独立基础编号、几何尺寸、配筋等信息。

6.1.3 独立基础钢筋工程量计算

独立基础钢筋包括：受力钢筋、柱插筋两种，受力钢筋中 x 向、y 向分别设置。柱插筋在柱钢筋计算中已经计算，此处不再讲述。

基础底部受力钢筋配筋构造如图 6-7 所示。

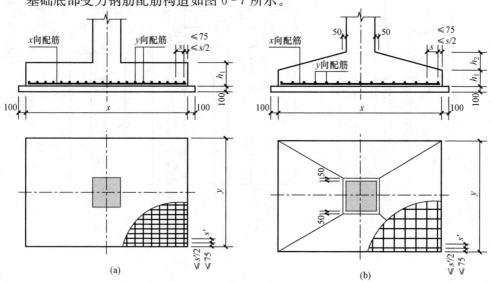

图 6-7 独立基础底板配筋构造

（a）阶形；（b）坡形

$$钢筋长度（x方向）＝基础长度 x－2×保护层厚度＋2×6.25$$
$$×钢筋直径（HRB300 钢筋计算）$$
$$钢筋长度（y方向）＝基础长度 y－2×保护层厚度＋2×6.25$$
$$×钢筋直径（HRB300 钢筋计算）$$

下层钢筋根数（x方向）＝（基础宽度 y－y 方向钢筋间距 s'）/钢筋间距（取整）＋1
上层钢筋根数（y方向）＝（基础宽度 x－x 方向钢筋间距 s）/钢筋间距（取整）＋1

$$钢筋质量＝钢筋长度×钢筋根数×钢筋理论重量$$

当独立基础宽度底板长度大于等于 2500mm 时，除外侧钢筋外，底板钢筋长度可取相应方向底板长度的 0.9 倍，交错放置。当非对称独立基础底板长度大于等于 2500mm 时，但该基础某侧从柱中心至基础底板边缘的距离小于 1250mm 时，钢筋在该侧不应减短。如图 6-8 所示。

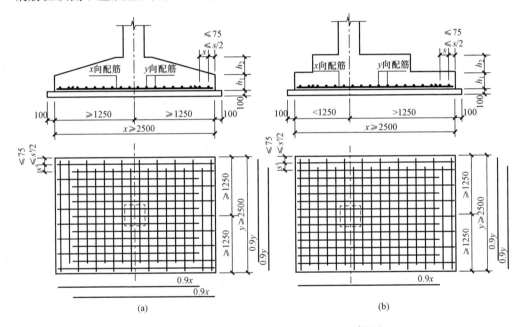

图 6-8　独立基础底板配筋长度减短 10%构造

（a）对称独立基础；（b）非对称独立基础

$$边缘钢筋长度（x方向）＝基础长度－2×保护层厚度＋6.25×2$$
$$×钢筋直径（HPB300 钢筋计算）$$

边缘钢筋根数：2 根

$$中间钢筋长度（x方向）＝基础长度 x×0.9$$
$$钢筋长度（y方向）＝基础长度 y×0.9$$

下层钢筋根数（x方向）＝（基础宽度 y－y 方向钢筋间距 s'）/钢筋间距（取整）－1
上层钢筋根数（y方向）＝（基础宽度 x－x 方向钢筋间距 s）/钢筋间距（取整）－1

钢筋质量＝钢筋长度×钢筋根数×钢筋理论质量

6.2 条 形 基 础

条形基础是基础长度远远大于宽度的一种基础形式。按上部结构分为墙下条形基础和柱下条形基础。墙下条形基础是承重墙基础的主要形式。所用材料一般为砖、毛石、三合土或灰土等，当上部结构荷载较大或地基较差时可采用混凝土或钢筋混凝土条形基础。墙下钢筋混凝土条形基础一般做成无肋式，但若地基土质不均匀，为了增强基础整体性，减小不均匀沉降，也可做成有肋式的条形基础。柱下条形基础：柱下条形基础又叫柱下钢筋混凝土条形基础。当上部结构荷载较大或地基土层软弱时，如柱下仍采用独立基础，基础底面积必然很大而相互靠得很近，此时可将同一排的柱基础连通做钢筋混凝土条形基础。

混凝土条形基础整体上分为两类：梁板式条形基础和板式条形基础。梁板式条形基础适用于钢筋混凝土框架结构、框架—剪力墙结构、框支结构和钢结构。平法施工图中将梁板式条形基础分成基础梁和条形基础底板分别进行表达。板式条形基础适用于钢筋混凝土剪力墙结构和砌体结构。

条形基础编号分为基础梁、基础圈梁编号和条形基础底板编号，按表6-2进行编号。

表6-2　　　　　　　　　　　　　　条形基础梁及底板编号

类型		代号	序号	跨数及是否有外伸
基础梁		JL	××	（××）表示端部无外伸
条形基础底板	坡形	TJB$_P$	××	（××A）表示一端有外伸
	阶形	TJB$_J$	××	（××B）表示两端有外伸

6.2.1　基础梁的平面注写

基础梁JL的平面注写包括：集中标注和原位标注两部分内容。当集中标注的某项数值不适用于基础梁的某部位时，则将该项数值采用原位标注，施工时，原位标注优先。

1. 集中注写

集中标注内容为：基础梁编号、截面尺寸、配筋三项比注内容，选注值为基础梁底面标高与基础底面基准标高不同时的相对标高高差以及必要的文字注解。

（1）基础梁编号。平面注写中基础梁编号按照表6-2编号。

（2）截面尺寸。梁截面尺寸表示为$b×h$，当为加腋梁时，用$b×h$　$YC_1×C_2$表示，C_1为腋长，C_2为腋高。

（3）箍筋标注。当具体设计只采用一种箍筋间距时，注写钢筋级别、直径、间距及肢数，箍筋肢数注写在括号内。当具体设计中采用多种箍筋间距时，也用"/"将其分割开来。注写时，按照从基础梁两端向跨中的顺序注写。当设计为两种不同箍筋时，先注写第一段箍筋，在前面加注箍筋根数，在斜线后再注写第二段箍筋。

两向基础梁相交的柱下区域，应有一向截面较高的基础梁箍筋贯通设置；当两向基础梁高度相同时，任选一向基础梁箍筋贯通设置。

（4）注写基础梁底部、顶部及侧面纵向钢筋。以 B 打头，注写梁底部贯通纵向钢筋，以 T 打头，注写梁顶部贯通纵筋。当基础梁顶部或底部贯通纵筋多于一排时，用"/"将各排纵筋自上而下分割开来。

当梁腹板高度 h_w 不小于 450mm 时，以大写字母 G 打头注写梁两侧面对称设置的纵向构造钢筋的总配筋值。当需要配置抗扭纵向钢筋时，梁两个侧面设置的抗扭纵向钢筋以 N 打头。

当为梁侧面构造钢筋时，其搭接与锚固长度可取为 15d；当为梁侧面受扭纵向钢筋时，其锚固长度为 l_a，搭接长度为 l_l，其锚固方式同基础梁上部纵筋。

注写基础梁底面相对标高高差及必要的文字注解。此两项均为选注内容，当基础梁底面标高与基础底面基准标高不同时，将其相对标高高差注写在"（）"内。设计者对基础梁的特殊要求也应注写在此位置。

对于基础梁柱下区域底部非费贯通纵筋的伸出长度值，当配置不多于两排时，在标准构造详图中统一取值为自柱边向跨内伸出至 $l_n/3$ 位置，当非贯通纵筋配置多于两排时，从第三排起向跨内的伸出长度值应有设计者注明。边跨边支座的底部非贯通纵筋，l_n 取本边跨的净跨长度值；中间支座的底部非贯通纵筋，l_n 取支座两边较大一跨的净跨长度值。

基础梁外伸部位底部纵筋的伸出长度值，在标准构造详图中统一取值为：第一排伸出至梁端头后，全部上弯 12d，当从柱内边算起的梁端部外伸外身长度不满足直锚要求时，基础梁下部钢筋应伸至端部后弯折，且从柱内边算起水平段长度应≥$0.6l_{ab}$，弯折段长度 15d，其他排钢筋伸至梁端头后截断。

2. 原位注写

（1）原位注写标注基础梁端或梁在柱下区域的底部纵筋多于一排时，用"/"将各排纵筋自上而下分割开来。同排纵筋型号不同时，用"＋"将其相连。

（2）原位注写基础梁的附加箍筋或（反扣）吊筋。

（3）原位注写基础梁外伸部位的变截面高度尺寸。当基础梁外伸部位采用变截面高度时，在该部位原位注写 $b \times h$，$h_1 \times h_2$，h_1 为根部高度，h_2 为尽端截面高度。

（4）原位注写修正内容。

当在基础梁上集中标注的某项内容（如截面尺寸、箍筋、底部与顶部贯通纵筋或架立钢筋、梁侧面纵向构造钢筋、梁底面相对标高高差等）不适用于某跨或某外伸部位时，将其修正内容原位标注在该跨或该外伸部位，原位标注取值优先。

当底部贯通纵筋经原位注写修正，出现两种不同配置的底部贯通纵筋时，应在两毗邻跨中配置较小一跨的跨中连接区域进行连接（即配置较大一跨的底部贯通纵筋需伸出至毗邻跨的跨中连接区域）。

原位注写基础梁的附加箍筋或吊筋。当两向基础梁十字交叉，但交叉位置无柱时，应根据需要设置附加箍筋或吊筋。当附加箍筋或吊筋直接画在平面图中条形基础主梁上，原味直接引注总配筋值，附加箍筋的肢数注在括号内。当多数附加箍筋或吊筋相同时，可在条形基础平法施工图上统一注明。少数与统一注明值不同时，再原味直接引注。

6.2.2 条形基础底板的平面注写

条形基础底板 TJB$_J$、TJB$_P$ 的平面注写包括：集中标注和原位标注两部分内容。

1. 集中注写

（1）基础底板编号。平面注写中基础底板编号按照表6-2编号。

（2）注写基础底板截面竖向尺寸。基础底板截面竖向尺寸自下而上注写为 $h_1/h_2/\cdots$。

（3）注写基础底板底部及顶部配筋。以 B 打头，注写梁底部贯通纵向钢筋，以 T 打头，注写梁顶部贯通纵筋。当基础梁顶部或底部贯通纵筋多于一排时，用"/"将各排纵筋自上而下分割开来。

当为双梁（或双墙）条形基础底板时，除在底板底部配置钢筋外，一般尚需在两根梁或两道墙之间的底板顶部配置钢筋，其中横向受力钢筋的锚固长度 l_a 从梁的内边缘或墙的内边缘起算。如图6-9所示。

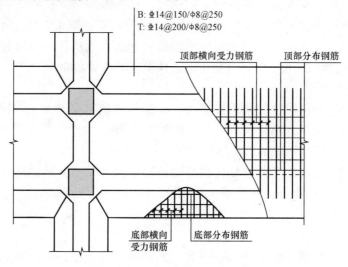

图 6-9 双梁条形基础底板配筋示意图

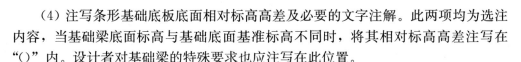

（4）注写条形基础底板底面相对标高高差及必要的文字注解。此两项均为选注内容，当基础梁底面标高与基础底面基准标高不同时，将其相对标高高差注写在"（　）"内。设计者对基础梁的特殊要求也应注写在此位置。

2. 原位注写

（1）原位注写条形基础底板的平面尺寸。原位注写条形基础底板宽度 b、b_i，i＝1，2，…，其中 b 为基础底板的总宽度，b_i 为基础底板台阶的宽度。当基础底板采用对称于基础梁的坡型截面或单阶形截面时，b_i 可不注。

条形基础存在双梁或双墙共用同一基础底板的情况，当为双梁或双墙且梁或墙荷载差别较大时，条形基础两侧可取不同的宽度，实际宽度以原位标注的基础底板两侧非对称的不同台阶宽度 b_i 进行表达。

（2）原位注写修正内容。当在基础底板上集中标注的某项内容（如底板截面竖向尺寸、底板配筋、底板底面相对标高高差等）不适用于某跨或某外伸部位时，将其修正内容原位标注在该跨或该外伸部位，原位标注取值优先。

3. 条形基础底板配筋构造

（1）梁板式条形基础底板配筋如图 6-10 所示。条形基础底板的分布钢筋在梁宽范围内不设置。在两向受力钢筋交接处的网状部位，分布钢筋与同向受力钢筋的搭接长度为 150mm。

（2）剪力墙（砌体墙）下条形基础底板配筋如图 6-11 所示。

4. 混凝土条形基础梁端部构造

混凝土条形基础梁端部等截面外伸构造如图 6-12（a）所示。混凝土条形基础梁端部变截面外伸构造如图 6-12（b）所示。

端部等（变）截面外伸构造中，当从柱内边算起的梁端部外伸长度不满足直锚要求时，基础梁下部钢筋应伸至端部后弯折，且从柱边算起水平段长度≥$0.6l_{ab}$，弯折段长度 15d。

5. 基础梁附加箍筋、吊筋构造

基础次梁附加箍筋、附加吊筋构造，如图 6-13 所示。

（1）基础次梁附加箍筋距离主筋边距离为 50mm。

（2）吊筋高度应根据基础主梁高度推算。

（3）吊筋范围内（包括基础次梁宽度内）的箍筋照设。

6.2.3　条形基础截面注写方式

条形基础的截面注写方式，可分为截面标注和列表注写（结合截面示意图）两种表达方式。

采用截面注写方式，应在基础平面布置图上对所有条形基础进行编号，编号原则参见表 6-2 所示。

对条形基础进行截面标注的内容和形式，与传统"单构件正投影表示方法"基本相同。

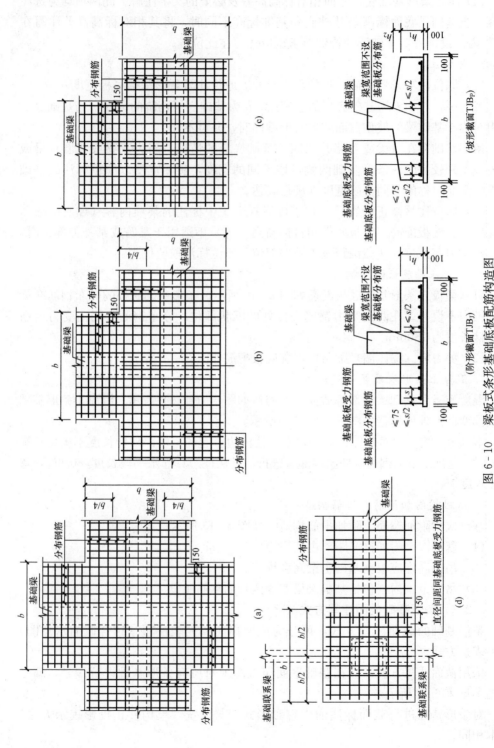

图 6 - 10 梁板式条形基础底板配筋构造图

(a) 十字交接基础底板，也可用于转角梁板端部均有纵向延伸；(b) 丁字交接基础底板；(c) 转角梁板端部无纵向延伸；(d) 条形基础无交接底板端部构造

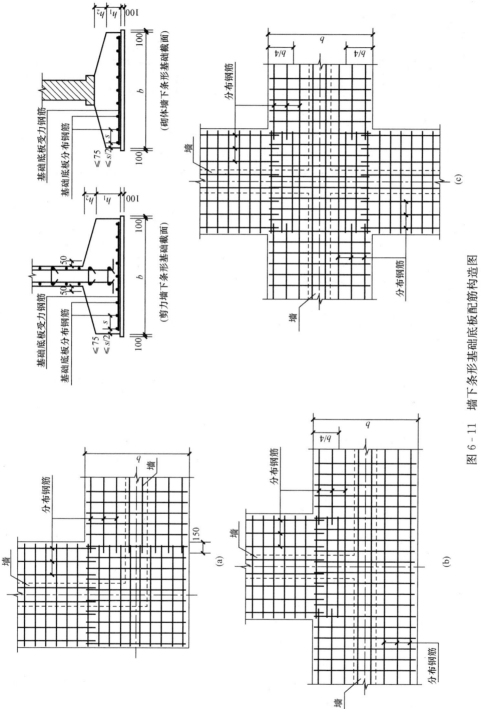

图 6 - 11　墙下条形基础底板配筋构造图

(a) 转角处墙基础底板；(b) 丁字交接基础底板；(c) 十字交接基础底板

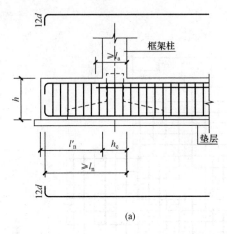 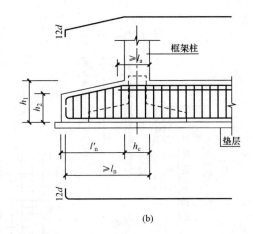

图 6-12　混凝土条形基础梁端部等截面外伸构造

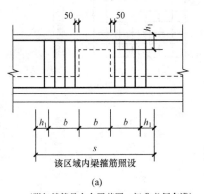 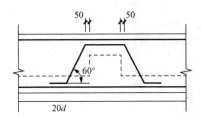

（a）　　　　　　　　　　　　　（b）

（附加箍筋最大布置范围，但非必须布满）

图 6-13　基础次梁节点构造图

（a）附加箍筋；（b）附加吊筋构造

对于多个条形基础可采用列表注写的方式进行集中表达。

表6-2中内容为条形基础截面的几何数据和配筋，截面示意图上应标注与表中栏目相对应的代号。

列表的具体内容规定如下：基础梁列表集中注写栏目为编号、几何尺寸、配筋；条形基础底板列表集中注写栏目为编号、几何尺寸、底板配筋。

6.2.4　条形基础钢筋工程量计算

条形基础钢筋包括：横向受力钢筋、纵向分布钢筋等，如图6-14所示。横向受力钢筋直径一般为6～16mm，间距为100～250mm，分布钢筋直径在5～8mm，间距为200～300mm，分布钢筋按照构造设置。条形基础交接处钢筋的布置以设计为准，若设计未注明，按照下列方式处理，在L形交接处、十字交接处，次要方向受力钢筋布置到另一方向底板宽度的1/4处，如图6-15所示。

1. 横向受力钢筋

$$钢筋长度＝基础宽度－2×保护层厚度＋弯钩长度×2$$

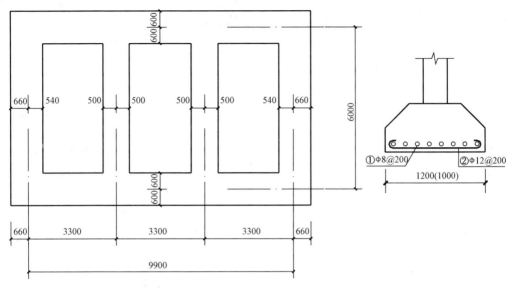

图 6-14　条形基础配筋图

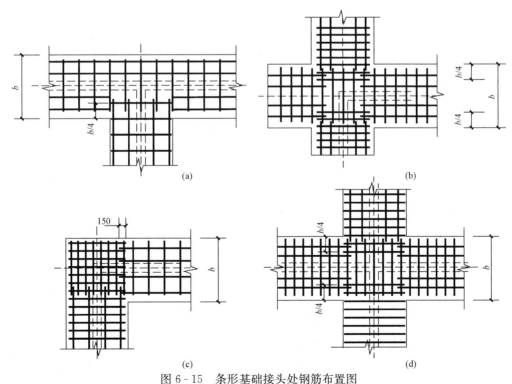

图 6-15　条形基础接头处钢筋布置图

（a）丁字形相交处；（b）转角梁端部均有延伸；（c）转角梁端部无延伸；（d）十字交接基础底板

钢筋根数＝（基础总长度－2×保护层厚度）/受力钢筋间距（取整）+1

钢筋质量＝钢筋长度×钢筋根数×钢筋理论质量

2. 纵向分布钢筋

钢筋长度＝基础长度－2×保护层厚度＋弯钩长度×2

钢筋根数＝（基础总长度－2×保护层厚度）/受力钢筋间距（取整）+1

钢筋质量＝钢筋长度×钢筋根数×钢筋理论质量

6.3 筏 板 基 础

筏板基础分为梁板式筏形基础、平板式筏形基础两种类型。按照平面整体标注法绘制筏形基础施工时，应将所有构件进行编号，编号中应含有类型代号和序号等。

梁板式筏形基础根据基础梁底面与基础平板底面的高差来表达两者的关系，可以标注为"高板位"（梁顶与板顶平齐）、"低板位"（梁底与板底平齐）以及"中板位"（板在梁的中部），以上三种不同的位置组合梁板式筏形基础。

梁板式筏形基础构件由基础主梁、基础次梁、基础平板等构成。基础构件编号按照表6-3所示。

表6-3 梁板式筏形基础构件编号

构件类型	代号	序号	跨数及有否外伸
基础主梁（柱下）	JL	××	(××) 或 (××A) 或 (××B)
基础次梁	JCL	××	(××) 或 (××A) 或 (××B)
梁板筏基础平板	LPB	××	

注：1. (××A) 为一端有外伸，(××B) 为两端有外伸，外伸不计入跨数。

2. 对于梁板式筏形基础平板，其跨数以及是否有外伸分别在 X、Y 两向的贯通纵筋之后表达，图面从左至右为 X 向，从下至上为 Y 向。

3. 梁板式筏形基础主梁与条形基础梁编号与标准构造详图一致。

6.3.1 梁板式筏形基础梁平法标注

基础主梁与基础次梁的平面注写，分为集中标注和原位标注两部分内容。

1. 基础梁集中标注

基础主梁 JL 与基础次梁 JCL 的集中标注，应在第一跨（x 向为左端跨，y 向为下端跨）引出，分别标注：基础梁的编号，见表6-3；基础梁的截面尺寸，以 $b×h$ 表示梁截面宽度与高度，当为加腋梁时，用 $b×hY_{c1×c2}$ 表示；梁配筋三项必注内容，以及基础梁地面标高高差一项选注内容。

（1）基础梁箍筋。基础梁的箍筋级别、直径、间距、支数。例如：11 Φ 16@100/15 Φ 16@150/Φ 16@200 (6)，表示从梁两端到跨内，设置Φ 16 钢筋，间距

100 设置 11 道，间距 150 设置 15 道，其余箍筋间距为 200，箍筋为 6 肢箍筋。两向基础主梁相交的柱下区域，应由一向截面较高的基础主梁按梁端箍筋全面贯通设置。

（2）基础梁底部贯通纵筋。基础梁底部纵筋以 B 打头，先注写梁贯通纵筋，贯通纵筋不应少于底部受力钢筋总截面面积的 1/3。当跨中所注根数少于箍筋肢数时，需要在跨中加设架立筋以固定箍筋，注写时，用"＋"号将贯通纵筋与架立筋相联，架立筋注写在加号后面的括号内。

（3）基础梁顶部贯通纵筋。基础梁顶部以 T 打头，注写梁顶部贯通纵筋值，注写时用分号"；"将底部与顶部纵筋分隔开来，如有个别跨与其不同者，按照原位注写处理。例如：B：4 Φ 16；T：7 Φ 20 表示梁的底部配置 4 Φ 16 的贯通纵筋，梁的顶部配置 7 Φ 20 的贯通纵筋。当梁顶或梁底部贯通纵筋多于一排时用斜线"/"将各排纵筋自上而下分开。

（4）注写基础梁的侧面纵向构造钢筋。当梁腹板高度 $h_w \geqslant 450mm$ 时，根据需要配置纵向构造钢筋。设置在梁两个侧面的总配筋值以大写字母 G 打头注写，且对称配置。当基础梁一侧有基础板，另一侧无基础板，梁两个的纵向构造钢筋以 G 打头分别注写并用"＋"相连。例如：G6 Φ 16＋4 Φ 16 表示梁腹板高度 h_w 较高，侧面配置 6 Φ 16，另一侧面配置 4 Φ 16 纵向构造钢筋。当需要配置抗扭纵向钢筋时，梁两侧面设置纵向抗扭钢筋以 N 打头。

当为梁侧面构造钢筋时，其搭接与锚固长度可取为 15d，当为梁侧面受扭纵向钢筋时，其搭接长度为 l_1，锚固长度可取为 l_{aE}。其锚固方式同基础梁上部纵筋。

（5）注写基础梁底面标高高差。注写基础梁底面标高高差系指相对于筏板基础平板底面标高的高差值，该项为选注值。基础梁底面标高相对于筏板基础平板底面标高有高差时须将高差写入括号内，如"高板位"与"中板位"基础梁的底面与基础平板底面标高的高差值，无高差时不注，如"底板位"筏形基础的基础梁。

2. **基础主梁与基础次梁的原位标注**

梁支座的底部纵筋，系指包含贯通纵筋与非贯通纵筋在内的所有纵筋，也包括集中注写过的贯通纵筋在内的所有纵筋。当梁端（支座）区域的底部纵筋多于一排时，用斜线"/"将各排纵筋自上而下分开。当同排纵筋有两种不同直径时，用加号"＋"将两种直径的纵筋相连。当梁中间支座两边的底部纵筋配置不同时，须在支座两边分别标注；当梁中间支座两边的底部纵筋配置相同时，可在支座一边标注配筋值。

当底部贯通纵筋经原位修正注写后，两种不同配置的底部贯通纵筋应在两毗邻跨中配置较小一跨的跨中连接区域连接（即配置较大一跨的底部贯通纵筋须越过其跨数终点或起点伸至毗邻跨的跨中连接区域）。

当梁端（支座）区域的底部全部纵筋与集中标注纵筋相同时，可不再重复做原位标注。附加箍筋及吊筋应标注在平面图的主梁上。当基础梁的外伸部位变截面高度时，应在该部位原位注写 $b \times h_1/h_2$，h_1 为根部截面高度，h_2 为端部截面高度，加腋梁加腋部位钢筋，需在设置加腋的支座处以 Y 打头注写在括号内。平面注写标注中遵循原位注写优先的原则。梁板式筏形基础平面标注如图 6-16 所示。

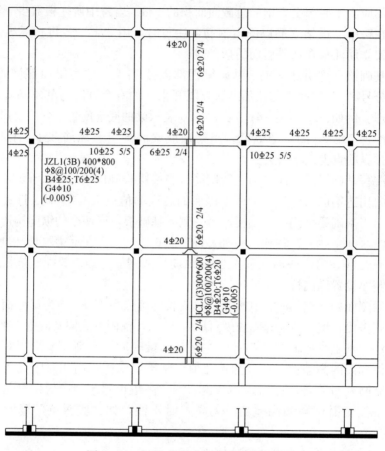

图 6-16　梁板式筏形基础梁平法标注图

跨度值 l_n 为左跨 l_{ni} 和右跨 l_{ni+1} 之较大值。其中 $i=1$，2，3，…。基础梁底部非贯通纵筋在标准构造详图中，统一取值为自柱边线向跨内延伸至 $l_n/3$ 位置，当非贯通纵筋配置多于两排时，从第三排起向跨内的延伸长度值应由设计者注明。基础梁 JL 纵向钢筋构造如图 6-17 所示。

3. 基础梁 JL 构造

（1）基础主梁纵向钢筋与箍筋构造。

1）下部非通长筋自支座边伸入跨内的长度为 $l_n/3$，l_n 为支座两侧较大跨的净跨度值。

2）节点区内的箍筋按梁端箍筋设置。

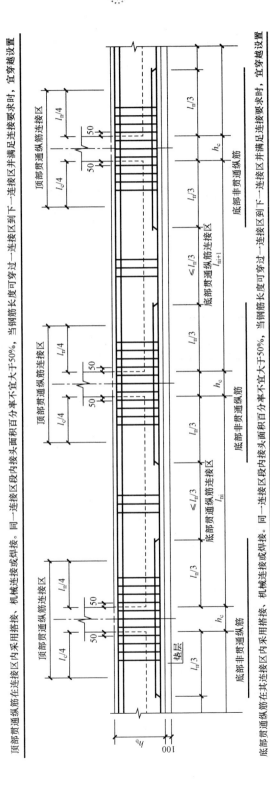

图 6 - 17　基础梁 JL 纵向钢筋构造图

3）梁端第一个箍筋距支座边的距离为 50mm。

4）当纵筋采用搭接，在搭接区域内的箍筋间距为 min(5d，100mm)。

5）不同配置的底部通长筋，应在两毗邻跨中配置较小一跨的跨中连接区域连接。

6）当底部筋多于两排时，从第三排起非通长筋伸入跨内的长度值应由设计者注明。

（2）基础主梁端部构造。基础主梁端部构造分有外伸和无外伸两种形式。外伸构造分等截面外伸和变截面外伸两种。

1）基础主梁端部等截面外伸构造。当从柱内边算起梁端部外伸长度满足直锚要求时，梁板式筏形基础端部等截面外伸构造如图 6-18 所示。

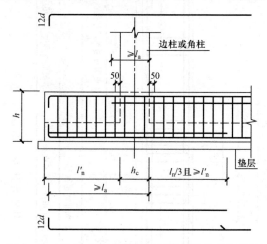

图 6-18 梁板式筏形基础端部等截面外伸构造图

a. 等截面外伸梁上部第一排与下部底排纵筋伸至外伸边缘弯折，其弯折长度为 12d。

b. 等截面外伸梁上部第二排纵筋伸入边支座长度为 l_a。

c. 等截面外伸梁下部非底排纵筋伸至端部边缘截断。

d. 等截面外伸梁下部底排纵筋伸至端部边缘并向上弯折，其弯折长度为 12d。

2）基础主梁端部变截面外伸构造。如图 6-19 所示。

变截面外伸梁上部第一排钢筋依据变截面形状在变截面处弯折，伸至外伸边缘向下弯折，其弯折长度为 12d；下部底排纵筋伸至外伸边缘向上弯折，其弯折长度为 12d。其余钢筋同础主梁端部等截面外伸构造。

3）基础主梁端部无外伸构造。当从柱内边算起梁端部外伸长度不满足直锚要求时，基础主梁端部无外伸构造如图 6-20 所示。当从柱内边算起的梁端部外伸长度满足直锚要求时即直端长度大于或等于 l_a 时，可不弯折。当从柱内边算起的梁端部外伸长度不满足直锚要求时即直端长度小于 l_a 时，梁上部钢筋伸至尽端边缘弯

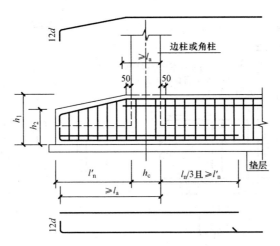

图 6 - 19　梁板式筏形基础端部变截面外伸构造图

折，其弯折长度为 $15d$。

　　当从柱内边算起的梁端部外伸长度不满足直锚要求时，基础梁下部钢筋应伸至端部后弯折，且从柱边算起水平段长度大于或等于 $0.6l_{ab}$，弯折段长度 $15d$。

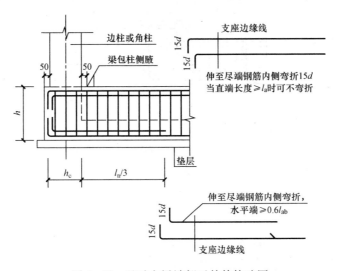

图 6 - 20　基础主梁端部无外伸构造图

　　4）梁顶、梁底有高差变化时钢筋构造。梁板式筏形基础主梁高差变化分三种形式：梁顶有高差、梁底有高差和梁底、梁顶均有高差，如图 6 - 21 所示。

　　a. 当主梁底平齐梁顶有高差。

　　梁底部钢筋穿过变截面柱边，伸入长度 $l_n/3$；

　　低位梁顶上部钢筋伸入高位梁，从变截面处伸入锚固长度为 l_a；

　　高位梁顶部第一排钢筋伸至尽端并在低位梁中锚固长度 l_a。钢筋长度＝梁中长

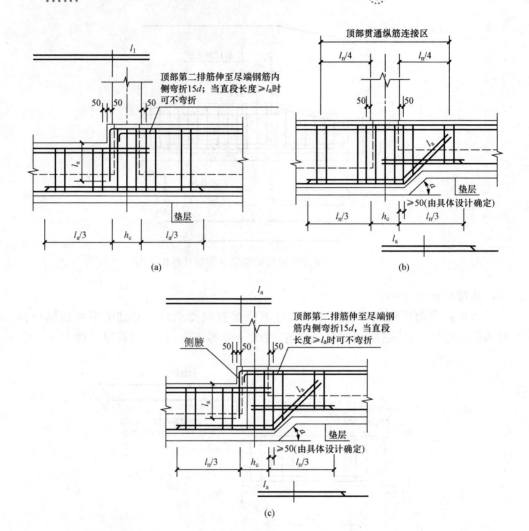

图 6-21 梁顶、梁底有高差变化时钢筋构造图

（a）梁顶有高差钢筋构造；（b）梁底有高差钢筋构造；（c）梁底、梁顶均有高差钢筋构造

度 $+h_c+$ 高差 h_1+l_a，h_c 为柱宽；

高位梁顶部第二排钢筋伸至尽端弯折 $15d$。钢筋长度＝梁中长度 $+h_c+15d$；

b. 当梁顶平齐梁底有高差。

梁顶部平齐处钢筋穿过变截面柱边，各伸入长度 $l_n/4$；

低位梁顶上部钢筋伸入高位梁，从变截面处伸入锚固长度为 l_a。钢筋长度＝梁中长度 $+h_c+$ 高差 $h_1/\sin\alpha+l_a$；

高位梁底部钢筋伸至低位梁，并在低位梁中锚固，从变截面处伸入长度为 l_a。

c. 当基础主梁顶、梁底有高差。

基础主梁顶部高差处做法同当梁底平齐梁顶有高差做法；梁底部高差同梁顶

平齐梁底有高差做法。

5）柱两边主梁宽度不同时钢筋构造。

a. 当柱两边主梁宽度不同时，较宽梁上部钢筋伸至尽端钢筋内侧弯折 $15d$，下部钢筋在支座处锚固长度大于或等于 $0.6l_{ab}$，钢筋伸至尽端钢筋内侧弯折 $15d$。如图图 6-22 所示。

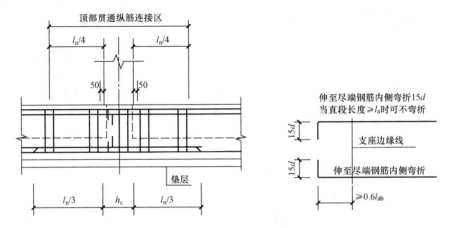

图 6-22　柱两边梁宽不同钢筋构造图

b. 较窄端梁上部钢筋伸入较宽向梁中 $l_n/4$。下部钢筋伸入较宽向梁中 $l_n/3$。

（3）基础梁箍筋构造。当设计采用两种箍筋时，在柱与基础主梁结合部位即梁两端配置第一种箍筋（间距小直径大），其次向跨内按设计注写第二种配置箍筋，如图 6-23 所示。

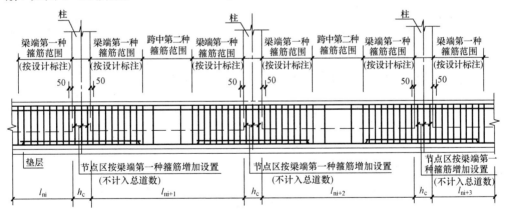

图 6-23　基础梁 JL 配置两种箍筋构造

4. 基础次梁钢筋构造

（1）基础次梁纵向钢筋与箍筋构造，如图 6-24 所示。

1）底部非通长筋伸入跨内的长度为：$l_n/3$（l_n 为左右跨的最大净跨度值）。

2）当设计按铰接时，下部钢筋锚入基础主梁内水平长度应≥0.35l_{ab}，并弯折15d；当充分利用钢筋的抗拉强度时，下部钢筋锚入基础主梁内水平长度应≥0.6l_{ab}，并弯折15d。

3）上部钢筋锚入基础主梁内长度取 max（12d，$b_b/2$）（b_b 为主梁宽）。

4）基础次梁端部第一道箍筋距基础主梁边 50mm 开始布置。

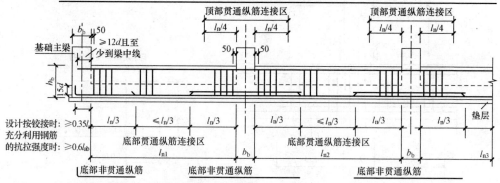

图 6-24　基础次梁纵向钢筋与箍筋构造图

（2）基础次梁端部外伸构造，分等截面和变截面两种，如图 6-25 所示。

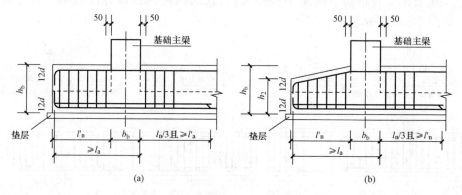

图 6-25　基础次梁端部外伸构造

（a）端部等截面外伸构造；（b）端部变截面外伸构造

1）梁上部纵筋伸至外伸边缘弯折12d；变截面处上部纵筋依据截面形状弯折。

2）梁下部底排纵筋伸至外伸边缘弯折12d。

3）梁下部非底排纵筋伸至外伸边缘截断。

4）端部等（变）截面外伸构造中，当从基础主梁内边算起的外伸长度不满足

直锚要求时，基础次梁下部钢筋应伸至端部后弯折 $15d$，且从柱边算起水平段长度
大于或等于 $0.6l_{ab}$。

（3）基础次梁梁顶、梁底不平。梁板式筏形基础次梁高差变化分三种形式，
梁顶有高差、梁底有高差和梁底、梁顶均有高差三种形式，如图 6-26 所示。

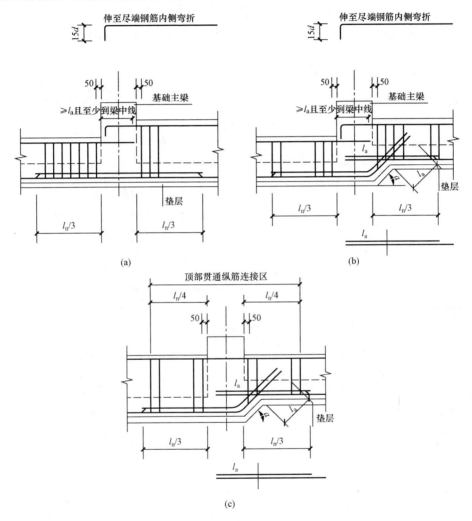

图 6-26　基础次梁梁底

（a）梁顶有高差钢筋构造；（b）梁底、梁顶均有高差钢筋构造；（c）梁底有差钢筋构造

1）当次梁梁底平齐梁顶有高差。次梁底部钢筋穿过变截面柱边，伸入长度 $l_n/3$
（l_n 为左右相邻跨净跨值的较大值）；低位次梁顶上部钢筋伸入高位梁，从变截面处
伸入锚固长度为 l_a，且至少到主梁中线；高位梁顶部钢筋伸至尽端弯折 $15d$。钢筋
长度＝次梁中钢筋长度＋主梁宽度 $b+15d$。

2）当次梁顶平齐梁底有高差。次梁顶部平齐处钢筋穿过变截面柱边，各伸入

长度 $l_n/4$；低位次梁顶上部钢筋伸入高位梁，从变截面处伸入锚固长度为 l_a。钢筋长度＝次梁中长度＋主梁宽 b＋高差（h_1）$/\sin\alpha+l_a$；

高位次梁底部钢筋伸至低位梁，并在低位梁中锚固，从变截面处伸入长度为 l_a。

3）当次梁顶、梁底有高差。次梁顶部高差处做法同次梁底平齐梁顶有高差做法；次梁底部高差同次梁顶平齐梁底有高差做法。

（4）次梁变截面构造。主梁两边次梁宽度不同时钢筋构造如图 6-27 所示。

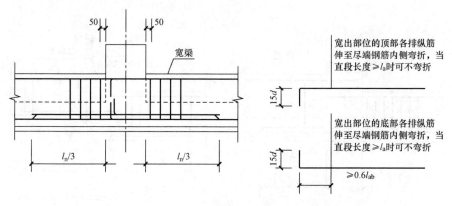

图 6-27　主梁两边梁宽不同时钢筋构造

1）当主梁两边次梁宽度不同时，较宽梁上部钢筋伸至尽端钢筋内侧弯折 $15d$，下部钢筋在支座处锚固长度大于或等于 $0.6l_{ab}$，钢筋伸至尽端钢筋内侧弯折 $15d$。

2）较窄端次梁下部钢筋伸入较宽向次梁中 $l_n/3$。

（5）基础梁侧面构造纵筋、拉筋。基础梁侧面纵向构造钢筋搭接长度为 $15d$，十字相交的基础梁，当相交位置有柱时，侧面构造纵筋锚入梁包柱侧腋内 $15d$；当无柱时，侧面构造纵筋锚入交叉梁内 $15d$，丁字相交的基础梁；当相交位置无柱时，横梁外侧的构造纵筋应贯通，横梁内侧的构造纵筋锚入交叉梁内 $15d$。

基础梁侧面受扭钢筋搭接长度为 l_1，其锚固长度 l_a，锚固方式同梁上部纵筋。基础次梁附加箍筋、吊筋参照条形基础构造。

6.3.2　梁板式筏形基础板平法标注

梁板式筏形基础平板 LPB 的平面注写，分为板底部与顶部贯通纵筋的集中标注与板底部附加非贯通筋的原位标注两部分内容。当仅设置贯通纵筋而未设置附加非贯通纵筋时，则仅做集中标注。

1. 基础平板集中标注

梁板式筏形基础平板 LPB 贯通纵筋的集中标注，应在所表达的板区双向均为第一跨（x 与 y 双向首跨）的板上引出（图面从左至右为 x 向，从下至上为 y 向）。对基础平板进行集中标注时，应进行板区划分。划分原则：当板厚不同时，基础平板底部与顶部贯通纵筋配置相同的区域为同一板区，不同板区应分别进行集中标注。

集中注写的内容包括：

(1) 注写基础平板的编号，见表 6-1。

(2) 注写基础平板的截面尺寸，注写 $h=\times\times\times$ 表示板厚度。

(3) 注写基础平板的底部与顶部贯通纵筋及其跨数及其外伸情况。先注写 x 向底部（B打头）贯通纵筋与顶部（T打头）贯通纵筋及其纵向长度范围，再注写 y 向底部（B打头）贯通纵筋与顶部（T打头）贯通纵筋及其纵向长度范围（图面从左至右为 x 向，从下至上为 y 向）。贯通纵筋的总长度注写在括号中，注写方式为"跨数及有无外伸"。其中 $\times\times$ 表示两地跨数（$\times\times$）表示无外伸，（$\times\times$A）表示一端有外伸，（$\times\times$B）表示两端有外伸。例如 X：B：Φ 22@150；T：Φ 20@150（5B），表示基础平板 x 向底部配置 Φ 22 间距 150mm 的贯通纵筋，顶部配置 Φ 20间距 150mm 的贯通纵筋，纵向总长度为 5 跨两端有外伸。

当某向底部贯通纵筋或顶部贯通纵筋的配置，在跨内有两种不同间距时，先注写跨内两端的第一种间距，并在前面加注纵筋根数（表示其分布的范围）；再注写跨中部的第二种间距（不需加注根数），两者用"/"分隔。例如 X：12 Φ 22@200/150；T：10 Φ 20@200/150（4A），表示基础平板 x 向底部配置 Φ 22，跨两端间距为 200mm 配置 12 根，跨中间距 150mm 的贯通纵筋，基础平板 x 向顶部两端配置 10 根 Φ 20 钢筋，跨中间距 150mm 的贯通纵筋，纵向共有 4 跨，一端有外伸悬挑。

当基础平板分板区进行集中标注，且相邻板区板底平齐时，两种不同配置的底部贯通纵筋应在两毗邻板跨中配置较小板跨的跨中连接区域连接。（即配置较大板跨的底部贯通纵筋须越过板区分界线伸至毗邻板跨的跨中连接区域）

2. 基础平板原位标注

基础平板原位标注，主要表达板底部附加非贯通纵筋，原位注写位置应在配置相同跨的第一跨（或基础梁外伸部位）垂直于基础梁绘制一段中粗虚线（当该筋通常设置在外伸部位或短跨板下部时，应画至对边或贯通短跨）。

(1) 注写内容。在注写规定位置垂直穿过基础梁绘制一段中粗虚线代表底部附加非贯通纵筋，在虚线上注写编号（如①、②等）、配筋值、横向布置的跨数、间距及是否布置到外伸部位（横向布置的跨数及是否布置到外伸部位注在括号内），以及自基础梁中线分别向两边跨内的纵向延伸长度值。板底部附加非贯通纵筋自中线向两边跨内的伸出长度注写在线段的下方位置。当该筋向两侧对称延伸时，可仅在一侧标注，另一侧不标注。

横向布置的跨数及是否布置到外伸部位的表达式为：（$\times\times$）表示外伸部位无横向布置或无外伸部位，（$\times\times$A）表示一端外伸部位有横向装置，（$\times\times$B）表示两端外伸部位均有横向布置。横向连续布置的跨数及是否布置到外伸部位，不受集中标注贯通纵筋的板区限制。

原位注写的底部附加非贯通纵筋，宜采用"隔一布一"方式布置。基础平板

（X向或Y向）底部附加非贯通纵筋与贯通纵筋间隔布置，其标注间距与底部贯通纵筋相同（两者实际组合后的间距为各自标注间距的1/2）。

例如，原位注写的基础平板底部附加非贯通纵筋为⑤Φ20@300（3），表示该3跨范围集中标注的底部贯通纵筋为BΦ20@300，在该3跨支座处实际横向设置的底部纵筋合计为Φ20@150，其他与⑤号筋相同的底部附加非贯通纵筋可仅注编号⑤。

（2）注写修正内容。当集中标注的某些内容不适用于梁板式筏形基础平板某板区的某一板跨时，设计者在该板跨内注明，施工时应按注明内容取用。

（3）当若干基础梁下基础平板的底部附加非贯通纵筋配置相同时（其底部、顶部的贯通纵筋可以不同），可仅在一根基础梁下做原位注写，并在其他梁上注明"该梁下基础平板底部附加非贯通纵筋同XX基础梁"。

（4）当在计算基础平板钢筋时，应注意基础平板周边是否设置纵向构造钢筋及基础平板边缘的封边方式及配筋。当采用U形封边时，应注明其规格、直径及间距；当基础平板厚度大于2m时，应计算设置在基础平板中部的水平构造钢筋网。当基础平板外伸变截面高度时，应注明外伸部位的h_1/h_2，h_1为板根部截面高度，h_2为板尽端截面高度。当在板的分布范围内采用拉筋时，应注明其规格、直径及间距；另外还应计算设置在板上、下部纵筋之间设置拉筋及平板外伸阳角处的放射钢筋。梁板式筏形基础平板平面注写如图6-28所示。梁板式筏形基础平板LPB的注写规定同样适用于钢筋混凝土墙下的基础平板。

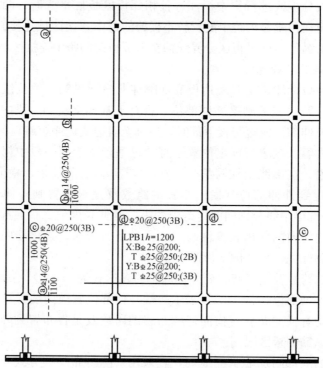

图6-28 梁板式筏板基础平板平法标注示意图

6.3.3　梁板式筏形基础平板 LPB 构造

1. 梁板式筏板基础平板构造

梁板式筏板基础平板 LBP（柱下区域）钢筋构造如图 6-29（a）所示。梁板式筏板基础平板 LBP（跨中区域）钢筋构造如图 6-29（b）所示。基础平板同一层面的交叉钢筋，何向在上，何向在下，应按设计注明。底部非贯通筋长度按设计注明。

2. 梁板式筏板基础平板外伸部位钢筋构造

梁板式筏板基础平板端部截面做法分无外伸和外伸两种情况，外伸构造分为等截面外伸和变截面外伸两种情况。

（1）端部外伸构造。端部等截面外伸构造如图 6-30（a）所示，变截面外伸如图 6-30（b）所示。梁板式筏板基础板等截面外伸、变截面外伸构造中，筏形基础平板 LPB 伸至端部后弯折 $12d$，等（变）截面外伸构造中，当从支座内边算起至外伸端头小于或等于 l_a 时，基础平板下部钢筋应伸至端部后弯折 $15d$。

（2）端部无外伸构造。端部无外伸构造如图 6-31 所示。从梁内边算起水平段长度由设计者制定，当设计铰接时应大于或等于 $0.35l_{ab}$，当充分利用钢筋抗拉强度时应 $\geqslant 0.6l_{ab}$，基础平板下部钢筋应伸至端部后弯折 $15d$，上部钢筋直锚与梁中长度 $\geqslant 12d$ 且至少到梁中线。

（3）梁板式筏形基础板变截面部位构造。对于高低连跨筏板，有三种构造形式：板顶有高差、板顶板底均有高差和板底有高差，如图 6-32 所示。高位板上部纵筋伸至梁尽端钢筋内侧弯折 $15d$，当直端锚入基础梁长度 $\geqslant l_a$ 时，可不弯折。高位板下部纵筋与底跨下部纵筋自变截面处锚入长度 l_a。底跨上部纵筋直锚入基础梁长度大于或等于 l_a 时，可不弯折。底跨下部纵筋与高跨下部纵筋自相交处锚入长度为 l_a。

6.3.4　平板式筏形基础梁平法标注

1. 平板式筏形基础构件的类型与编号

平板式筏形基础按照平法设计绘制筏形基础施工时，应将筏形基础及其所支撑的柱、墙一起绘制。当基础底面标高不同时，需注明与基础底面基准标高不同之处的范围和标高。

平板式筏形基础由柱下板带和跨中板带构成；当设计不分板带时，则可按基础平板进行表达。平板式筏形基础构件编号按表 6-4 进行编号。

表 6-4　　　　　　　　　　　平板式筏形基础构件编号

构件类型	代号	序号	跨数及有否外伸
柱下板带	ZXB	××	（××）或（××A）或（××B）
跨中板带	KZB	××	（××）或（××A）或（××B）
平板式筏基础平板	BPB	××	

注：1. （××A）为一端有外伸，（××B）为两端有外伸，外伸不计入跨数。

　　2. 对于梁板式筏形基础平板，其跨数以及是否有外伸分别在 X，Y 两向的贯通纵筋之后表达，图面从左至右为 X 向，从下至上为 Y 向。

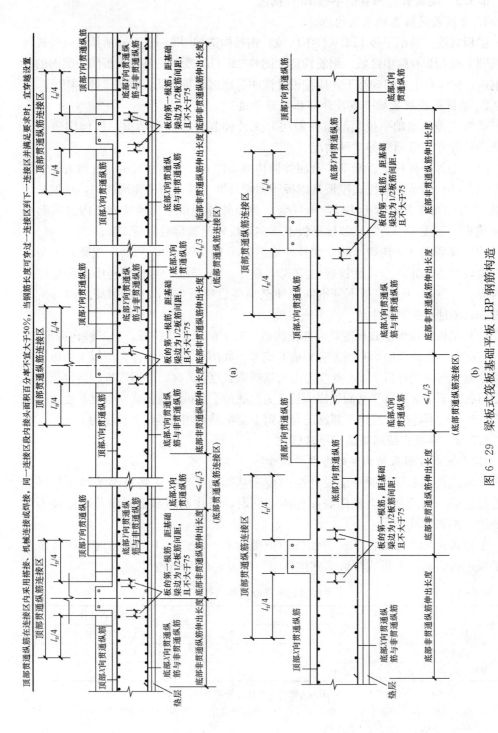

图 6 - 29 梁板式筏板基础平板 LBP 钢筋构造

(a) 梁板式筏板基础平板 LBP （柱下区域） 钢筋构造； (b) 梁板式筏板基础平板 LBP （跨中区域） 钢筋构造

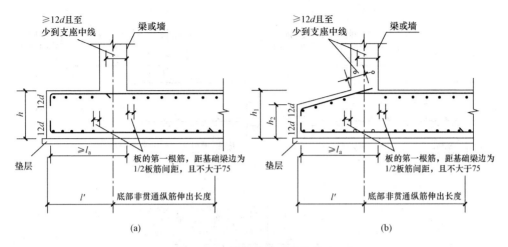

图 6 - 30　端部等截面外伸构造

（a）端部等截面外伸；（b）端部变截面外伸

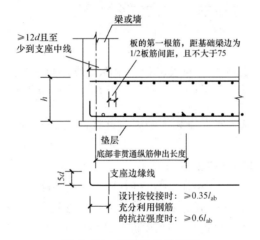

图 6 - 31　端部无外伸构造

2. 平板式筏形基础构件的平面注写方式

平板式筏形基础柱下板带 ZXB（可视其为无箍筋的宽扁梁）与跨中板带 KZB 的平面注写，分板带底部与顶部贯通纵筋的集中标注与板带底部附加非贯通纵筋的原位标注两部分内容。

（1）集中注写。柱下板带与跨中板带的集中标注应在第一跨（X 向为左端跨，Y 向为下端跨）引出，规定如下：

1）注写编号，见表 6 - 4 所示。

2）注写截面尺寸，注写 b＝×××表示板宽度（在图注中注明基础平面厚度），确定柱下板带宽度应根据规范要求与结构实际受力需要，当柱下板带宽度确

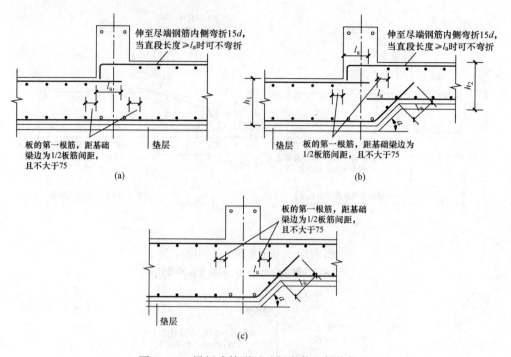

图 6-32 梁板式筏形基础板变截面部位构造
(a) 板顶有高差；(b) 板顶、板底均有高差；(c) 板底有高差

定后，跨中板宽度可根据柱下板宽度确定，并在图中标明基础平板厚度 h；当柱下板带中心线偏离注中心线时，应在平面图中标注其定位尺寸。

3）注写底部与顶部贯通纵筋及其纵长度。注写底部贯通纵筋（B 打头）与顶部贯通纵筋（T 打头）的规格与间距，将其用"；"分隔开。柱下板带的柱下区域，通常应在其底部贯通纵筋的间隔内插空设有（原位注写的）底部附加非贯通纵筋。

柱下板带与跨中板带的底部贯通纵筋，可在跨中的 1/3 范围内采用搭接连接、机械连接或对焊连接；柱下板带的顶部贯通纵筋，可在柱下区域采用搭接连接、机械连接或对焊连接；跨中板带的顶部贯通纵筋，可在柱下区域采用搭接连接、机械连接或对焊连接；当柱下板带的底部贯通纵筋配置在从某跨开始改变时，两种不同配置的底部贯通纵筋应在两毗邻跨中配置较小跨的跨中连接区域连接，即配置较大跨的底部贯通纵筋须跨越其跨数终点或起点伸至毗邻跨的跨中连接区域。

（2）原位标注。柱下板带与跨中板带原位标注的内容，主要为底部附加非贯通纵筋，规定如下。

1）注写内容。以一段与板带同向的中粗虚线代表附加非贯通纵筋，对柱下板带，贯穿其柱下区域绘制，对跨中板带，贯穿柱中线绘制，在虚线上注写底部附加非贯通纵筋的编号、钢筋级别、直径、间距以及自柱中线分别向两侧跨内延伸的长度值。两侧长度对称时，可在一边标注。对同一板带中底部附加非贯通筋相同者，可仅在一根钢筋上注写，其他只在中粗线上注写编号。

底部附加非贯通纵筋的原位注写，可分下列几种形式：

a. "隔一布一"方式。柱下板带或跨中板带底部附加非贯通纵筋与贯通纵筋交错插空布置，其标注间距与底部贯通纵筋相同（两者实际组合后的间距为各自标注间距的 1/2）。当贯通筋为底部纵筋总截面面积的 1/2 时，附加非贯通纵筋直径与贯通纵筋直径相同。（当贯通筋为底部纵筋总截面面积的 1/2～1/3 时，附加非贯通纵筋直径大于贯通纵筋直径。）

b. 当跨中板带在轴线区域不设置底部附加非贯通纵筋时，则不做原位注写。

2）注写修正内容。当柱下板带、跨中板带上集中标注的某些内容不适用于某跨或某外伸部分时，则将修正数值标注在该跨内或某延伸部位，预算、施工时应以原位标注数值优先取用。

3）柱下板带和跨中板带应在图注中注明板厚，若整片平板式筏板基础有不同的板厚时，应分别注明各自的板厚值及分布范围。

对于支座两边不同配筋值的底部贯通纵筋，应按较小一边的配筋值选配相同直径的纵筋贯穿支座，较大一边的配筋差值选配适当直径的钢筋锚入支座。

3. 平板式筏形基础平板（BPB）的平面注写方式

平板式筏形基础平板的平面注写是一种与柱下板带、跨中板带的平面注写不同的标注方式，但可以表达同样的内容。当整片板式筏形基础配筋比较规律时，宜采用平板式筏形基础平板（BPB）的平面注写。

平板式筏形基础平板（BPB）的平面注写分板底部与顶部贯通纵筋的集中标注与板底部附加非贯通纵筋原位标注两部分内容。当仅设置贯通纵筋而未设置底部附加非贯通纵筋时，仅作集中标注。

（1）集中标注。平板式筏形基础平板（BPB）的集中标注编号同表 6-4，其集中标注方法同梁板式筏形基础平板的相关规定。当某向底部或顶部贯通纵筋的配置在跨内有两种不同间距时，先注写跨内两端的第一种间距，并在前面加注纵筋根数，再注写跨中部的第二种间距，两者用"/"分隔。

（2）原位注写。平板式筏形基础平板（BPB）原位标注的内容，主要为底部附加非贯通纵筋，应注写在第一跨下，规定如下。

1）注写内容。在上述注写规定位置水平垂直穿过基础梁绘制一段中粗虚线代表底部附加非贯通纵筋，虚线上注写内容同梁板式筏形基础板附加非贯通纵筋的标注形式。

当某些柱中心线下的基础平板底部附加非贯通纵筋横向配置相同时，可仅在一条中心线下做原位标注，并在其他柱中心线上注明"该柱中心线下基础平板底部附加非贯通纵筋同 XX 柱中心线"。

当底部附加非贯通纵筋横向布置在跨内有两种不同间距的底部贯通纵筋区域时，其间距应分别对应为两种，其注写形式应与贯通纵筋保持一致；先注写跨内两端的第一种间距，并在前面加注纵筋根数；再注写跨中部的第二种间距，不需加注根数，两者用"/"分隔。

2）平板式筏形基础平板（BPB）应在图注中注明板厚，若整片平板式筏板基础有不同的板厚时，应分别注明各自的板厚值及分布范围。

6.3.5 基础钢筋计算实例

【实例1】 独立基础钢筋工程计算

某工程独立基础配筋图如图6-33所示，混凝土强度等级为C25，钢筋采用绑扎连接，工程量计算见表6-5。

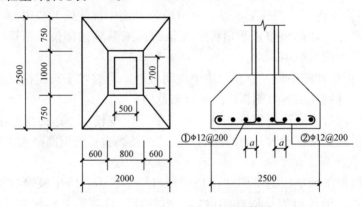

图6-33 独立基础DJ-1配筋图

表6-5 条形基础钢筋计算表

构件名称	DJ-1	构件数量	1		构件钢筋质量/kg		50.838
钢筋类型	钢筋直径	钢筋形状	单根长度/m	根数	总长度/m	理论质量/(kg/m)	质量/kg
1. ①号受力钢筋	Φ12@200		$2.5-2\times0.04+12.5\times0.012=2.57$	11	28.27	0.888	25.104
			根数计算：$(2-0.04\times2)/0.2+1=11$				
2. ①号受力钢筋	Φ12@200		$2-2\times0.04+12.5\times0.012=2.07$	14	28.98	0.888	25.734
			根数计算：$(2.5-0.04\times2)/0.2+1=14$				

【实例2】 条形基础钢筋工程计算

某工程采用混凝土条形基础，混凝土强度等级为C25，钢筋采用绑扎连接，搭接长度为38d。基础配筋如图6-34所示，计算该条形基础受力钢筋的工程量。工程量计算见表6-6。

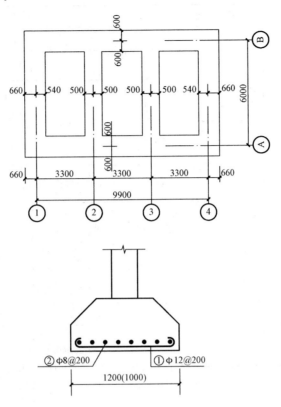

图 6-34　条形基础 TJ-1 配筋图

表 6-6　　　　　　　　　　　　　　条形基础钢筋计算表

构件名称	TJ-1	构件数量	1			构件钢筋质量/ kg	358.26
钢筋类型	钢筋直径	钢筋形状	单根长度/m	根数	总长度/m	理论质量/(kg/m)	质量/kg
1. ①号受力钢筋	Φ12@200	⎯⎯	$1.2-2\times0.04+12.5\times0.012=1.27$	172	218.44	0.888	193.975
A、B轴根数		[(9.9+0.66×2-0.4×2)*/0.2（取整）+1] ×2=106					
①、④轴根数		[(6.0+0.6×2-0.4×2) /0.2（取整）+1] ×2=66					
2. ①号受力钢筋	Φ12@200	⎯⎯	$1.0-2\times0.04+12.5\times0.012=1.07$	56	59.92	0.888	53.209
②、③轴根数		[(6.0-0.6×2+1.2/4×2) /0.2（取整）+1] ×2=56					

续表

构件名称	TJ-1	构件数量	1	构件钢筋质量/ kg			358.26
钢筋类型	钢筋直径	钢筋形状	单根长度/m	根数	总长度/m	理论质量/(kg/m)	质量/kg
3. ②号分布钢筋	Φ8@200	⌐————⌐	9.9−2×0.54＋2×（0.15＋0.04）＋12.5×0.008＝9.3	12	111.6	0.394	43.970
A、B轴根数			[（1.2−0.3）/0.2（取整）＋1]×2＝12				
4. ②号分布钢筋	Φ8@200	⌐————⌐	6.0−2×0.6＋2×（0.15＋0.04）＋12.5×0.08＝5.28	14	73.92	0.394	29.124
①、④轴根数			（1.2/0.2＋1）×2＝14				
5. ②号分布钢筋	Φ8@200	⌐————⌐	6.0−2×0.6＋2×（0.15＋0.04）＋12.5×0.008＝5.28	12	63.36	0.394	24.964
②、③轴根数			（1.0/0.2＋1）×2＝12				
6. ②号分布钢筋 T形接头部分	Φ8@200	⌐————⌐	9.9−2×0.54−1×2＋6×（0.15＋0.04）＋3×12.5×0.008＝8.26	4	33.04	0.394	13.018
A、B轴根数			2×2＝4				

【实例 3】 筏板基础钢筋计算

该基础为梁板式筏板基础，配筋如图 6 - 35 所示，混凝土强度等级为 C25，构造做法见 04G101 - 3，钢筋计算表见表 6 - 7。

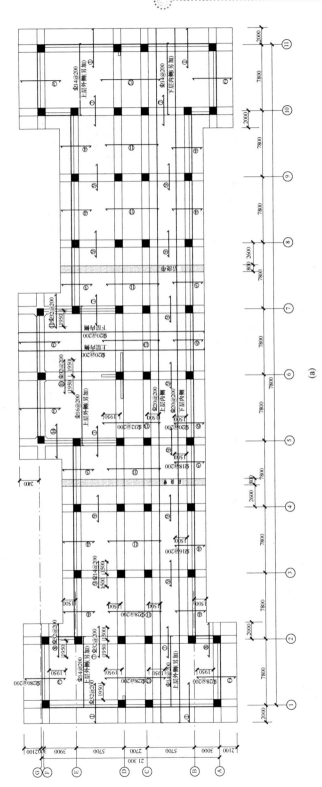

图 6 - 35　筏板基础配筋图 (一)

(a) 基础筏板配筋图 (筏板板厚 800mm)

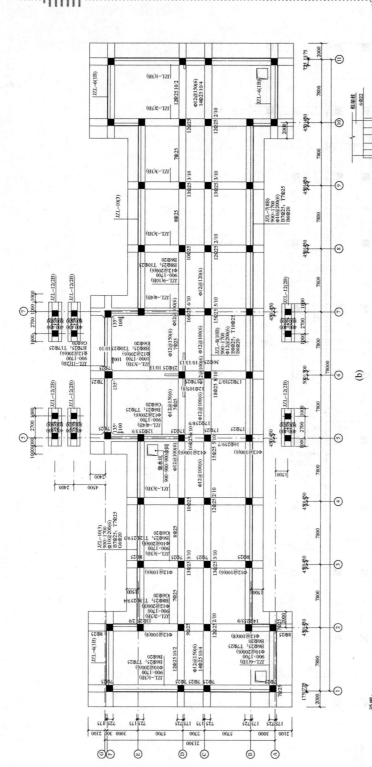

图 6-35 筏板基础配筋图 （二）
（b）基础梁平法施工图

表 6-7　筏板基础板钢筋计算表

构件名称	基础筏板				构件数量		1	构件钢筋质量/t			质量/kg
钢筋类型	钢筋直径	钢筋形状					单根长度/mm	根数	总长度/m	理论质量/(kg/m)	112.290
1. 下层内侧钢筋 1	⌀20	⌐_⌐					11800−40+15×20−40+15×d=12320	53	652.96	2.466	1610.20
2. 下层内侧钢筋 2	⌀20	⌐_⌐					19600−40+15×20−40+15×d=20120	16	321.92	2.466	793.85
3. 下层内侧钢筋 3	⌀20	⌐_⌐					82000−40+15×20−40+15×d=82520	69	5693.88	2.466	14041.11
4. 下层内侧钢筋 4	⌀20	⌐_⌐					9350−40+15×20+41×20=10430	18	187.74	2.466	462.97
5. 下层内侧钢筋 5	⌀20	⌐_⌐					14700+41×20+41×20=16340	4	65.36	2.466	161.18
6. 下层外侧钢筋 1	⌀20	⌐_⌐					25500−40+15×20−40+15×20=26020	104	2706.08	2.466	6673.19
7. 下层内侧钢筋 2	⌀20	⌐_⌐					17100−40+15×20−40+15×20=17620	178	3136.36	2.466	7734.26
8. 下层内侧钢筋 3	⌀20	⌐_⌐					21900−40+15×20−40+15×20=22420	86	1928.12	2.466	4754.74
9. 上层内侧钢筋 1	⌀20	⌐_⌐					11800−40+12×20−40+12×20=12200	70	854	2.466	2105.96
10. 上层内侧钢筋 2	⌀20	⌐_⌐					19600−40+12×20−40+12×20=20000	20	400	2.466	986.40
11. 上层内侧钢筋 3	⌀20	⌐_⌐					82000−40+12×20−40+12×20=82400	69	5685.6	2.466	14020.69

续表

构件名称 钢筋类型	基础筏板 钢筋直径	构件数量 钢筋形状	单根长度/mm	构件钢筋质量 根数	构件钢筋质量 总长度/m	构件钢筋质量 理论质量/(kg/m)	质量/kg 112.290
12. 上层内侧钢筋 4	Φ20	└─	9350－40＋12×20＋max(900/2,12×20)＋max(900/2,12×20)＝10000	18	180	2.466	443.88
13. 上层内侧钢筋 5	Φ20	──	14700＋max(900/2,12×20)＋max(900/2,12×20)＝15600	4	62.4	2.466	153.88
14. 上层外侧钢筋 1	Φ20	└─┐	25500－40＋15×20－40＋15×20＝26020	104	2706.08	2.466	6673.19
15. 上层外侧钢筋 2	Φ20	┌─┐	17100－40＋15×20－40＋15×20＝17620	178	3136.36	2.466	7734.26
16. 上层外侧钢筋 3	Φ20	┌─┐	21900－40＋15×20－40＋15×20＝22420	86	1928.12	2.466	4754.74
17. 上层外侧钢筋 4	Φ14	┌─┐	7800＋2000×2－2×40＋12×14×2＝12056	228	2748.77	1.208	3320.51
18. 下层负筋 1	Φ32	──	2000＋780＋1950－40＝4690	192	900.48	6.313	5684.73
19. 下层负筋 2	Φ28	──	2100＋780＋1950－40＝4790	100	479	4.834	2315.49
20. 下层负筋 3	Φ28	──	2100＋780＋1950－40＝4790	50	239.5	4.834	1397.24
21. 下层负筋 3 （⑤～⑦轴线）	Φ28	──	2400＋780＋1950－40＝5090	90	453.01	4.834	3095.87

续表

构件名称		构件数量	单根长度/mm	构件钢筋质量			质量/kg
基础筏板	钢筋类型 / 钢筋直径	钢筋形状		根数	总长度/m	理论质量/(kg/m)	112.290
22. 下层负筋 4	Φ16	——	1	280	1173.2	1.578	1851.31
			1500+780+1950-40=4190				
23. 下层负筋 5	Φ18	——	1500+780+1950-40=4190	140	586.60	1.998	1172.027
24. 下层负筋 6	Φ20	——	1500+780+1950-40=4190	70	293.3	2.466	723.28
25. 下层负筋 7	Φ32	——	1500+1950=3450	100	345	6.313	2177.99
26. 下层负筋 8	Φ32	——	2000+780+1950-40=4690	54	253.26	6.313	1598.83
27. 下层负筋 9	Φ14	——	1500+1500=3000	250	750	1.208	906.00
28. 下层负筋 10	Φ32	——	1950+1950=3900	250	975	6.313	6155.18
29. 下层负筋 11	Φ18	——	1500+1500+2700=5700	210	1197	1.998	2391.61
30. 下层负筋 12	Φ28	——	1950+1950+2700=6600	90	594	5.834	3465.40
31. 下层负筋 13	Φ32	——	1950+1500+2700=6150	70	430.5	6.313	2717.75
32. 下层负筋 14	Φ32	——	1950+2000-40=3910	54	211.14	6.313	1332.93

33. 基础梁钢筋

基础梁钢筋计算同梁钢筋计算方法

第7章 钢筋计算综合实例

以某中学教学楼为例，依据建筑设计说明、结构设计说明、建筑施工图、结构施工图以及相关图集资料，计算部分独立基础、框架柱、框架梁、板等构件的钢筋。

7.1 建筑专业设计说明

1. 编制依据
(1) 市规划局规划审批图。
(2) 市规划局单体审批图。
(3) 业主委托设计任务书。
(4) 现行国家及地方有关建筑设计的工程建筑规范、通则及规程。

2. 工程概况
(1) 建设地点。
(2) 用地概貌：用地平整。
(3) 建筑等级：三级。
(4) 设计使用年限：建筑使用年限为二级。
(5) 抗震设防烈度：7度。
(6) 结构类型：框架。
(7) 建筑体型系数：0.30。
(8) 建筑布局：条式（一层部分突出）。
(9) 建筑层数与高度：三层 14.400m。
(10) 建筑面积：地上 1005m²。
(11) 防火等级：二级。
(12) 屋面防水等级：三级。
(13) 窗墙比：0.700。

3. 本工程应严格遵守国家颁发的建筑工程各类现行施工验收规范并按设计图纸及选用的标准图进行施工；还应与结构、总平面图、给排水、采暖通风、电气等专业设计图纸密切配合

4. 本说明书应与其他专业设计统一说明书配套使用

5. 本工程标高以米为单位，尺寸以 mm 为单位

6. 建筑物室内地面标高±0.000 现场定，相当于绝对标高见详规图

7. 建筑做法及用料说明

（1）墙身防潮层。

所有内外砖墙均在标高低于室内地坪−0.06m 处铺满 20mm 厚 1：2 水泥砂浆，并加相当于水泥重量 5％的防水剂（该标高处有混凝土圈梁者除外）。

（2）屋面雨水管及空调排水管。

1）本工程屋面水落口均为 ϕ110 雨水口，雨水管均采用 A 类排水管，多层为 ϕ100，位置见屋顶平面图和水图。

2）高处屋面雨水管自由排往低处屋面时，在水落管正下方屋面上铺设混凝土水簸箕。

（3）门窗装修及铁件。

1）塑料门窗：均采用白色 PVC 中空玻璃塑料推拉窗并参照国标 92SJ704（一）图集要求施工，中空玻璃空气层厚度为 12mm。

2）所有金属制品露明部分均做红丹两度打底，中度灰色聚氨酯磁漆两度（注明者除外）。

3）不露明金属制品均作红丹两度打底，不刷油漆。

4）凡木料与砌体接触部分须满涂无毒性防腐涂料。

5）外木门、木窗室外一侧做一底二度栗色磁漆，室内一侧做一底二度乳白色磁漆。

6）内木门木窗均做一底二度乳白色磁漆。

7）凡木料与砌体接触部分须满涂防腐臭油。

8）所有木门均做贴脸（见安徽省民用木门窗图集）。

（4）玻璃五金。

1）门窗玻璃除注明外均用 5mm 净白片。

2）所有门窗玻璃除注明外，均按标准图和预算定额所规定的零件配齐。

注：1. 按 GB 7107《建筑外窗及阳台渗透性能分析及检测方法》之规定：建筑物 1～6 层的外窗及阳台门的气密性等级，不应低于三级；7 层及 7 层以上，不应低于二级。

2. 根据国家部委印发《建筑安全玻璃管理规定》的通知，7 层及 7 层以上建筑物外开窗单扇面积大于 1.5m² 的玻璃及玻璃底边离最终装修面小于 500mm 的落地窗，公共建筑出入口、门厅等部分，易遭受撞击、冲击而造成人体伤害的其他部位，必须使用安全玻璃。

（5）散水。

沿建筑物四周做 900mm 宽散水坡，构造（自下而上）：素土夯实；60mm 厚碎砖垫层粗砂填缝压实；80mm 厚 C15 混凝土随打随抹加浆压光，排水坡度 3％～5％，混凝土面层每隔 30m 做 20mm 宽伸缩缝一条，散水坡与外墙之间设 20mm 宽缝，缝内均灌热沥青砂。

（6）地面（做法说明均为自上而下）。

水泥砂浆地面：

20mm 厚 1：2 水泥砂浆面层，100mm 厚碎石垫层，80mm 厚 C10 混凝土，素土夯实。

(7) 楼面（做法说明均为自上而下）。

水泥砂浆楼面：

20mm 厚 1：2 水泥砂浆面层抹光；

2mm 厚聚氨酯防水涂料（仅用于走廊）现浇楼板。

(8) 外墙面（规格、色彩、部位详见立面图）。

1）外墙涂料墙面：（做法说明均为自内而外）

基层墙体（240mm 厚 KP1 黏土多孔砖墙）；

界面剂砂浆；

胶粉聚苯颗粒保温浆料 20mm 厚（内设镀锌钢丝网）；

6mm 厚聚合物抗裂砂浆（压入耐碱玻纤网格布）；

涂料饰面层（色彩见立面图）。

2）外墙面砖墙面：（做法说明均为自内而外）。

基层墙体（240mm 厚 KP1 黏土多孔砖墙）；

界面剂砂浆；

胶粉聚苯颗粒保温浆料 20mm 厚；

5mm 厚聚合物抗裂砂浆；

设四角镀锌钢丝网一层；

5mm 厚聚合物抗裂砂浆，胶黏剂粘贴面砖饰面（色彩见立面图）。

(9) 内墙面（做法说明均为自内而外）。

乳胶漆内墙面：（用于其余部分）

12mm 厚 1：1：6 水泥石灰砂浆底；

6mm 厚 1：0.5：1 水泥石灰砂浆面；

满刮乳胶漆腻子二遍；

刷白色乳胶漆二度。

(10) 顶棚（做法说明均为自内而外）。

乳胶漆顶棚：

刷素水泥浆一道（加 10％108 胶）；

8mm 厚 1：1：6 水泥石灰砂浆底；

7mm 厚 1：1：6 水泥石灰砂浆面；

满刮乳胶漆腻子二遍；

刷白色乳胶漆二度。

(11) 踢脚（做法说明均为自内而外）。

水泥踢脚：（高 120mm 平墙）

12mm 厚 1：3 水泥砂浆打底扫毛或划出纹道；

8mm 厚 1：2 水泥砂浆罩面压实赶光。

（12）屋面（做法说明均为自上而下）。

平屋面一：（建筑找坡）

20mm 厚 1：3 水泥砂浆粘铺 296mm×296mm×35mm 预制 C20 混凝土块；

4mm 厚 SBS 卷材防水层一道；

20mm 厚 1：3 水泥砂浆找平层；

聚苯乙烯泡沫塑料板保温层找坡，最薄处 20mm 厚。（1：10 干熔性炉渣混凝土找坡）基层处理剂一道。

20mm 厚 1：3 水泥砂浆找平层。

现浇楼板。

（13）黑板做法见皖 J06，4000mm×1100mm 水泥砂浆黑板。

木框下沿距讲台 850mm。讲台尺寸 4400mm×700mm，砖砌面水磨石。

（14）其他。

1）所有走廊地坪均低于室内地坪 20mm。

2）本工程门垛尺寸详见平面图，结构柱边 120mm 宽以下墙垛均用素混凝土与结构柱整浇。

3）本工程凡在室内门窗洞及墙阳角处均做 1：2mm 水泥砂浆护角，通高，每边 50mm 宽。

4）带有艺术效果的建筑内外装修应先做试样，经设计、建设、施工单位三方协商取得一致意见后才能全面施工。

5）所有楼梯平台水平段栏杆长度＞500mm 时，其扶手高度＞1100mm，且楼梯栏杆垂直杆件间净空＜110mm。

楼梯栏杆选用皖 94J401 $\frac{M3}{8}$ 防护栏杆选用 94J401 $\frac{2}{25}$。

6）屋顶未经设计不得随意设置太阳能热水器。

7）凡易积水的房间地面均增设一道 1.5mm 厚聚氨酯防水涂料。

8）施工中应严格执行国家各项施工质量验收规范。

9）总平面图见详规。

7.2　建筑施工图

绘制建筑施工图，如图 7-1～图 7-7 所示。

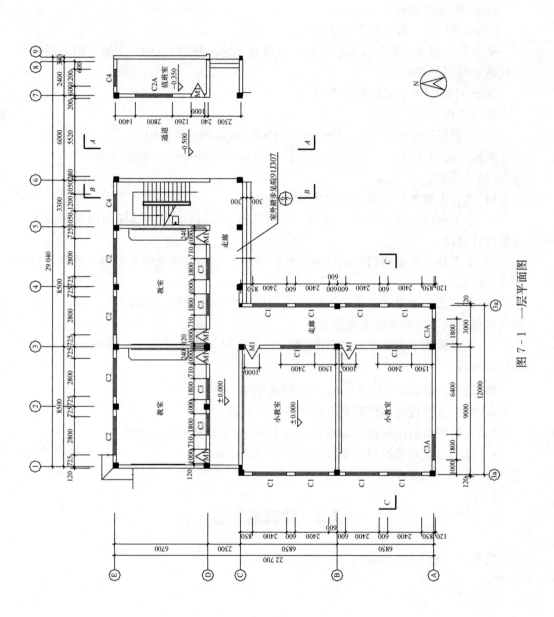

图 7 - 1　一层平面图

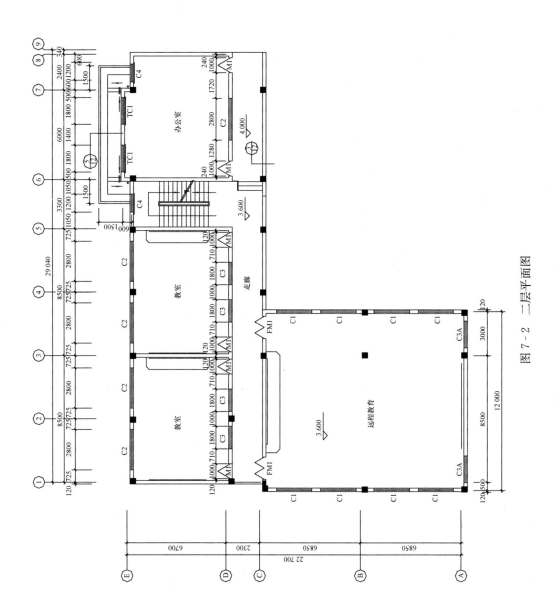

图 7 - 2　二层平面图

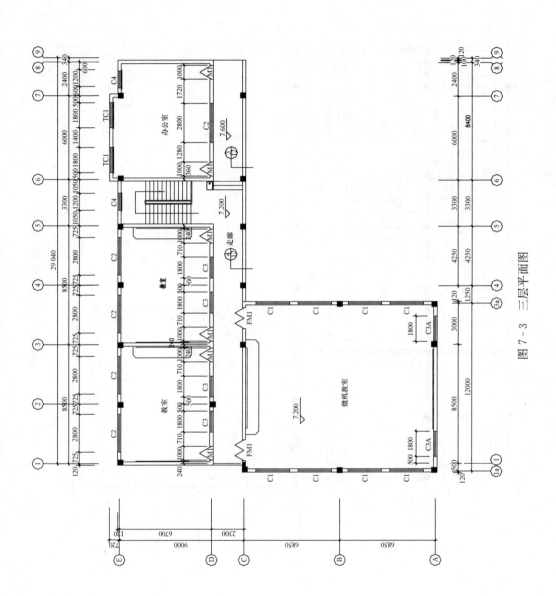

图 7 - 3 三层平面图

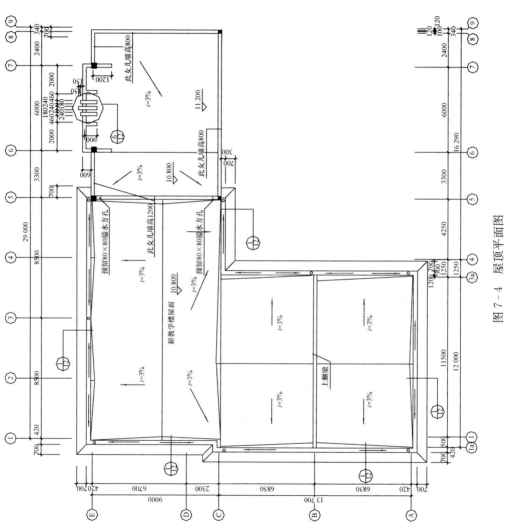

图 7 - 4　屋顶平面图

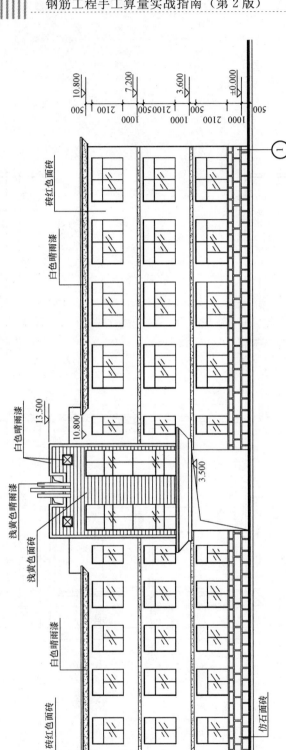

图 7 - 5 北立面图

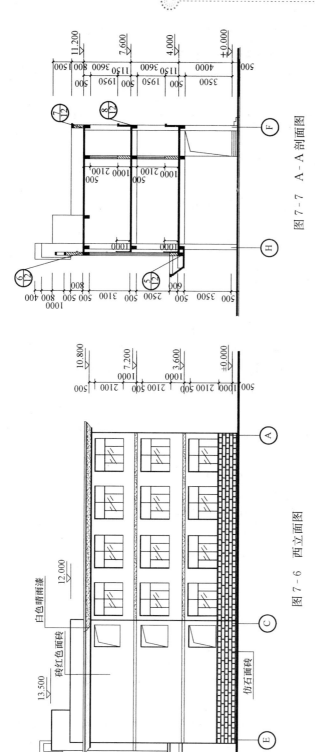

图 7 - 7　A - A 剖面图

图 7 - 6　西立面图

7.3 结构设计总说明

1. 前言

（1）本工程设计文件须报经法定的图纸审查机构审查后方可使用。

（2）本工程（项目）为框架结构。

（3）全部尺寸单位除注明外，均以毫米（mm）为单位，标高则以米（m）为单位。

（4）本工程±0.000为室内地面标高，相当于测量标高24.600m。

（5）本工程施工应遵守各有关施工规范及规程。

（6）设计依据：

1）岩土工程勘察报告。

2）国家颁发的主要规范和规程：

①《建筑结构荷载规范》（GB 50009—2012）。

②《建筑地基基础设计规范》（GB 50007—2011）。

③《混凝土结构设计规范》（GB 50010—2010）。

④《建筑抗震设计规范》（GB 50011—2010）。

⑤《混凝土结构工程施工质量验收规范》（GB 50204—2015）。

⑥《砌体工程施工质量验收规范》（GB 50203—2011）。

2. 抗震设计及防火要求

（1）本工程建筑结构的安全等级为二级；设计使用年限为50年；建筑抗震设防分类：丙类建筑。

（2）本工程抗震设防烈度：7度；设计基本地震加速度：0.1g；设计地震分组：第一组。

（3）本工程场地类别：Ⅱ类；钢筋混凝土结构抗震等级：框架三级，地基基础设计等级：丙级。

（4）本建筑物耐火等级为二级，混凝土框架柱为2.5h，结构构件主筋保护层厚度，见表7-1。

表7-1　　　　　　　　　　　　混凝土保护层厚度　　　　　　　　　　　mm

位置	地 下				地 上			
构件名称	墙、板内侧	墙、板外侧	梁、柱内侧	梁、柱外侧	板	墙	柱	梁
保护层厚度	20	30	30	30	15	15	30	25

3. 地基基础部分

（1）本工程采用天然地基独立基础，根据岩土工程勘察报告，基础埋置在②层粉质黏土层，地基承载力特征值 $f_{ak} = 210$kPa。

（2）条型基础埋置深度有变化时应做成1∶2跌级连接，除特殊情况外，施工时一般按图 7-8 做法处理，当底层内隔墙（高度≤4m）直接砌筑在混凝土地面上时可按图 7-9 施工。

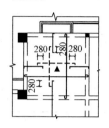

图 7-8　现浇楼板抗裂筋

注：图中实线为板受力筋虚线为搞裂面筋

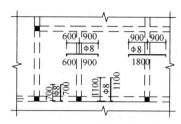

图 7-9　板负筋下料长度示意

注：在各图中另有尺寸标注的以各图为准

（3）本工程场地的地震动参数：截面验算 $\alpha_{max} = 0.08$，变形验算 $\alpha_{max} = 0.50$，特征周期 $T_g = 0.35s$。

（4）本工程场地的地基液化程度不液化。

（5）本工程地下水类型：潜水类型；地下水腐蚀性评价：对混凝土结构无腐蚀性；常年地下水位绝对标高。

（6）基坑开挖，应做好降水排水和基坑支护工作，地下水位应降到基底设计标高以下 500mm，降低地下水位应遵守《建筑地基工程施工质量验收标准》（GB 50202—2018）中的有关规定，并注意降水对相邻建筑物的不良影响。

（7）基础施工完后，应及时回填土，并应在墙基两侧和柱基相对两个方向同时进行回填，分层夯实。

（8）在基坑开挖完毕后，经勘察、设计、施工、建设及监理单位会同有关部门对其进行验收，合格后应及时浇捣基础垫层。

（9）基础底板主筋混凝土保护厚度为 40mm。

4. 钢筋混凝土结构部分

（1）钢筋混凝土结构的环境类别：基础及 ±0.000 以下结构二类，上部结构一类。

（2）所用材料（水泥、粗细骨料及钢材）均应有试验报告，并应符合有关材质验收标准，方可使用，水泥宜采用普通硅酸盐水泥强度等级不得低于 32.5 级，构件不得采用两种不同成分的水泥。

（3）混凝土强度等级的规定：（详图中另有注明者按详图施工）

1）柱、墙、梁、板采用：基础承合顶至屋面 C20 混凝土，四层楼面以上 C20 混凝土。

2）基础垫层混凝土为 C10。基础混凝土为 C25 构造柱，过梁混凝土为 C20。

3）混凝土试块的制作与养护应符合标准，混凝土中除加防水剂和减水剂外不得掺用其他化学附加剂，混凝土施工应符合《混凝土结构工程施工质量验收规范》

（GB 50204—2015）的有关要求。

（4）现浇结构各部件受拉钢筋锚固长度 l_{aE} 见表 7 - 2。

表 7 - 2　　　　　　　　　　　受拉钢筋锚固长度

钢筋种类	混凝土强度等级		
	C20	C25	C30
HPB235	33d	28d	25d
HRB335	41d	35d	31d

注：1. 当 HPB235 级钢筋作受拉钢筋时，末端应做 180°弯钩；

　2. 当 HPB335 级钢筋末端采用机械锚固措施时，包括附加锚固端头在内的锚固长度应不小于表中数字的 0.7 倍。

（5）现浇结构各部件受拉钢筋搭接长度 l_{lE} 见表 7 - 3。

表 7 - 3　　　　　　　　　　　受拉钢筋搭接长度

钢筋种类	混凝土强度等级		
	C20	C25	C30
HPB235	40d	34d	30d
HRB335	48d	42d	37d

注：1. 当纵向受拉钢筋的绑扎搭接接头面积百分率不大于 25％时，取用上表数值，且不应小于 300mm。

　2. 当纵向受拉钢筋的绑扎搭接接头面积百分率大于 25％时，但不大于 50％，按本表数值乘以系数 1.2 取用。

　3. 两根直径不同钢筋搭接长度，以较细钢筋的直径计算。

（6）钢材与焊条。

1）钢筋强度设计值 HPB235 的 $f_y = 210 N/mm^2$；HRB335 的 $f_y = 300 N/mm^2$；冷轧带肋钢筋的 $f_y = 340 N/mm$；

2）电弧焊接用的焊条：Ⅰ级钢筋采用 E43XX 焊条，Ⅱ级钢筋采用 E50XX 焊条。

3）所有外露钢构件一律刷防锈漆二道，面漆二道颜色详见建筑专业图纸。

（7）本工程的梁、柱、剪力墙均采用平面整体表示法，详见国家标准图集，本工程未注明的构造均按 03G101－1 施工，其中悬臂梁应按图 7 - 10 要求施工。

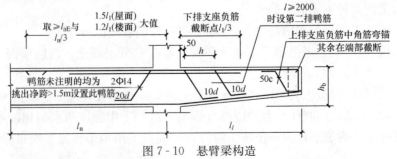

图 7 - 10　悬臂梁构造

（8）楼板。

1）单向板底筋的分布筋及单向板、双向板支座负筋的分布筋，除结构平面图中注明外，屋面及外露结构用 Φ8@200，楼面用 Φ6@200。板负筋下料长度示意如图 7-9 所示。

2）双向板之底筋，其短向筋放在钢筋放在短向筋之上。

3）结构图中之钢筋规格代号分别表示：K6＝Φ6@200；K8＝Φ8@200。

4）凡结构平面图中标有"▲"符号之板角处均需正交布置抗裂面筋，参照图一示意施工抗裂面筋为 Φ8@200 双向筋，与支座负筋搭接，当与支座负筋直径，间距相同时可以拉通。

5）受力钢筋接头的位置应相互错开，梁中（包括基础）钢筋接头允许位置（图中斜线部分）详见图 7-11，当采用非焊接接头时，在任一接头中心至 1.3 倍。搭接长度的区段范围内或采用焊接头时在任一焊接接头中至长度为钢筋直径的区段内，有接头的受力钢筋截面积占受力钢筋总截面积的百分率不得超过 50%。

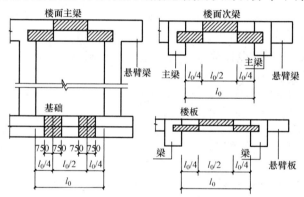

图 7-11　梁中受力钢筋接头允许位置

6）悬臂梁钢筋不允许有接头或搭接。

7）配有双层钢筋的一般楼板，均应加设支撑钢筋，支撑钢筋型式可用几，Φ8 钢筋制成，每平方米设置一个。

8）跨度大于 4m 的板，要求板跨中起拱 $L/400$。

9）开洞楼板除注明做法外，当洞宽不大于 300 时不设附加筋，板筋绕过洞边，不得切断。当 $300<d$（或 b）<1000。应在孔洞每侧配置附加钢筋，未注明者均按图 7-12 施工。

10）上下水管道及设备孔洞均需按平面图所示位置及大小预留，不得后凿。

11）反梁结构的屋面需按排水方向，图示位置及尺寸预留泄水孔，不得后凿。

12）楼板支座处受力钢筋的边支座锚固长度详见图 7-13。

13）折板转角应按图 7-14 构造施工。

（9）梁。

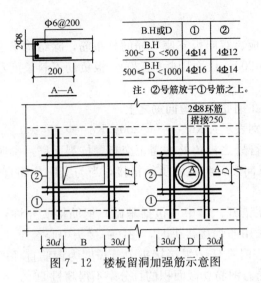

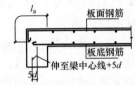

图 7 - 12　楼板留洞加强筋示意图

图 7 - 13　板中钢筋支座锚固示意

1）跨度 $L \geqslant 4m$ 的支承梁及 $L \geqslant 2m$ 的悬臂梁，应按施工规范要求起拱。

2）设备管线需要在梁侧开洞或埋设件时，应严格按设计图纸要求位置，在浇灌混凝土之前经检查符合设计要求后方可施工，孔洞不得后凿。

3）折梁转角应按图 7 - 14 构造施工。

4）当框架梁，柱混凝土强度等级相差超过 5MPa 时，其节点区的混凝土强度等级应按其中较高级者施工。

5）梁腰上预埋套管处加强筋见图 7 - 15，图中当 $D > h/10$ 且 $D < 100mm$ 时不设附加筋，当 $D \leqslant 250mm$ 时按图 7 - 15 配构造钢筋。其中 $D \leqslant h/2$。

6）图 7 - 15 中未注明的梁均为轴线居梁中，未注明的预埋件、套管和留洞均标志中心位置。

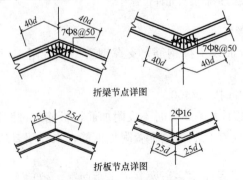

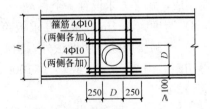

图 7 - 14　折梁、折板转角构造图

图 7 - 15　梁腰预埋套管加强筋示意

（10）当屋面为结构找坡时，不论现浇或铺设预制件，均需按建筑平面图所示坡度要求制作或铺放，卫生间及厨房等的排水坡均采用建筑找坡。

（11）凡是平面不规则的梁、板中钢筋应足尺放样下料，确保钢筋的搭接和锚固长度。

（12）屋面钢筋混凝土女儿墙板或檐沟铅长度方向每隔 12m 设一道温度变形缝，缝宽为 15mm。

（13）梁柱节点部位混凝土应振捣密实，当节点钢筋过密时，可采用同强度等级的细石混凝土。

（14）施工过程中，应严格控制主楼的垂直度，其偏差值应满足规范要求。

5．砌体部分

（1）构造柱抗震构造参见 03G363 进行施工。

（2）框架结构中的墙砌体均不作承重用。防潮层以下用 MU10 黏土砖，M5.0 水泥砂浆砌筑，其余砌体采用 MU3.0 空心砖、M5.0 混合砂浆砌筑。自然容重不大于 10.5kN/m³。

（3）当砌体墙的水平长度大于 5m 或墙端部没有钢筋混凝土墙柱时，应在墙中间或墙端部加设构造柱（GZ＊）构造柱具体位置详建筑平面图。构造柱的混凝土强度等级为 C20，竖筋用 4φ12，箍筋用φ6@200，其柱脚及柱顶在主体结构中预埋 4φ12 竖筋，该竖筋伸出主体结构面 500mm。施工时需先砌墙后浇柱，墙与柱的拉结筋应在砌墙时预埋。

（4）高度大于 4m 的 200mm 砖墙及大于 3m 的 120mm 砖墙，需在墙半高处设钢筋砖带一道，砖带用 M10 砂浆砌 50mm 高，砖带内放 3φ8（180 厚墙）、2φ8（120mm 厚墙）钢筋，此钢筋需与柱，墙中之预留钢筋搭接或焊接。

（5）钢筋混凝土墙或柱与砌体用 2φ6 钢筋连结，该钢筋沿钢筋混凝土墙或柱高度每隔 500mm 预埋，锚入混凝土墙或柱内 180mm，外体 700mm 且不小于墙长的 1/5，若墙垛长不足上述长度，则伸满墙垛长度，而末端需弯直钩。

（6）砌体墙中的门窗洞及设备预留孔洞，其洞顶均需设过梁，过梁除图中遇有注明外，统一按以下规定：

1）凡洞宽小于等于 1.0m 时设钢筋混凝土过梁 GLA，详见图 7-16。混凝土用 C20。凡洞宽大于 1.2m 时设钢筋混凝土过梁 GLB，详见图 7-16。混凝土用 C20。

2）当洞顶与结构梁（板）底的距离小于上述各类过梁的高度时，过梁须与结构梁（板）浇成整体，如图 7-17 所示。

6．自然条件及荷载取值

（1）风荷载：本地区 10m 高处基本风压为 0.35kN/m³。地面粗糙度：B 类。

（2）雪荷载：基本雪压为 0.45kN/m²。

（3）楼面、屋面活荷载标准值教室：办公室 2.0kN/m²，楼梯 2.5kN/m²，不上人屋面 0.5kN/m²。

7．其他

（1）施工缝的设备形楼盖的应沿着次梁的方向浇灌混凝土，其施工缝应留置在梁跨中的 1/3 区段内；如浇灌平板楼盖，施工缝应平行于板的短边。钢筋混凝土

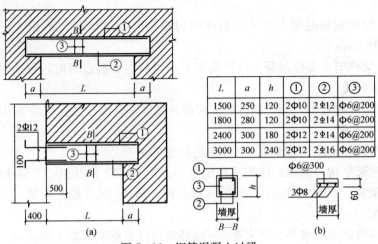

L	a	h	①	②	③
1500	250	120	2Φ10	2Φ12	Φ6@200
1800	280	120	2Φ10	2Φ14	Φ6@200
2400	300	180	2Φ12	2Φ14	Φ6@200
3000	300	240	2Φ12	2Φ16	Φ6@200

图 7 - 16　钢筋混凝土过梁

（a）过梁 GLB 详图；（b）钢筋混凝土过梁 GLA 详图

柱、墙的施工缝见柱、墙配筋通用图。

（2）后浇带做法：板带内的钢筋先做分离处理，浇灌板带混凝土前将两侧分离钢筋加焊，如图 7 - 18 所示，后浇带处的梁钢筋一般可连通。后浇带处的混凝土一般在 2 个月后浇灌，且宜用强度等级高一级膨胀混凝土浇灌。

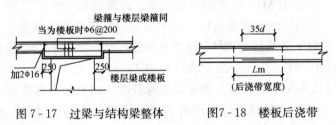

图 7 - 17　过梁与结构梁整体　　　图 7 - 18　楼板后浇带

（3）防雷要求工程防雷引下线接地详见电气专业图，土建施工过程中防雷系统装置应按电气专业有关设计图纸施工。

（4）本工程在主体结构施工过程中必须由施工单位的水、暖、电等有关工程进行密切配合，在梁、柱、板、墙施工时，应由相关工种对所须预埋铁件、套管、预留孔洞等进行核对，确认无误后方可浇捣混凝土，不得以任何理由在浇捣完毕的混凝土构件上后凿孔洞。

（5）未经技术鉴定或设计许可，不得改变结构的用途和使用环境。

（6）本工程应设沉降观测点。

（7）回填要求：回填土应分层夯实、压实系数 0.95。

7.4　结构施工图

结构施工图如图 7 - 19～图 7 - 31 所示，钢筋计算表见表 7 - 4。

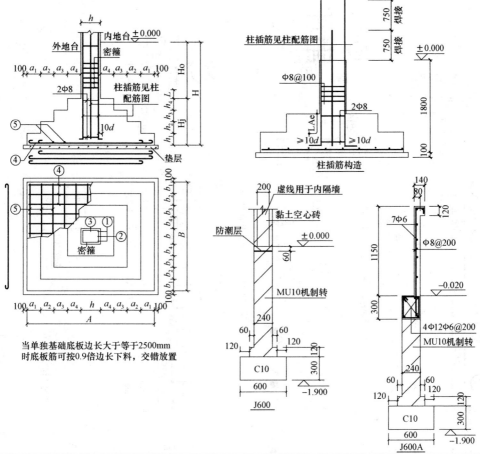

当单独基础底板边长大于等于2500mm
时底板筋可按0.9倍边长下料，交错放置

基础编号	类型	柱断面 $b \times h$	基础平面尺寸						基础高度					基础底板配筋	
			A	a_1	a_2	B	b_1	b_2	H	H_j	H_o	h_1	h_2	④	⑤
ZJ1	I	400×500	2100	800		1700	650		1800	500	1300	500		Φ14@200	Φ14@200
ZJ2	I	400×500	2000	750		1600	600		1800	500	1300	500		Φ14@200	Φ14@200
ZJ3	I	400×500	1500	550		1500	550		1800	500	1300	500		Φ14@200	Φ14@200
ZJ4	I	400×500	1900	750		1900	750		1800	500	1300	500		Φ14@200	Φ14@200
ZJ5	I	400×500	2500	1000		2000	800		1800	500	1300	500		Φ14@200	Φ14@200
ZJ6	I	400×500	2600	1050		2100	850		1800	500	1300	500		Φ14@200	Φ14@200
ZJ7	I	400×500	2800	300	850	2300	300	650	1800	600	1200	300	300	Φ14@200	Φ14@200
ZJ8	I	350×740	2750	1000		1950	800		1800	500	1300	500		Φ14@200	Φ14@200
ZJ9	I	500×500	2400	950		2400	950		1800	500	1300	500		Φ14@200	Φ14@200
ZJ10	I	500×500	2000	750		2000	750		1800	500	1300	500		Φ14@200	Φ14@200
ZJ10A	I	400×500	2000	800		2000	800		1800	500	1300	500		Φ14@200	Φ14@200
ZJ11	I	400×500	1600	600		1600	600		1800	500	1300	500		Φ14@200	Φ14@200
ZJ12	I	400×500	1600	600		1600	600		1800	500	1300	500		Φ14@200	Φ14@200

注：1. 本工程基础的混凝土用C25，钢筋用HRB335，地基承载力特征值=210kN/m²。
　　2. 当基础底板边长度A或B大于2.5m时，该方向的钢筋长度可缩短10%，并交错放置，与柱h方向
　　　平行的基础底板钢筋放在下层。
　　3. 预留柱的箍筋密度及其型式和底层柱的箍筋相同。
　　4. 基础底板上钉的钢筋保护层厚度为40mm。
　　5. 垫层用C10混凝土，厚度为100mm。

图 7 - 19　独立柱基础配筋

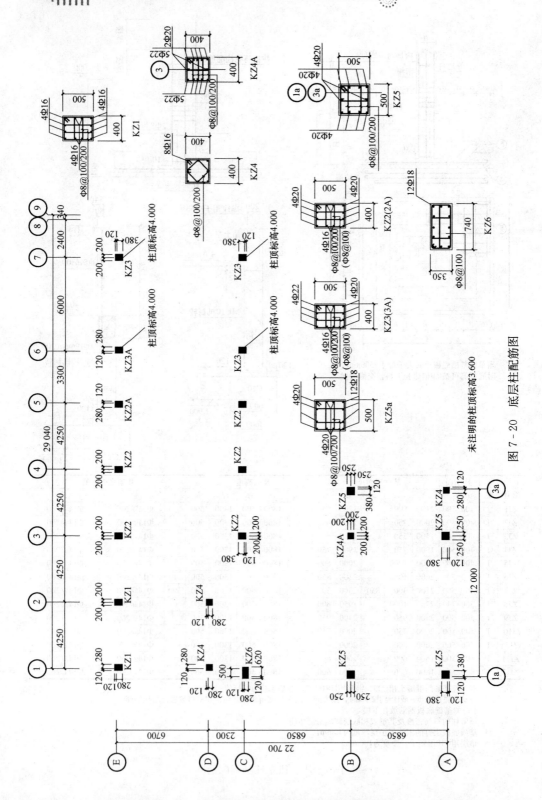

图 7 - 20 底层柱配筋图

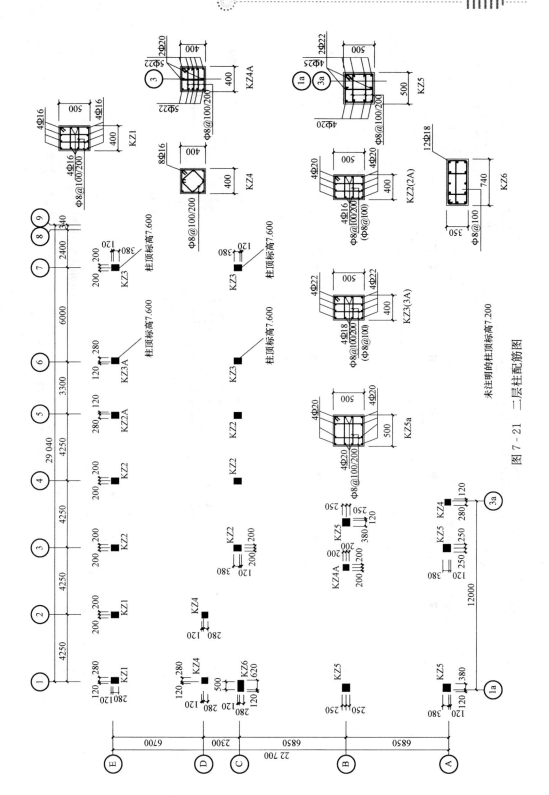

图 7 - 21 二层柱配筋图

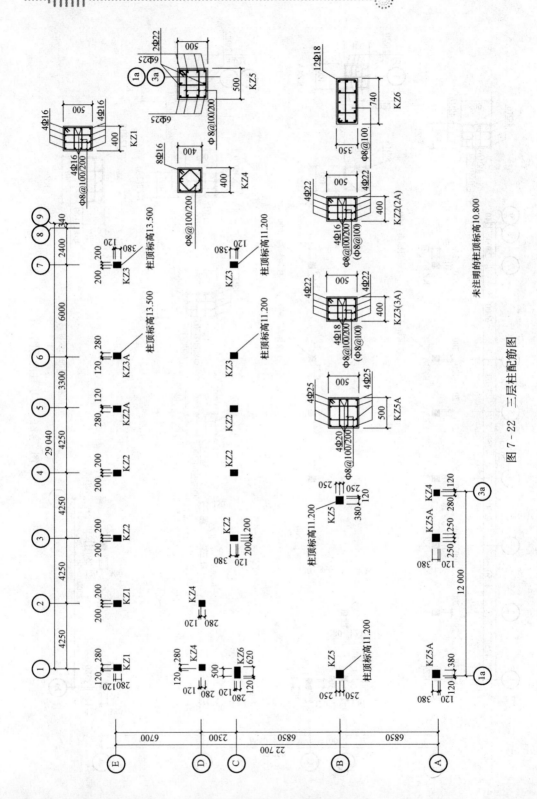

图 7-22 三层柱配筋图

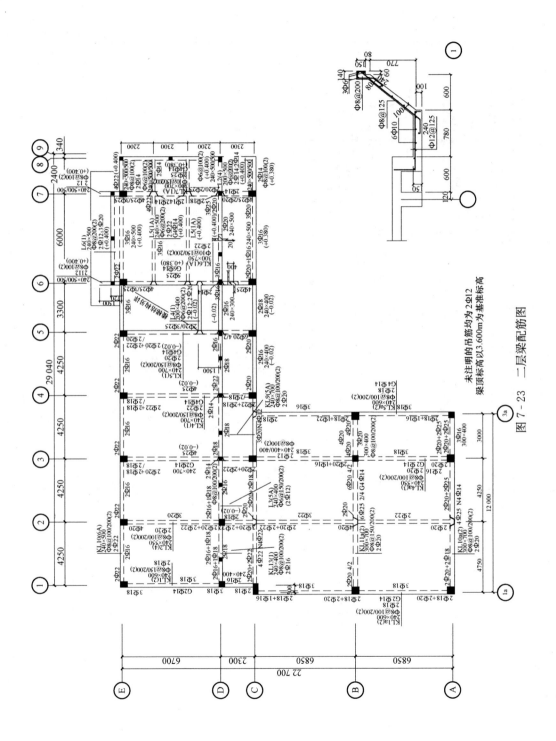

图 7 - 23　二层梁配筋图

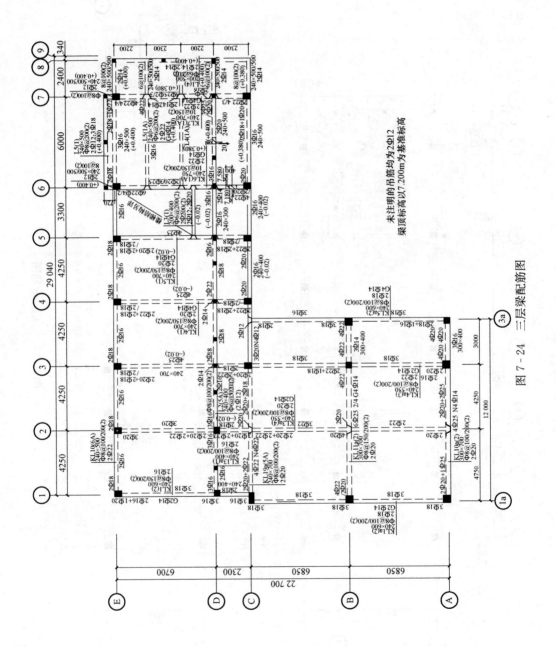

图 7 - 24 三层梁配筋图

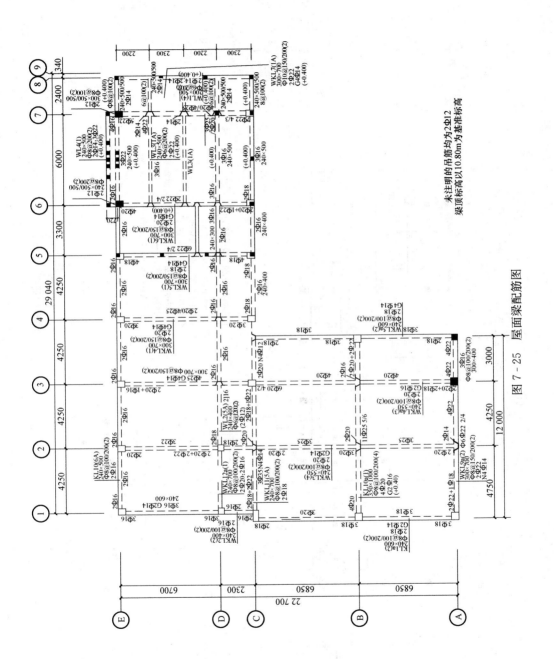

图 7 - 25 屋面梁配筋图

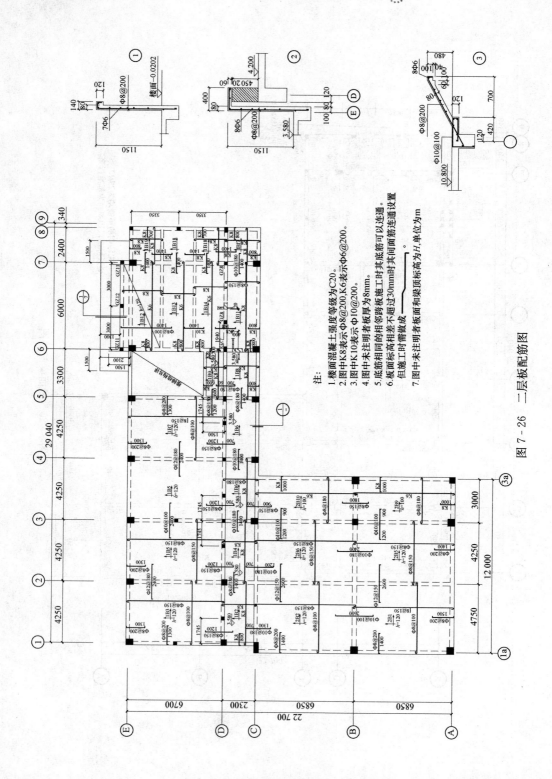

图 7-26 二层板配筋图

注：
1. 楼面混凝土强度等级为C20。
2. 图中K8表示Φ8@200,K6表示φ6@200。
3. 图中K10表示Φ10@200。
4. 图中未注明者板厚为8mm。
5. 底筋相同的相邻板跨板施工时其底筋可以连通。
6. 板面相同标高相差不超过30mm时其间面筋连通设置，
   但施工时需做成 ⌐_____⌐ 。
7. 图中未注明者板面和梁顶面标高为H,单位为m。

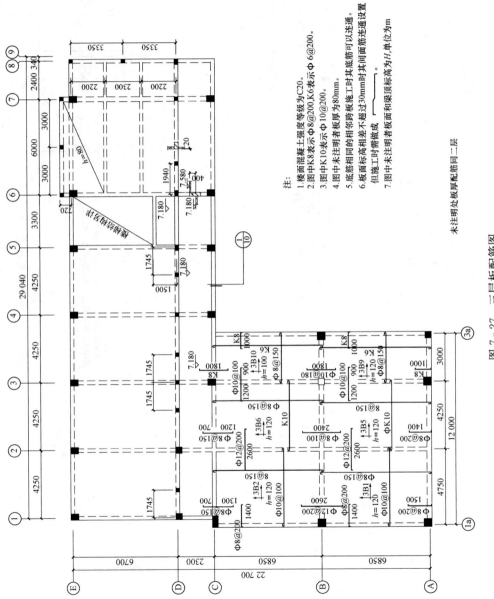

注:
1. 楼面混凝土强度等级为C20。
2. 图中K8表示Φ8@200,K6表示Φ 6@200。
3. 图中K10表示Φ10@200。
4. 图中未注明者板厚为80mm。
5. 底筋相同的相邻跨板施工时其底筋可以连通。
6. 板面标高相同的相邻高相差不超过30mm时其间面筋连通设置 但施工时需做成 。
7. 图中未注明者板面和梁顶面标高为H,单位为m。

未注明处板厚配筋同二层

图 7 - 27 三层板配筋图

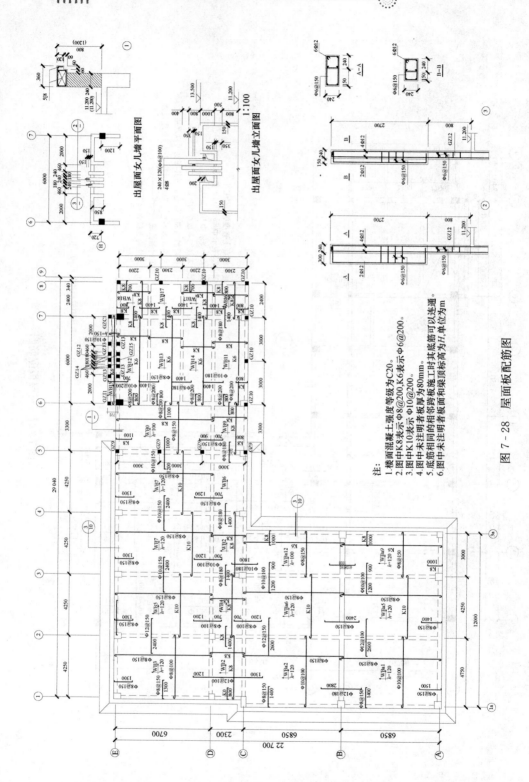

注:
1. 楼面混凝土强度等级为C20。
2. 图中K8表示Φ8@200,K6表示Φ6@200。
3. 图中K10表示Φ10@200。
4. 图中未注明者板厚为80mm。
5. 底筋相同的相邻跨跨板施工时其底筋可以连通。
6. 图中未注明者板面和梁顶板顶标高为H,单位为m。

图 7 - 28　屋面板配筋图

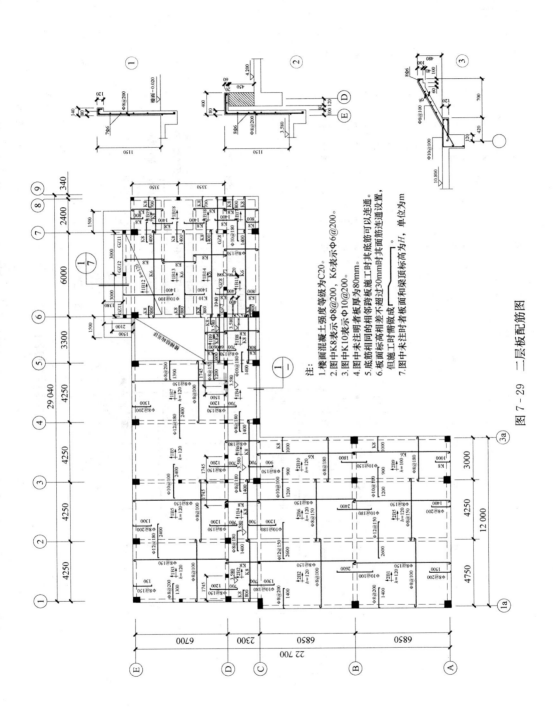

注:
1. 楼面混凝土强度等级为C20。
2. 图中K8表示Φ8@200，K6表示Φ6@200。
3. 图中K10表示Φ10@200。
4. 图中未注明者板厚为80mm。
5. 底筋相同的相邻跨施工时其底筋可以连通。
6. 板面相同标高相差不超过30mm时其面筋连通设置，但施工时需做成。
7. 图中未注明者板面和梁顶标高为H，单位为m

图 7 - 29　二层板配筋图

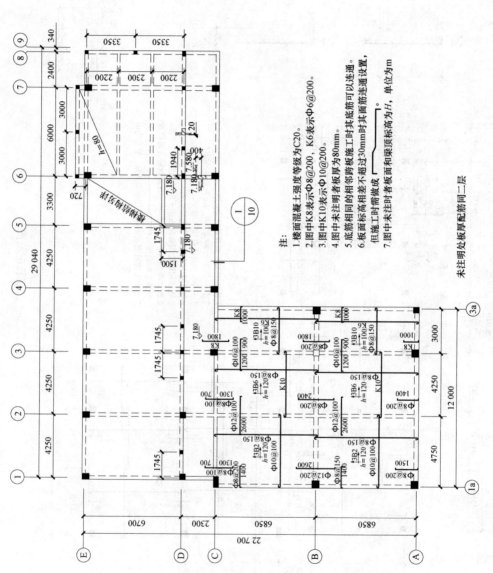

图 7 - 30 三层板配筋图

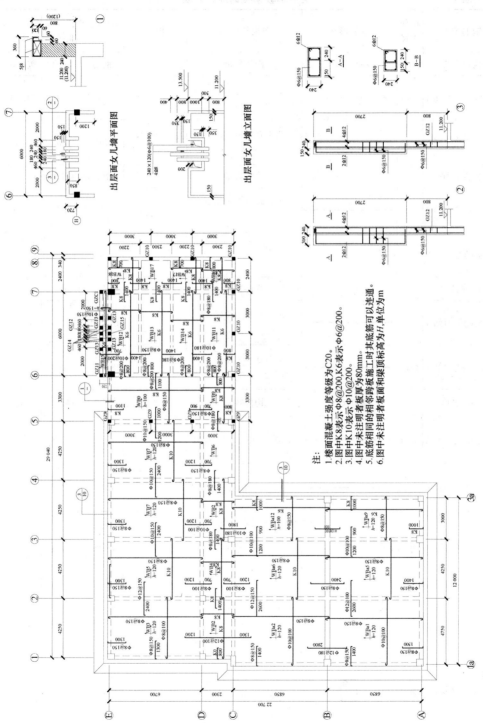

图 7 - 31　屋面板配筋图

表 7 - 4   **某中学教学楼钢筋计算表**

钢筋类型	钢筋直径	钢筋形状	单根长度/m	根数	总长度/m	理论质量/(kg/m)	质量/kg
构件名称		ZJ1	**构件数量**	1	**钢筋总质量/t**		0.043
1. 基础受力筋 1	Φ 14	———	1.700 − 0.040 × 2 = 1.62	2.02/0.2 + 1 = 11	17.82	1.208	21.53
2. 基础受力筋 2	Φ 14	———	2.100 − 0.040 × 2 = 2.02	1.62/0.2 + 1 = 9	18.18	1.208	21.96
构件名称		ZJ2	**构件数量**	1	**钢筋总质量/t**		0.041
1. 基础受力筋 1	Φ 14	———	1.600 − 0.040 × 2 = 1.52	1.92/0.2 + 1 = 11	16.72	1.208	20.20
2. 基础受力筋 2	Φ 14	———	2.000 − 0.040 × 2 = 1.92	1.52/0.2 + 1 = 9	17.28	1.208	20.87
构件名称		ZJ4	**构件数量**	2	**钢筋总质量/t**		0.088
1. 基础受力筋 1	Φ 14	———	1.900 − 0.040 × 2 = 1.82	1.82/0.2 + 1 = 10	18.200	1.208	21.986
2. 基础受力筋 2	Φ 14	———	1.900 − 0.040 × 2 = 1.82	1.82/0.2 + 1 = 10	18.200	1.208	21.986
构件名称		ZJ10	**构件数量**	1	**钢筋总质量/t**		0.051
1. 基础受力筋 1	Φ 14	———	2.00−0.040×2=1.92	1.92/0.2+1=11	21.120	1.208	25.513
2. 基础受力筋 2	Φ 14	———	2.00−0.040×2=1.92	11	21.120	1.208	25.513
受力筋根数计算:(2−0.04×2)/0.2+1=11							
构件名称	基础层角柱 KZ1(E,1)轴		**构件数量**	1	**钢筋总质量/t**		0.040
1. 柱基础插筋	Φ 16	⌐	0.5 − 0.04 + (3.6 − 0.6+1.3)/3+max(8× 0.016,0.150)=2.043 0.5 ≥ 0.7 × 41 × 0.016,弯钩取 8×0.016	12	24.516	1.578	38.69
2. 基础柱箍筋	Φ 8	▢	2×(0.4+0.5−4× 0.04) + 2 × 11.9 × 0.008 + 8 × 0.008 =1.734	2	3.469	0.394	1.367

续表

钢筋类型	钢筋直径	钢筋形状	单根长度/m	根数	总长度/m	理论质量/(kg/m)	质量/kg
构件名称	基础层边柱 KZ1(E,2)轴		构件数量	1	钢筋总质量/t		0.040
1. 柱基础插筋	Φ16	⌐__	$0.5-0.04+(3.6-0.55+1.3)/3+\max(8\times0.016,0.150)=2.06$ $0.5\geqslant0.7\times41\times0.016$,弯钩取 8×0.016	12	24.720	1.578	39.008
2. 基础柱箍筋	Φ8	▢	$2\times(0.4+0.5-4\times0.04)+2\times11.9\times0.008+8\times0.008=1.734$	2	3.469	0.394	1.367
构件名称	基础层边柱 KZ2(E,3)轴		构件数量	1	钢筋总质量/t		0.056
1. 柱基础角插筋	Φ20	⌐__	$0.5-0.04+(3.6-0.7+1.3)/3+\max(10\times0.02,0.15)=2.06$ $0.5\geqslant0.6\times41\times0.020$,弯钩取 $\max(8\times0.020,0.15)$	4	8.240	2.466	20.320
2. 柱基础 B 边插筋	Φ20	⌐__	$0.5-0.04+(3.6-0.4+1.3)/3+\max(10\times0.02,0.15)=2.16$ $0.5\geqslant0.6\times41\times0.02$,弯钩取 $\max(10\times0.020,0.15)$	4	8.64	2.466	21.306
3. 柱基础 H 边插筋	Φ16	⌐__	$0.5-0.04+(3.6-0.7+1.3)/3+\max(8\times0.016,0.15)=2.01$ $0.5\geqslant0.7\times41\times0.016$,弯钩取 $\max(8\times0.016,0.15)$	4	8.040	1.578	12.687
4. 基础柱箍筋	Φ8	▢	$2\times(0.4+0.5-4\times0.04)+0.008+8\times0.008=1.552$	2	3.104	0.394	1.223

续表

钢筋类型	钢筋直径	钢筋形状	单根长度/m	根数	总长度/m	理论质量/(kg/m)	质量/kg
构件名称	基础层中柱 KZ2(E,4)轴		构件数量	1	钢筋总质量/t		0.055
1. 柱基础角筋	Φ20		0.5−0.04+(3.6−0.7+1.3)/3+max(10×0.02,0.15)=2.06 0.5≥0.6×41×0.020,弯钩取 max(8×0.020,0.15)	4	8.240	2.466	20.320
2. 柱基础B边插筋	Φ20		0.5−0.04+(3.6−0.7+1.3)/3+max(10×0.02,0.15)=2.06 0.5≥0.6×41×0.02,弯钩取 max(10×0.020,0.15)	4	8.240	2.466	20.320
3. 柱基础H边插筋	Φ16		0.5−0.04+(3.6−0.7+1.3)/3+max(8×0.016,0.15)=2.01 0.5≥0.7×41×0.016,弯钩取 max(8×0.016,0.15)	4	8.040	1.578	12.687
4. 基础柱箍筋	Φ8		2×(0.4+0.5−4×0.04)+0.008+8×0.008=1.552	2	3.104	0.394	1.223
构件名称	基础层中柱 KZ2(C,3)轴		构件数量	1	钢筋总质量/t		0.056
1. 柱基础角筋	Φ20		0.6−0.04+(3.6−0.7+1.2)/3+max(10×0.02,0.15)=21.27 0.6≥0.7×41×0.020,弯钩取 max(8×0.020,0.15)	4	8.508	2.466	20.981
2. 柱基础B边插筋	Φ20		0.6−0.04+(3.6−0.7+1.2)/3+max(10×0.02,0.15)=2.127 0.6≥0.7×41×0.02,弯钩取 max(10×0.020,0.15)	4	8.508	2.466	20.981

续表

钢筋类型	钢筋直径	钢筋形状	单根长度/m	根数	总长度/m	理论质量/(kg/m)	质量/kg
3. 柱基础 H 边插筋	Φ16	∟	0.6 − 0.04 + (3.6 − 0.7 + 1.2)/3 + max(6 × 0.016, 0.15) = 2.077　0.6 ≥ 0.8 × 41 × 0.016, 弯钩取 max(6 × 0.016, 0.15)	4	8.308	1.578	13.110
4. 基础柱箍筋	Φ8	▢	2 × (0.4 + 0.5 − 4 × 0.04) + 0.008 + 8 × 0.008 = 1.552	2	3.104	0.394	1.223
构件名称	基础层中柱 KZ2 (C,4)(C,5)轴		构件数量	2	钢筋总质量/t		0.109
1. 柱基础角插筋	Φ20	∟	0.5 − 0.04 + (3.6 − 0.7 + 1.3)/3 + max(10 × 0.02, 0.15) = 2.06　0.5 ≥ 0.6 × 41 × 0.020, 弯钩取 max(10 × 0.016, 0.15)	4	8.240	2.466	20.320
2. 柱基础 B 边插筋	Φ20	∟	0.5 − 0.04 + (3.6 − 0.7 + 1.3)/3 + max(10 × 0.02, 0.15) = 2.06　0.5 ≥ 0.6 × 41 × 0.02, 弯钩取 max(10 × 0.020, 0.15)	4	8.240	2.466	20.320
3. 柱基础 H 边插筋	Φ16	∟	0.5 − 0.04 + (3.6 − 0.7 + 1.3)/3 + max(8 × 0.016, 0.15) = 2.01　0.6 ≥ 0.7 × 41 × 0.016, 弯钩取 max(8 × 0.016, 0.15)	4	8.040	1.578	12.687
4. 基础柱箍筋	Φ8	▢	2 × (0.4 + 0.5 − 4 × 0.04) + 0.008 + 8 × 0.008 = 1.552	2	3.104	0.394	1.223
构件名称	基础边柱 KZ4 (D,1)轴		构件数量	1	钢筋总质量/t		0.027
1. 柱基础插筋	Φ16	∟	0.5 − 0.04 + (3.6 − 0.6 + 1.3)/3 + max(8 × 0.016, 0.15) = 2.043　0.5 ≥ 0.7 × 41 × 0.016, 弯钩取 max(8 × 0.016, 0.15)	8	16.344	1.578	25.791

钢筋类型	钢筋直径	钢筋形状	单根长度/m	根数	总长度/m	理论质量/(kg/m)	质量/kg
2. 基础柱箍筋	Φ8		$2\times(0.4+0.5-4\times0.04)+0.008+8\times0.008=1.552$	2	3.104	0.394	1.223
构件名称	基础中柱 KZ4(D,2)轴		构件数量	1	钢筋总质量/t		0.027
1. 柱基础角筋	Φ16		$0.5-0.04+(3.6-0.55+1.3)/3+max(8\times0.016,0.15)=2.06$ $0.5\geqslant0.7\times41\times0.016$,弯钩取 $max(8\times0.016,0.15)$	8	16.480	1.578	26.005
2. 基础柱箍筋	Φ8		$2\times(0.4+0.5-4\times0.04)+0.008+8\times0.008=1.552$	2	3.104	0.394	1.223
构件名称	一层角柱 KZ1(E,1)轴		构件数量	1	钢筋总质量/t		0.142
1. 柱纵筋	Φ16		$4.9-4.3/3+max(3.0/6,0.5,0.5)=3.967$	12	47.604	1.578	75.12
2. 柱箍筋	Φ8		$2\times(0.4+0.5-4\times0.04)+2\times11.9\times0.008+8\times0.008=1.7344$	40	69.376	0.394	27.334
3. 柱箍筋	Φ8		$2\times\{[(0.4-2\times0.04-0.016)/3\times1+0.016]+(0.5-2\times0.04)\}+2\times(11.9\times0.008)+(8\times0.008)=1.329$	40	53.160	0.394	20.945
4. 柱箍筋	Φ8		$2\times\{[(0.5-2\times0.04-0.016)/3\times1+0.016]+(0.4-2\times0.04)\}+2\times(11.9\times0.008)+(8\times0.008)=1.196$	40	47.840	0.394	18.849
箍筋根数:底层柱加密区=$h_n/3$,其他层加密区=$max(h_n/6,h_c,500)$,箍筋根数=$(4.3/3+0.717+0.6)/0.1+2.15/0.2+1=40$							
构件名称	一层边柱 KZ1(E,2)轴		构件数量	1	钢筋总质量/t		0.143
1. 柱纵筋	Φ16		$4.9-4.2/3+max(3.05/6,0.5,0.5)=4.008$	12	18.096	1.578	75.895

续表

钢筋类型	钢筋直径	钢筋形状	单根长度/m	根数	总长度/m	理论质量/(kg/m)	质量/kg
2. 基础柱箍筋	Φ8		$2\times(0.4+0.5-4\times0.04)+2\times11.9\times0.008+8\times0.008=1.7344$	40	69.376	0.394	27.334
3. 基础柱箍筋	Φ8		$2\times\{[(0.4-2\times0.04-0.016)/3\times1+0.016]+(0.5-2\times0.04)+2\times(11.9\times0.008)+(8\times0.008)\}=1.329$	40	53.160	0.394	20.945
4. 基础柱箍筋	Φ8		$2\times\{[(0.5-2\times0.04-0.016)/3\times1+0.016]+(0.4-2\times0.04)\}+2\times(11.9\times d)+(8\times d)=1.196$	40	47.840	0.394	18.849

箍筋根数:底层柱加密区=$h_n/3$,其他层加密区=$\max(h_n/6,h_c,500)$,箍筋根数=$(4.2/3+0.7+0.7)/0.1+2.1/0.2+1=40$

构件名称	一层边柱 KZ2 (E,3)(E,4)轴		构件数量	2	钢筋总质量/t		0.342
1. 柱角筋	Φ20		$4.9-4.2/3+\max(2.9/6,0.5,0.5)=4$	4	16.000	2.466	39.46
2. 柱B边纵筋	Φ20		$4.9-4.2/3+\max(2.9/6,0.5,0.5)=4$	4	16.000	2.466	39.456
3. 柱H边纵筋	Φ16		$4.9-4.2/3+\max(2.9/6,0.5,0.5)=4$	4	16.000	1.578	25.248
4. 柱箍筋	Φ8		$2\times(0.4+0.5-4\times0.04)+2\times11.9\times0.008+8\times0.008=1.734$	40	69.360	0.394	27.328
5. 柱箍筋	Φ8		$2\times\{[(0.4-2\times0.04-0.016)/3\times1+0.016]+(0.5-2\times0.04)\}+2\times(11.9\times0.008)+(8\times0.008)=1.329$	40	53.160	0.394	20.945
6. 柱箍筋	Φ8		$2\times\{[(0.5-2\times0.04-0.016)/3\times1+0.016]+(0.4-2\times0.04)\}+2\times(11.9\times0.008)+(8\times0.008)=1.196$	40	47.840	0.394	18.849

箍筋根数:底层柱加密区=$h_n/3$,其他层加密区=$\max(h_n/6,h_c,500)$,箍筋根数=$(4.2/3+0.7+0.7)/0.1+2.1/0.2+1=40$

钢筋类型	钢筋直径	钢筋形状	单根长度/m	根数	总长度/m	理论质量/(kg/m)	质量/kg
构件名称	一层中柱 KZ2 (C,3)轴		**构件数量**	1	钢筋总质量/t		0.168
1. 柱角筋	Φ 20	———	$4.8-4.1/3+\max$ $(2.9/6, 0.5, 0.5)$ $=3.933$	4	15.732	2.466	38.80
2. 柱B边纵筋	Φ 20	———	$4.8-4.1/3+\max$ $(2.9/6, 0.5, 0.5)$ $=3.933$	4	15.732	2.466	38.795
3. 柱H边纵筋	Φ 16	———	$4.8-4.1/3+\max$ $(2.9/6, 0.5, 0.5)$ $=3.933$	4	15.732	1.578	24.825
4. 柱箍筋	Φ 8	⌐⌐	$2\times(0.4+0.5-4\times$ $0.04)+2\times11.9\times$ $0.008+8\times0.008$ $=1.734$	39	67.626	0.394	26.645
5. 柱箍筋	Φ 8	⌐⌐	$2\times\{[(0.4-2\times0.04$ $-0.016)/3\times1+$ $0.016]+(0.5-2\times$ $0.04)\}+2\times(11.9\times$ $0.008)+(8\times0.008)$ $=1.329$	39	51.831	0.394	20.421
6. 柱箍筋	Φ 8	⌐⌐	$2\times\{[(0.5-2\times0.04$ $-0.016)/3\times1+0.016]$ $+(0.4-2\times0.04)\}+2$ $\times(11.9\times0.008)+(8\times$ $0.008)=1.196$	39	46.644	0.394	18.378
箍筋根数:底层柱加密区=$h_n/3$,其他层加密区=$\max(h_n/6, h_c, 500)$,箍筋根数=$(4.1/3$ $+0.683+0.7)/0.1+2.1/0.2+1=39$							
构件名称	一层边柱 KZ2 (C,4)(C,5)轴		**构件数量**	2	钢筋总质量/t		0.343
1. 柱角筋	Φ 20	———	$4.9-4.2/3+\max$ $(2.9/6,0.5,0.5)=4$	4	16.000	2.466	39.46
2. 柱B边纵筋	Φ 20	———	$4.9-4.2/3+\max$ $(2.9/6,0.5,0.5)=4$	4	16.000	2.466	39.456
3. 柱H边纵筋	Φ 16	———	$4.9-4.2/3+\max$ $(2.9/6,0.5,0.5)=4$	4	16.000	1.578	25.248
4. 柱箍筋	Φ 8	⌐⌐	$2\times(0.4+0.5-4\times$ $0.04)+2\times11.9\times$ $0.008+8\times0.008$ $=1.734$	40	69.360	0.394	27.328

续表

钢筋类型	钢筋直径	钢筋形状	单根长度/m	根数	总长度/m	理论质量/(kg/m)	质量/kg
5. 柱箍筋	Φ8		$2\{[(0.4-2\times0.04-0.016)/3\times1+0.016]+(0.5-2\times0.04)\}+2\times(11.9\times0.008)+(8\times0.008)=1.329$	40	53.160	0.394	20.945
6. 柱箍筋	Φ8		$2\times\{[(0.5-2\times0.04-0.016)/3\times1+0.016]+(0.4-2\times0.04)\}+2\times(11.9\times0.008)+(8\times0.008)=1.196$	40	47.840	0.394	18.849
构件名称	一层边柱 KZ4(D,1)轴		**构件数量**	1	**钢筋总质量/t**		0.094
1. 柱纵筋	Φ16		$4.9-4.3/3+\max(3.0/6,\ 0.5,\ 0.5)=3.967$	8	31.736	1.578	50.079
2. 柱箍筋	Φ8		$2\times[(0.4-2\times0.04)+(0.4-2\times0.04)]+2\times(11.9\times0.008)+(8\times0.008)=1.534$	40	61.36	0.394	24.176
3. 柱箍筋	Φ8		$0.196\times0.196\times2=0.0768,4\times0.266+2\times11.9\times0.008=1.254$	40	50.16	0.394	19.763
构件名称	一层中柱 KZ4(D,2)轴		**构件数量**	1	**钢筋总质量/t**		0.094
1. 柱纵筋	Φ16		$4.9-4.3/3+\max(3.0/6,\ 0.5,\ 0.5)=3.967$	8	31.736	1.578	50.079
2. 柱箍筋	Φ8		$2\times[(0.4-2\times0.04)+(0.4-2\times0.04)]+2\times(11.9\times0.008)+(8\times0.008)=1.534$	40	61.36	0.394	24.176
3. 柱箍筋	Φ8		$0.196\times0.196\times2=0.0768$ $4\times0.266+2\times11.9\times0.008=1.254$	40	50.16	0.394	19.763
构件名称	二层角柱 KZ1(E,1)轴		**构件数量**	1	**钢筋总质量/t**		0.115
1. 柱纵筋	Φ16		$3.6-\max(3.0/6,\ 0.5,\ 0.5)+\max(3.0/6,0.5,0.5)=3.6$	12	43.2	1.578	68.17

钢筋类型	钢筋直径	钢筋形状	单根长度/m	根数	总长度/m	理论质量/(kg/m)	质量/kg
2. 柱箍筋	Φ8	▢	$2\times(0.4+0.5-4\times0.03)+2\times11.9\times0.008+8\times0.008=1.814$	27	48.978	0.394	19.297
3. 柱箍筋	Φ8	▢	$2\times\{[(0.4-2\times0.03-0.016)/3\times1+0.016]+(0.5-2\times0.03)\}+2\times(11.9\times0.008)+(8\times0.008)=1.382$	27	37.314	0.394	14.702
4. 柱箍筋	Φ8	▢	$2\times\{[(0.5-2\times0.03-0.016)/3\times1+0.016]+(0.40-2\times0.03)\}+2\times(11.9\times0.008)+(8\times0.008)=1.249$	27	33.723	0.394	13.287
箍筋根数：底层柱加密区=$h_n/3$，其他层加密区=$\max(h_n/6,h_c,500)$，箍筋根数=$(3.0/6+3.0/6+0.6)/0.1+2.0/0.2+1=27$							

构件名称		二层边柱 KZ1(E,2)轴	构件数量	1	钢筋总质量/t		0.115
1. 柱纵筋	Φ16	——	$3.6-\max(3.05/6,0.5,0.5)+\max(3.05/6,0.5,0.5)=3.6$	12	43.2	1.578	68.17
2. 基础柱箍筋	Φ8	▢	$2\times(0.4+0.5-4\times0.03)+2\times11.9\times0.008+8\times0.008=1.814$	27	48.978	0.394	19.297
3. 基础柱箍筋	Φ8	▢	$2\times\{[(0.4-2\times0.03-0.016)/3\times1+0.016]+(0.5-2\times0.03)\}+2\times(11.9\times0.008)+(8\times0.008)=1.382$	27	37.314	0.394	14.702
4. 基础柱箍筋	Φ8	▢	$2\times\{[(0.5-2\times0.03-0.016)/3\times1+0.016]+(0.40-2\times0.03)\}+2\times(11.9\times0.008)+(8\times0.008)=1.249$	27	33.723	0.394	13.287
箍筋根数：底层柱加密区=$h_n/3$，其他层加密区=$\max(h_n/6,h_c,500)$，箍筋根数=$(3.05/6+3.05/6+0.55)/0.1+2.033/0.2+1=27$							

续表

钢筋类型	钢筋直径	钢筋形状	单根长度/m	根数	总长度/m	理论质量/(kg/m)	质量/kg
构件名称	二层边柱 KZ2 (E,3)(E,4)轴		**构件数量**	2	钢筋总质量/t		0.286
1. 柱角筋	Φ20	——	$3.6 - \max(3.0/6, 0.5, 0.5) + \max(3.0/6, 0.5, 0.5) = 3.6$	4	14.400	2.466	35.51
2. 柱 B 边纵筋	Φ20	——	$3.6 - \max(3.0/6, 0.5, 0.5) + \max(3.0/6, 0.5, 0.5) = 3.6$	4	14.400	2.466	35.510
3. 柱 H 边纵筋	Φ16	——	$3.6 - \max(3.0/6, 0.5, 0.5) + \max(3.0/6, 0.5, 0.5) = 3.6$	4	14.400	1.578	22.723
4. 柱箍筋	Φ8	⊐	$2 \times (0.4 + 0.5 - 4 \times 0.03) + 2 \times 11.9 \times 0.008 + 8 \times 0.008 = 1.814$	28	50.792	0.394	20.012
5. 柱箍筋	Φ8	⊐	$2 \times \{[(0.4 - 2 \times 0.03 - 0.016)/3 \times 1 + 0.016] + (0.5 - 2 \times 0.03)\} + 2 \times (11.9 \times 0.008) + (8 \times 0.008) = 1.382$	28	38.696	0.394	15.246
6. 柱箍筋	Φ8	⊐	$2 \times \{[(0.5 - 2 \times 0.03 - 0.016)/3 \times 1 + 0.016] + (0.40 - 2 \times 0.03)\} + 2 \times (11.9 \times 0.008) + (8 \times 0.008) = 1.249$	28	34.972	0.394	13.779

箍筋根数:底层柱加密区=$h_n/3$,其他层加密区=$\max(h_n/6, h_c, 500)$,箍筋根数=$(0.5 + 0.5 + 0.7)/0.1 + 1.9/0.2 + 1 = 28$

钢筋类型	钢筋直径	钢筋形状	单根长度/m	根数	总长度/m	理论质量/(kg/m)	质量/kg
构件名称	二层中柱 KZ2 (C,3)轴		**构件数量**	1	钢筋总质量/t		0.143
1. 柱角筋	Φ20	——	$3.6 - \max(2.9/6, 0.5, 0.5) + \max(2.9/6, 0.5, 0.5) = 3.6$	4	14.400	2.466	35.51
2. 柱 B 边纵筋	Φ20	——	$3.6 - \max(2.9/6, 0.5, 0.5) + \max(2.9/6, 0.5, 0.5) = 3.6$	4	14.400	2.466	35.510
3. 柱 H 边纵筋	Φ16	——	$3.6 - \max(2.9/6, 0.5, 0.5) + \max(2.9/6, 0.5, 0.5) = 3.6$	4	14.400	1.578	22.723

续表

钢筋类型	钢筋直径	钢筋形状	单根长度/m	根数	总长度/m	理论质量/(kg/m)	质量/kg
4. 柱箍筋	Φ8		$2\times(0.4+0.5-4\times 0.03)+2\times 11.9\times 0.008 +8\times 0.008=1.814$	28	50.792	0.394	20.012
5. 柱箍筋	Φ8		$2\times\{[(0.4-2\times 0.03 -0.016)/3\times 1+ 0.016]+(0.5-2\times 0.03)\}+2\times(11.9\times 0.008)+(8\times 0.008) =1.382$	28	38.696	0.394	15.246
6. 柱箍筋	Φ8		$2\times\{[(0.5-2\times 0.03 -0.016)/3\times 1+ 0.016]+(0.40-2\times 0.03)\}+2\times(11.9\times 0.008)+(8\times 0.008) =1.249$	28	34.972	0.394	13.779

箍筋根数:底层柱加密区$=h_n/3$,其他层加密区$=\max(h_n/6,h_c,500)$,箍筋根数$=(0.5+0.5+0.7)/0.1+1.9/0.2+1=28$

构件名称	二层边柱 KZ2 (C,4)(C,5)轴		构件数量	2	钢筋总质量/t		0.286
1. 柱角筋	Φ20	———	$3.6-\max(2.9/6, 0.5,0.5)+\max(2.9/ 6,0.5,0.5)=3.6$	4	14.400	2.466	35.51
2. 柱B边纵筋	Φ20	———	$3.6-\max(2.9/6, 0.5,0.5)+\max(2.9/ 6,0.5,0.5)=3.6$	4	14.400	2.466	35.510
3. 柱H边纵筋	Φ16	———	$3.6-\max(2.9/6, 0.5,0.5)+\max(2.9/ 6,0.5,0.5)=3.6$	4	14.400	1.578	22.723
4. 柱箍筋	Φ8		$2\times(0.4+0.5-4\times 0.03)+2\times 11.9\times 0.008 +8\times 0.008=1.814$	28	50.792	0.394	20.012
5. 柱箍筋	Φ8		$2\times\{[(0.4-2\times 0.03 -0.016)/3\times 1+ 0.016]+(0.5-2\times 0.03)\}+2\times(11.9\times 0.008)+(8\times 0.008) =1.382$	28	38.696	0.394	15.246
6. 柱箍筋	Φ8		$2\times\{[(0.5-2\times 0.03 -0.016)/3\times 1+ 0.016]+(0.40-2\times 0.03)\}+2\times(11.9\times 0.008)+(8\times 0.008) =1.249$	28	34.972	0.394	13.779

钢筋类型	钢筋直径	钢筋形状	单根长度/m	根数	总长度/m	理论质量/(kg/m)	质量/kg
构件名称	二层边柱 KZ4(D,1)轴		构件数量	1	钢筋总质量/t		0.077
1. 柱纵筋	⏀16	————————	$3.6 - \max(2.9/6, 0.5, 0.5) + \max(2.9/6, 0.5, 0.5) = 3.6$	8	28.800	1.578	45.446
2. 柱箍筋	⏀8	▯	$2 \times [(0.4 - 2 \times 0.03) + (0.4 - 2 \times 0.030)] + 2 \times (11.9 \times 0.008) + (8 \times 0.008) = 1.614$	28	45.192	0.394	17.806
3. 柱箍筋	⏀8	◇	$4 \times 0.266 + 2 \times 11.9 \times 0.008 = 1.254$	28	35.112	0.394	13.834
构件名称	二层中柱 KZ4(D,2)轴		构件数量	1	钢筋总质量/t		0.077
1. 柱纵筋	⏀16	————————	$3.6 - \max(2.9/6, 0.5, 0.5) + \max(2.9/6, 0.5, 0.5) = 3.6$	8	28.800	1.578	45.446
2. 柱箍筋	⏀8	▭	$2 \times [(0.4 - 2 \times 0.03) + (0.4 - 2 \times 0.030)] + 2 \times (11.9 \times 0.008) + (8 \times 0.008) = 1.614$	28	45.192	0.394	17.806
3. 柱箍筋	⏀8	◇	$4 \times 0.266 + 2 \times 11.9 \times 0.008 = 1.254$	28	35.112	0.394	13.834
构件名称	三层角柱 KZ1(E,1)轴		构件数量	1	钢筋总质量/t		0.111
1. 角柱外侧纵筋	⏀16	⌐	$3.6 - \max(3.0/6, 0.5, 0.5) - 0.03 + 12 \times 0.016 = 3.262$	5	16.31	1.578	25.74
2. 角柱内侧纵筋	⏀16	⌐	$3.6 - \max(3.0/6, 0.5, 0.5) - 0.03 - 0.6 + 1.5 \times 41 \times 0.016 = 3.454$	7	24.178	1.578	38.153
3. 柱箍筋	⏀8	▯	$2 \times (0.4 + 0.5 - 4 \times 0.03) + 2 \times 11.9 \times 0.008 + 8 \times 0.008 = 1.814$	27	48.978	0.394	19.297
4. 柱箍筋	⏀8	▭	$2 \times \{[(0.4 - 2 \times 0.03 - 0.02)/3 \times 1 + 0.02] + (0.5 - 2 \times 0.03)\} + 2 \times (11.9 \times 0.008) + (8 \times 0.008) = 1.388$	27	37.476	0.394	14.766

续表

钢筋类型	钢筋直径	钢筋形状	单根长度/m	根数	总长度/m	理论质量/(kg/m)	质量/kg
5. 柱箍筋	Φ8		$2\times\{[(0.5-2\times0.03-0.02)/3\times1+0.02]+(0.40-2\times0.03)\}+2\times(11.9\times0.008)+(8\times0.008)=1.254$	27	33.858	0.394	13.340
箍筋根数：底层柱加密区 $=h_n/3$，其他层加密区 $=\max(h_n/6,h_c,500)$，箍筋根数 $=(3.0/6+3.0/6+0.6)/0.1+2.0/0.2+1=27$							
构件名称	三层边柱 KZ1 (E,2)轴		构件数量	1		钢筋总质量/t	0.109
1. 柱纵筋	Φ16		$3.6-\max(3.05/6,0.5,0.5)-0.03+12\times0.016=3.254$	12	39.048	1.578	61.62
2. 基础柱箍筋	Φ8		$2\times(0.4+0.5-4\times0.03)+2\times11.9\times0.008+8\times0.008=1.814$	27	48.978	0.394	19.297
3. 基础柱箍筋	Φ8		$2\times\{[(0.4-2\times0.03-0.016)/3\times1+0.016]+(0.5-2\times0.03)\}+2\times(11.9\times0.008)+(8\times0.008)=1.382$	27	37.314	0.394	14.702
4. 基础柱箍筋	Φ8		$2\times\{[(0.5-2\times0.03-0.02)/3\times1+0.02]+(0.40-2\times0.03)\}+2\times(11.9\times0.008)+(8\times0.008)=1.254$	27	33.858	0.394	13.340
箍筋根数：底层柱加密区 $=h_n/3$，其他层加密区 $=\max(h_n/6,h_c,500)$，箍筋根数 $=(3.05/6+3.05/6+0.55)/0.1+2.033/0.2+1=27$							
构件名称	三层边柱 KZ2 (E,3)(E,4)轴		构件数量	2		钢筋总质量/t	0.272
1. 柱角内侧筋	Φ20		$3.6-\max(2.9/6,0.5,0.5)-0.03+12\times0.016=3.262$	2	6.524	2.466	16.088
2. 柱角外侧筋	Φ20		$3.6-\max(2.9/6,0.5,0.5)-0.7-0.03+1.5\times41\times0.02=3.6$	2	7.200	2.466	17.755
3. 柱B边内侧纵筋	Φ20		$3.6-\max(2.9/6,0.5,0.5)-0.03+12\times0.016=3.262$	2	6.524	2.466	16.088

续表

钢筋类型	钢筋直径	钢筋形状	单根长度/m	根数	总长度/m	理论质量/(kg/m)	质量/kg
4. 柱B边外侧纵筋	Φ 20		$3.6 - \max(3.0/6, 0.5, 0.5) + \max(3.0/6, 0.5, 0.5) = 3.6$	2	7.200	2.466	17.755
5. 柱H边纵筋	Φ 16		$3.6 - \max(2.9/6, 0.5, 0.5) - 0.03 = 3.07$	4	12.280	1.578	19.378
6. 柱箍筋	Φ 8		$2 \times (0.4 + 0.5 - 4 \times 0.03) + 2 \times 11.9 \times 0.008 + 8 \times 0.008 = 1.814$	28	50.792	0.394	20.012
7. 柱箍筋	Φ 8		$2 \times \{[(0.4 - 2 \times 0.03 - 0.02)/3 \times 1 + 0.02] + (0.5 - 2 \times 0.03)\} + 2 \times (11.9 \times 0.008) + (8 \times 0.008) = 1.388$	28	38.864	0.394	15.312
8. 柱箍筋	Φ 8		$2 \times \{[(0.5 - 2 \times 0.03 - 0.016)/3 \times 1 + 0.016] + (0.40 - 2 \times 0.03)\} + 2 \times (11.9 \times 0.008) + (8 \times 0.008) = 1.249$	28	34.978	0.394	13.778
箍筋根数:底层柱加密区$= h_n/3$,其他层加密区$= \max(h_n/6, h_c, 500)$,箍筋根数$= (0.5 + 0.5 + 0.7)/0.1 + 1.9/0.2 + 1 = 28$							
构件名称	三层中柱KZ2(C,3)轴		**构件数量**	1	**钢筋总质量/t**		0.134
1. 柱角筋	Φ 20		$3.6 - \max(2.9/6, 0.5, 0.5) - 0.03 + 12 \times 0.016 = 3.31$	4	13.240	2.466	32.65
2. 柱B边纵筋	Φ 20		$3.6 - \max(2.9/6, 0.5, 0.5) - 0.03 + 12 \times 0.016 = 3.31$	4	13.240	2.466	32.650
3. 柱H边纵筋	Φ 16		$3.6 - \max(2.9/6, 500, 500) - 0.03 = 3.07$	4	12.280	1.578	19.378
4. 柱箍筋	Φ 8		$2 \times (0.4 + 0.5 - 4 \times 0.03) + 2 \times 11.9 \times 0.008 + 8 \times 0.008 = 1.814$	28	50.792	0.394	20.012

钢筋类型	钢筋直径	钢筋形状	单根长度/m	根数	总长度/m	理论质量/(kg/m)	质量/kg
5. 柱箍筋	Φ8		$2\times\{[(0.4-2\times0.03-0.02)/3\times1+0.02]+(0.5-2\times0.03)\}+2\times(11.9\times0.008)+(8\times0.008)=1.388$	28	38.864	0.394	15.312
6. 柱箍筋	Φ8		$2\times\{[(0.5-2\times0.03-0.02)/3\times1+0.02]+(0.40-2\times0.03)\}+2\times(11.9\times0.008)+(8\times0.008)=1.254$	28	35.112	0.394	13.834
箍筋根数:底层柱加密区=$h_n/3$,其他层加密区=$\max(h_n/6,h_c,500)$,箍筋根数=$(0.5+0.5+0.7)/0.1+1.9/0.2+1=28$							

构件名称	三层边柱 KZ2 (C,4)(C,5)轴		构件数量	2	钢筋总质量/t		0.272
1. 柱内侧角筋	Φ20	└────	$3.6-\max(2.9/6,0.5,0.5)-0.03+12\times0.016=3.262$	2	6.524	2.466	16.088
2. 柱外侧角筋	Φ20	└────	$3.6-\max(2.9/6,0.5,0.5)-0.7-0.03+1.5\times41\times0.02=3.6$	2	7.200	2.466	17.755
3. 柱B边内侧纵筋	Φ20	└────	$3.6-\max(2.9/6,0.5,0.5)-0.03+12\times0.016=3.262$	2	6.524	2.466	16.088
4. 柱B边外侧纵筋	Φ20	└────	$3.6-\max(3.0/6,0.5,0.5)+\max(3.0/6,0.5,0.5)=3.6$	2	7.200	2.466	17.755
5. 柱H边纵筋	Φ16	────	$3.6-\max(2.9/6,0.5,0.5)-0.03=3.07$	4	12.280	1.578	19.378
6. 柱箍筋	Φ8		$2\times(0.4+0.5-4\times0.03)+2\times11.9\times0.008+8\times0.008=1.814$	28	50.792	0.394	20.012
7. 柱箍筋	Φ8		$2\times\{[(0.4-2\times0.03-0.02)/3\times1+0.02]+(0.5-2\times0.03)\}+2\times(11.9\times0.008)+(8\times0.008)=1.388$	28	38.864	0.394	15.312

续表

钢筋类型	钢筋直径	钢筋形状	单根长度/m	根数	总长度/m	理论质量/(kg/m)	质量/kg
8. 柱箍筋	Φ8		$2\times\{[(0.5-2\times0.03-0.016)/3\times1+0.016]+(0.40-2\times0.03)\}+2\times(11.9\times0.008)+8\times0.008)=1.249$	28	34.972	0.394	13.779
构件名称	三层边柱 KZ4 (D,1)轴		构件数量	1	钢筋总质量/t		0.072
1. 柱纵筋	Φ16		$3.6-\max(3/6,0.4,0.5)+12\times0.016-0.03=3.262$	8	26.096	1.578	41.179
2. 柱箍筋	Φ8		$2\times[(0.4-2\times0.03)+(0.4-2\times0.030)]+2\times(11.9\times0.008)+(8\times0.008)=1.614$	27	43.578	0.394	17.170
3. 柱箍筋	Φ8		$4\times0.266+2\times11.9\times0.008=1.254$	27	33.858	0.394	13.340
构件名称	三层中柱 KZ4(D,2)轴		构件数量	1	钢筋总质量/t		0.074
1. 柱纵筋	Φ16		$3.6+\max(3.05/6,0.4,0.5)-0.03+12\times0.016=3.254$	8	26.032	1.578	41.078
2. 柱箍筋	Φ8		$2\times[(0.4-2\times0.03)+(0.4-2\times0.030)]+2\times(11.9\times0.008)+(8\times0.008)=1.614$	29	46.806	0.394	18.442
3. 柱箍筋	Φ8		$0.196\times0.196\times2=0.0768$ $4\times0.266+2\times11.9\times0.008=1.254$	29	36.366	0.394	14.328
构件名称	一层框架梁 KL1		构件数量	1	钢筋总质量/t		0.159
1. 上部通长筋	Φ18		$0.4-0.025+15\times0.018+8.5+0.5-0.025+15\times0.018=9.89$	2	19.78	1.998	39.520
2. 一跨下部通长筋	Φ16		$0.4-0.025+15\times0.016+1.9+41\times0.016=3.171$	2	6.342	1.578	10.01

续表

钢筋类型	钢筋直径	钢筋形状	单根长度/m	根数	总长度/m	理论质量/(kg/m)	质量/kg
变截面梁：因左右梁截面高差 c 与柱高 h_c 之比：$0.2/0.4 > 1/6$ 时，一跨下部钢筋锚入二跨长度为 LAE							
3. 一跨右支座负筋	⏀18		$0.4 - 0.025 + 15 \times 0.018 + 1.9 + 0.4 + 6.2/3 = 5.012$	1	5.012	1.998	10.014
4. 一跨箍筋	⏀8		$2 \times [(0.24 - 2 \times 0.025) + (0.4 - 2 \times 0.025)] + 2 \times (11.9 \times 0.008) + (8 \times 0.008) = 1.334$	13	17.342	0.394	6.833
梁箍筋加密区：二~四级抗震箍筋加密区：$1.5h_b$，根数 $2 \times [(600-50)/150)] + 1) + (700/200) - 1 = 13$							
5. 二跨下部通长筋	⏀18		$0.4 - 0.025 + 15 \times 0.018 + 6.2 + 0.5 - 0.025 + 15 \times 0.018 = 7.59$	3	22.77	1.998	45.494
6. 二跨右支座钢筋	⏀18		$6.2/3 + 0.5 - 0.025 + 15 \times 0.018 = 2.812$	1	2.812	1.998	5.618
7. 二跨侧面钢筋	⏀14		$15 \times 0.014 + 6.2 + 15 \times 0.014 = 6.62$	2	13.24	1.208	15.994
8. 二跨箍筋	⏀8		$2 \times [(0.24 - 2 \times 0.025) + (0.6 - 2 \times 0.025)] + 2 \times (11.9 \times 0.008) + (8 \times 0.008) = 1.734$	35	60.69	0.394	23.912
梁箍筋加密区：二~四级抗震箍筋加密区：$1.5h_b = 900, 2 \times [(850/150) + 1] + (4400/200) - 1 = 35$							
9. 二跨拉筋	⏀6		$(0.24 - 2 \times 0.025) + 2 \times (0.075 + 1.9 \times 0.006) + (2 \times 0.006) = 0.375$	17	6.375	0.222	1.415
构件名称	二层框架梁 KL1a		构件数量	1	钢筋总质量/t		0.266
1. 上部通长筋	⏀18		$0.5 - 0.025 + 15 \times 0.018 + 13.04 + 0.4 - 0.025 + 15 \times 0.018 = 14.43$	2	28.86	1.998	57.662

续表

钢筋类型	钢筋直径	钢筋形状	单根长度/m	根数	总长度/m	理论质量/(kg/m)	质量/kg
2. 一跨左支座钢筋	Φ20		$0.5-0.025+15×0.02+6.22/3=2.848$	1	2.848	2.466	7.023
3. 一跨右支座钢筋	Φ20		$6.32/3+0.5+6.32/3=4.714$	1	4.714	2.466	11.625
4. 一跨侧面构造钢筋	Φ14		$15×0.014+13.04+15×0.014=13.46$	2	26.92	1.208	32.519
5. 一跨下部钢筋	Φ18		$0.5-0.025+15×0.018+6.22+41×0.018=7.703$	3	23.109	1.998	46.172
6. 一跨箍筋	Φ8		$2×[(0.24-2×0.025)+(0.6-2×0.025)]+2×(11.9×0.008)+(8×0.008)=1.734$	42	72.828	0.394	28.694
7. 二跨拉筋	Φ6		$(0.24-2×0.025)+2×(0.075+1.9×0.006)+(2×0.006)=0.375$	17	6.375	0.222	1.415
梁箍筋加密区:二~四级抗震箍筋加密区:$1.5h_b=900,2×[(850/100)+1]+(4420/200)-1=42$							
8. 二跨右支座钢筋	Φ16		$0.4-0.025+15×0.016+6.32/3=2.722$	1	2.722	1.578	4.295
9. 二跨下部钢筋	Φ18		$0.4-0.025+15×0.018+6.32+41×0.018=7.703$	3	23.109	1.998	46.172
10. 二跨箍筋	Φ8		$2×[(0.24-2×0.025)+(0.6-2×0.025)]+2×(11.9×0.008)+(8×0.008)=1.734$	42	72.828	0.394	28.694
11. 二跨拉筋	Φ6		$(0.24-2×0.025)+2×(0.075+1.9×0.006)+(2×0.006)=0.375$	17	6.375	0.222	1.415

钢筋类型	钢筋直径	钢筋形状	单根长度/m	根数	总长度/m	理论质量/(kg/m)	质量/kg
构件名称		二层框架梁 KL2	构件数量	1	钢筋总质量/t		0.538
1. 上部通长筋	Φ20		$0.3-0.025+15\times$ $0.02+22.17+0.5-$ $0.025+15\times0.02$ $=23.52$	2	47.04	2.466	116.001
2. 一跨右支座钢筋	Φ20		$(6.85-0.12-$ $0.15)/3+0.3+6.58/3$ $=4.686$	2	9.372	2.466	23.111
3. 一跨下部钢筋	Φ22		$0.3-0.025+15\times$ $0.022+6.55+41\times$ $0.022=8.057$	3	24.171	2.984	72.126
4. 一跨箍筋	Φ8		$2\times[(0.24-2\times$ $0.025)+(0.6-2\times$ $0.025)]+2\times(11.9\times$ $0.008)+(8\times0.008)$ $=1.734$	42	72.828	0.394	28.694
$2\times[(1.5\times0.55-0.05)/0.1+1]+(4.9/0.2)-1=42$							
5. 二跨右支座钢筋	Φ22		$(6.85-0.12-$ $0.15)/3+0.24+1.9+$ $6.2=10.533$	2	21.066	2.984	62.861
6. 二跨下部钢筋	Φ22		$41\times0.022+6.58+$ $41\times0.022=8.384$	3	25.152	2.984	75.054
7. 二跨箍筋	Φ8		$2\times[(0.24-2\times$ $0.025)+(0.6-2\times$ $0.025)]+2\times(11.9\times$ $0.008)+(8\times0.008)$ $=1.734$	42	72.828	0.394	28.694
8. 三跨下部钢筋	Φ18		$41\times0.018+1.9+41\times$ $0.022=3.54$	3	10.62	1.998	21.219
9. 三跨箍筋	Φ8		$2\times[(0.24-2\times$ $0.025)+(0.6-2\times$ $0.025)]+2\times(11.9\times$ $0.008)+(8\times0.008)$ $=1.734$	19	32.946	0.394	12.981

续表

钢筋类型	钢筋直径	钢筋形状	单根长度/m	根数	总长度/m	理论质量/(kg/m)	质量/kg
10. 四跨右右支座钢筋	Φ20	└──┘	$0.5-0.025+15\times0.020+6.2/3=2.842$	2	5.684	2.466	14.017
11. 四跨下部钢筋	Φ20	└────┘	$0.5-0.025+15\times0.020+6.2+41\times0.02=7.795$	3	23.385	2.466	57.667
12. 四跨箍筋	Φ8	 ▯	$2\times[(0.24-2\times0.025)+(0.6-2\times0.025)]+2\times(11.9\times0.008)+(8\times0.008)=1.734$	40	65.36	0.394	25.752
构件名称	**二层框架梁 KL10a**		**构件数量**	1	**钢筋总质量/t**		0.420
1. 上部通长筋	Φ20	└────┘	$0.5-0.025+15\times0.02+11.34+0.4-0.025+15\times0.02=12.79$	2	25.58	2.466	63.080
2. 一跨左支座钢筋	Φ18	└────┘	$0.5-0.025+15\times0.018+8.37/3=3.535$	2	7.07	1.998	14.126
3. 一跨右支座钢筋	Φ25	└────┘	$8.37/3+0.5+2.47+0.4-0.025+15\times0.025=6.51$	2	13.02	3.853	50.166
4. 一跨下部钢筋	Φ25	└────┘	$0.5-0.025+15\times0.025+8.37+0.5-0.025+15\times0.025=10.07$	4	40.28	3.853	155.199
5. 一跨侧面抗扭钢筋	Φ14	└────┘	$0.5-0.025+15\times0.014+8.37+41\times0.014=9.629$	4	38.516	1.208	46.527
6. 一跨箍筋	Φ8	 ▯	$2\times[(0.3-2\times0.025)+(0.7-2\times0.025)]+2\times(11.9\times0.008)+(8\times0.008)=2.054$	53	108.862	0.394	42.892
			$2\times[(1.5\times0.7-0.05)/0.1+1]+(6.27/0.2)-1=53$				
7. 吊筋	Φ20	� shape⎤	$0.24+2\times0.05+2\times20\times0.02+2\times1.414\times(0.7-2\times0.025)=2.978$	2	5.956	2.466	14.687

续表

钢筋类型	钢筋直径	钢筋形状	单根长度/m	根数	总长度/m	理论质量/(kg/m)	质量/kg
8. 一跨拉筋	Φ6		$(0.3-2\times0.025)+2\times(0.075+1.9\times0.006)+(2\times0.006)=0.435$	44	19.14	0.222	4.249
9. 二跨下部钢筋	Φ16		$41\times0.016+2.47+0.4-0.025+15\times0.016=3.741$	3	11.223	1.578	17.710
10. 二跨箍筋	Φ8		$2\times[(0.3-2\times0.025)+(0.4-2\times0.025)]+2\times(11.9\times0.008)+(8\times0.008)=1.454$	20	29.08	0.395	11.487
构件名称	三层框架梁KL1		构件数量	1	钢筋总质量/t		0.148
1. 上部通长筋	Φ16		$0.4-0.025+15\times0.016+8.5+0.5-0.025+15\times0.016=9.83$	2	19.66	1.578	31.023
2. 一跨下部通长筋	Φ18		$0.4-0.025+15\times0.018+1.9+41\times0.018=3.283$	2	6.566	1.998	13.12
变截面梁：因左右梁截面高差C与柱高h_c之比：$0.2/0.4>1/6$时，一跨下部钢筋锚入二跨长度为l_{aE}							
3. 一跨右支座负筋	Φ16		$0.4-0.025+15\times0.016+1.9+0.4+6.2/3=4.982$	1	4.982	1.578	7.862
4. 一跨箍筋	Φ8		$2\times[(0.24-2\times0.025)+(0.4-2\times0.025)]+2\times(11.9\times0.008)+(8\times0.008)=1.334$	13	17.342	0.394	6.833
梁箍筋加密区：二～四级抗震箍筋加密区：$1.5h_b$，根数$2\times[(600-50)/150]+1+(700/200)-1=13$							
5. 二跨下部通长筋	Φ18		$0.4-0.025+15\times0.018+6.2+0.5-0.025+15\times0.018=7.59$	3	22.77	1.998	45.494
6. 二跨右支座钢筋	Φ20		$6.2/3+0.5-0.025+15\times0.02=2.842$	1	2.842	2.466	7.008
7. 二跨侧面钢筋	Φ12		$15\times0.012+6.2+15\times0.012=6.56$	2	13.12	0.888	11.651

钢筋类型	钢筋直径	钢筋形状	单根长度/m	根数	总长度/m	理论质量/(kg/m)	质量/kg
8. 二跨箍筋	Φ8		$2 \times [(0.24 - 2 \times 0.025) + (0.6 - 2 \times 0.025)] + 2 \times (11.9 \times 0.008) + (8 \times 0.008) = 1.734$	35	60.69	0.394	23.912
梁箍筋加密区:二~四级抗震箍筋加密区:$1.5h_b = 900$,$2 \times [(850/150) + 1] + (4400/200) - 1 = 35$							
9. 二跨拉筋	Φ6		$(0.24 - 2 \times 0.025) + 2 \times (0.075 + 1.9 \times 0.006) + (2 \times 0.006) = 0.375$	17	6.375	0.222	1.415
构件名称	三层框架梁 KL1a		构件数量	1	钢筋总质量/t		0.264
1. 上部通长筋	Φ18		$0.5 - 0.025 + 15 \times 0.018 + 13.04 + 0.4 - 0.025 + 15 \times 0.018 = 14.43$	2	28.86	1.998	57.662
2. 一跨左支座钢筋	Φ18		$0.5 - 0.025 + 15 \times 0.018 + 6.22/3 = 2.818$	1	2.818	1.998	5.630
3. 一跨右支座钢筋	Φ18		$6.32/3 + 0.5 + 6.32/3 = 4.714$	1	4.714	1.998	9.419
4. 一跨侧面构造钢筋	Φ14		$15 \times 0.014 + 13.04 + 15 \times 0.014 + 15 \times 0.014$ (搭接长度) $= 13.67$	2	27.34	1.208	33.027
5. 一跨下部钢筋	Φ18		$0.5 - 0.025 + 15 \times 0.018 + 6.22 + 41 \times 0.018 = 7.703$	3	23.109	1.998	46.172
6. 一跨箍筋	Φ8		$2 \times [(0.24 - 2 \times 0.025) + (0.6 - 2 \times 0.025)] + 2 \times (11.9 \times 0.008) + (8 \times 0.008) = 1.734$	42	72.828	0.394	28.694
7. 二跨拉筋	Φ6		$(0.24 - 2 \times 0.025) + 2 \times (0.075 + 1.9 \times 0.006) + (2 \times 0.006) = 0.375$	17	6.375	0.222	1.415
梁箍筋加密区:二~四级抗震箍筋加密区:$1.5h_b = 900$,$2 \times [(850/100) + 1] + (4420/200) - 1 = 42$							
8. 二跨右支座钢筋	Φ18		$0.4 - 0.025 + 15 \times 0.018 + 6.32/3 = 2.752$	1	2.752	1.998	5.498

续表

钢筋类型	钢筋直径	钢筋形状	单根长度/m	根数	总长度/m	理论质量/(kg/m)	质量/kg
9. 二跨下部钢筋	Φ18		$0.4-0.025+15\times0.018+6.32+41\times0.018=7.703$	3	23.109	1.998	46.172
10. 二跨箍筋	Φ8		$2\times[(0.24-2\times0.025)+(0.6-2\times0.025)]+2\times(11.9\times0.008)+(8\times0.008)=1.734$	42	72.828	0.394	28.694
11. 二跨拉筋	Φ6		$(0.24-2\times0.025)+2\times(0.075+1.9\times0.006)+(2\times0.006)=0.375$	17	6.375	0.222	1.415
构件名称	三层框架梁 KL2		构件数量	1	钢筋总质量/t		0.534
1. 上部通长筋	Φ20		$0.3-0.025+15\times0.02+22.17+0.5-0.025+15\times0.02=23.52$	2	47.04	2.466	116.001
2. 一跨右支座钢筋	Φ20		$6.58/3+0.3+6.58/3=4.686$	2	9.372	2.466	23.111
3. 一跨下部钢筋	Φ22		$0.3-0.025+15\times0.022+6.55+41\times0.022=8.057$	3	24.171	2.984	72.126
4. 一跨箍筋	Φ8		$2\times[(0.24-2\times0.025)+(0.6-2\times0.025)]+2\times(11.9\times0.008)+(8\times0.008)=1.734$	42	72.828	0.395	28.694
			$2\times[(1.5\times0.55-0.05)/0.1]+1+(4.9/0.2)-1=42$				
5. 一跨拉筋	Φ6		$(0.24-2\times0.025)+2\times(0.075+1.9\times0.006)+(2\times0.006)=0.375$	18	6.75	0.222	1.499
6. 二跨右支座钢筋	Φ22		$(6.85-0.12-0.15)/3+0.24+1.9+6.2=10.533$	2	21.066	2.984	62.861
7. 二跨下部钢筋	Φ22		$41\times0.022+6.58+41\times0.022=8.384$	3	25.152	2.984	75.054

续表

钢筋类型	钢筋直径	钢筋形状	单根长度/m	根数	总长度/m	理论质量/(kg/m)	质量/kg
8. 二跨箍筋	Φ8		$2 \times [(0.24 - 2 \times 0.025) + (0.55 - 2 \times 0.025)] + 2 \times (11.9 \times 0.008) + 8 \times 0.008 = 1.634$	42	68.628	0.394	27.039
9. 二跨拉筋	Φ6		$(0.24 - 2 \times 0.025) + 2 \times (0.075 + 1.9 \times 0.006) + 2 \times 0.006 = 0.375$	18	6.75	0.222	1.499
10. 三跨下部钢筋	Φ18		$41 \times 0.018 + 1.9 + 41 \times 0.018 = 3.376$	2	6.752	1.998	13.490
11. 三跨箍筋	Φ8		$2 \times [(0.24 - 2 \times 0.025) + (0.6 - 2 \times 0.025)] + 2 \times (11.9 \times 0.008) + 8 \times 0.008 = 1.734$	19	32.946	0.394	12.981
12. 三跨拉筋	Φ6		$(0.24 - 2 \times 0.025) + 2 \times (0.075 + 1.9 \times 0.006) + 2 \times 0.006 = 0.375$	6	2.25	0.222	0.500
13. 四跨右右支座钢筋	Φ20		$0.5 - 0.025 + 15 \times 0.020 + 6.2/3 = 2.842$	2	5.684	2.466	14.017
14. 四跨下部钢筋	Φ20		$0.5 - 0.025 + 15 \times 0.020 + 6.2 + 41 \times 0.02 = 7.795$	3	23.385	2.466	57.667
15. 四跨箍筋	Φ8		$2 \times [(0.24 - 2 \times 0.025) + (0.6 - 2 \times 0.025)] + 2 \times (11.9 \times 0.008) + 8 \times 0.008 = 1.734$	40	65.36	0.394	25.752
16. 四跨拉筋	Φ6		$(0.24 - 2 \times 0.025) + 2 \times (0.075 + 1.9 \times 0.006) + 2 \times 0.006 = 0.375$	17	6.375	0.222	1.415
构件名称	三层框架梁 KL10a		构件数量	1	钢筋总质量/t		0.439
1. 上部通长筋	Φ20		$0.5 - 0.025 + 15 \times 0.02 + 11.34 + 0.4 - 0.025 + 15 \times 0.02 = 12.79$	2	25.58	2.466	63.080

钢筋类型	钢筋直径	钢筋形状	单根长度/m	根数	总长度/m	理论质量/(kg/m)	质量/kg
2. 一跨左支座钢筋	Φ25	⌐___	$0.5-0.025+15\times$ $0.025+8.37/3=3.64$	2	7.28	3.853	28.050
3. 一跨右支座钢筋	Φ20	⌐___	$8.37/3+0.5+2.47$ $+0.4-0.025+15\times$ $0.02=6.435$	2	12.87	2.466	31.737
4. 一跨右支座钢筋	Φ18	⌐___	$8.37/4+0.5-0.025$ $+15\times0.018=2.838$	3	8.514	1.998	17.011
5. 一跨下部钢筋	Φ25	⌐___⌐	$0.5-0.025+15\times$ $0.025+8.37+0.5-$ $0.025+15\times0.025$ $=10.07$	4	40.28	3.853	155.199
6. 一跨侧面抗扭钢筋	Φ14	⌐___	$0.5-0.025+15\times$ $0.014+8.37+41\times$ $0.014=9.629$	4	38.516	1.208	46.527
7. 一跨箍筋	Φ8	▯	$2\times[(0.3-2\times$ $0.025)+(0.7-2\times$ $0.025)]+2\times(11.9\times$ $0.008)+8\times0.008$ $=2.054$	53	108.862	0.394	42.892
$2\times[(1.5\times0.7-0.05)/0.1+1]+(6.27/0.2)-1=53$							
8. 吊筋	Φ20	⌐\＿／⌐	$0.24+2\times0.05+2\times$ $20\times0.02+2\times1.414\times$ $(0.7-2\times0.025)$ $=2.978$	2	5.956	2.466	14.687
9. 一跨拉筋	φ6	⌐___⌐	$(0.3-2\times0.025)+2$ $\times(0.075+1.9\times$ $0.006)+2\times0.006$ $=0.435$	44	19.14	0.222	4.249
10. 二跨下部钢筋	Φ14	⌐___	$41\times0.014+2.47+$ $0.4-0.025+15\times$ $0.014=3.629$	3	10.887	2.208	24.038
11. 二跨箍筋	Φ8	▯	$2\times[(0.3-2\times$ $0.025)+(0.4-2\times$ $0.025)]+2\times(11.9\times$ $0.008)+8\times0.008$ $=1.454$	20	29.08	0.394	11.458

续表

钢筋类型	钢筋直径	钢筋形状	单根长度/m	根数	总长度/m	理论质量/(kg/m)	质量/kg
构件名称	屋面框架梁 WKL1		构件数量	1	钢筋总质量/t		0.165
1. 上部通长筋	Φ16		$0.4-0.025+(0.4-0.025)+8.5+0.5-0.025+(0.6-0.025)=10.3$	2	20.6	1.578	32.507
2. 一跨下部通长筋	Φ16		$0.4-0.025+15×0.016+1.9+41×0.016=3.171$	2	6.342	1.578	10.01
变截面梁:因左右梁截面高差 C 与柱高 h_c 之比:0.2/0.4>1/6 时,一跨下部钢筋锚入二跨长度为 LAE							
3. 一跨右支座负筋	Φ16		$0.4-0.025+(0.4-0.025)+1.9+0.4+6.2/3=5.117$	1	5.117	1.578	8.075
4. 一跨箍筋	Φ8		$2×[(0.24-2×0.025)+(0.4-2×0.025)]+2×(11.9×0.008)+8×0.008=1.334$	17	22.678	0.394	8.935
梁箍筋加密区:二~四级抗震箍筋加密区:$1.5h_b$,根数 $2×[(600-50)/100)+1]+(700/200)-1=17$							
5. 二跨下部通长筋	Φ20		$0.4-0.025+15×0.02+6.2+0.5-0.025+15×0.02=7.65$	3	22.95	2.466	56.595
6. 二跨右支座钢筋	Φ20		$6.2/3+0.5-0.025+(0.6-0.025)=3.117$	1	3.117	2.466	7.687
7. 二跨侧面钢筋	Φ14		$15×0.014+6.2+15×0.014=6.62$	2	13.24	1.208	15.994
8. 二跨箍筋	Φ8		$2×[(0.24-2×0.025)+(0.6-2×0.025)]+2×(11.9×0.008)+8×0.008=1.734$	35	60.69	0.394	23.912
梁箍筋加密区:二~四级抗震箍筋加密区:$1.5h_b=900$,$2×[(850/150)+1]+(4400/200)-1=35$							
9. 二跨拉筋	Φ6		$(0.24-2×0.025)+2×(0.075+1.9×0.006)+2×0.006=0.375$	17	6.375	0.222	1.415

续表

钢筋类型	钢筋直径	钢筋形状	单根长度/m	根数	总长度/m	理论质量/(kg/m)	质量/kg
构件名称	屋面框架梁 WKL1a		构件数量	1	钢筋总质量/t		0.278
1. 上部通长筋	⊈ 18	⌐‾‾⌐	$0.5-0.025+0.575$ $+13.04+0.4-0.025$ $+0.575=15.04$	2	30.08	1.998	60.100
2. 一跨右支座钢筋	⊈ 18	▬▬	$6.32/3+0.5+6.32/$ $3=4.714$	1	4.714	1.998	9.419
3. 一跨侧面构造钢筋	⊈ 14	▬▬	$15×0.014+13.04+$ $15×0.014+15×0.014$ （搭接长度）$=13.67$	2	27.34	1.208	33.027
4. 一跨下部钢筋	⊈ 20	⌐‾‾‾	$0.5-0.025+15×$ $0.02+6.22+41×0.02$ $=7.815$	3	23.445	2.466	57.815
5. 一跨箍筋	Φ 8	▯	$2×[(0.24-2×$ $0.025)+(0.6-2×$ $0.025)]+2×(11.9×$ $0.008)+(8×0.008)$ $=1.734$	42	72.828	0.394	28.694
6. 一跨拉筋	Φ 6	⊏▬▬⊐	$(0.24-2×0.025)+$ $2×(0.075+1.9×$ $0.006)+2×0.006$ $=0.375$	17	6.375	0.222	1.415
梁箍筋加密区：二～四级抗震箍筋加密区：$1.5h_b=900,2×[(850/100)+1]+(4420/$ $200)-1=42$							
7. 二跨下部钢筋	⊈ 20	⌐‾‾‾	$0.4-0.025+15×$ $0.02+6.32+41×0.02$ $=7.815$	3	23.445	2.466	57.815
8. 二跨箍筋	Φ 8	▯	$2×[(0.24-2×$ $0.025)+(0.6-2×$ $0.025)]+2×(11.9×$ $0.008)+8×0.008$ $=1.734$	42	72.828	0.394	28.694
9. 二跨拉筋	Φ 6	⊏▬▬⊐	$(0.24-2×0.025)+$ $2×(0.075+1.9×$ $0.006)+2×0.006$ $=0.375$	17	6.375	0.222	1.415

续表

钢筋类型	钢筋直径	钢筋形状	单根长度/m	根数	总长度/m	理论质量/(kg/m)	质量/kg
构件名称	屋面框架梁 WKL3		构件数量	1	钢筋总质量/t		0.595
1. 上部通长筋	Φ20		0.3−0.025+0.525 +22.17+0.5−0.025 +0.525=23.97	2	47.94	2.466	118.220
2. 一跨右支座钢筋	Φ20		6.58/3+0.3+6.58/ 3=4.686	1	4.686	2.466	11.556
3. 侧面构造钢筋	Φ14		15×0.014+22.17+ 15 × 0.014 + 0.63 =23.22	2	46.44	1.208	56.100
4. 一跨下部钢筋	Φ25		0.3−0.025+15× 0.025+6.55+41× 0.025=8.225	3	24.675	3.853	95.073
5. 一跨箍筋	Φ8		2 × [(0.24 − 2 × 0.025) + (0.6 − 2 × 0.025)]+2×(11.9× 0.008) + 8 × 0.008 =1.734	42	78.628	0.394	28.694
		2×[(1.5×0.55−0.05)/0.1+1]+(4.9/0.2)−1=42					
6. 一跨拉筋	Φ6		(0.24−2×0.025)+ 2 × (0.075 + 1.9 × 0.006) + 2 × 0.006 =0.375	18	6.75	0.222	1.499
7. 二跨下部钢筋	Φ25		41×0.025+6.58+ 41×0.025=8.63	3	25.89	3.853	99.754
8. 二跨箍筋	Φ8		2 × [(0.24 − 2 × 0.025) + (0.55 − 2 × 0.025)]+2×(11.9× 0.008) + 8 × 0.008 =1.634	42	68.628	0.394	27.039
9. 二跨拉筋	Φ6		(0.24−2×0.025)+ 2 × (0.075 + 1.9 × 0.006) + 2 × 0.006 =0.375	18	6.75	0.222	1.499
10. 三跨右支座钢筋	Φ22		0.24−0.025+15× 0.022+1.9+0.4+ 6.2/3=4.912	2	9.824	2.984	29.315

续表

钢筋类型	钢筋直径	钢筋形状	单根长度/m	根数	总长度/m	理论质量/(kg/m)	质量/kg
11. 三跨下部钢筋	Φ18		$41×0.018+1.9+41×0.018=3.376$	2	6.752	1.998	13.490
12. 三跨箍筋	Φ8		$2×[(0.24-2×0.025)+(0.6-2×0.025)]+2×(11.9×0.008)+8×0.008=1.734$	19	32.946	0.394	12.981
13. 三跨拉筋	Φ6		$(0.24-2×0.025)+2×(0.075+1.9×0.006)+2×0.006=0.375$	6	2.25	0.222	0.500
14. 四跨下部钢筋	Φ22		$0.5-0.025+15×0.020+6.2+41×0.022=7.877$	3	23.631	2.984	70.515
15. 四跨箍筋	Φ8		$2×[(0.24-2×0.025)+(0.6-2×0.025)]+2×(11.9×0.008)+8×0.008=1.734$	40	69.36	0.394	27.328
16. 四跨拉筋	Φ6		$(0.24-2×0.025)+2×(0.075+1.9×0.006)+(2×0.006)=0.375$	17	6.375	0.222	1.415
构件名称	屋面框架梁 WKL9a		构件数量	1	钢筋总质量/t		0.464
1. 上部通长筋	Φ22		$0.5-0.025+0.675+11.34+0.4-0.025+0.375=13.24$	2	26.48	2.984	79.016
2. 一跨左支座钢筋	Φ18		$0.5-0.025+0.675+8.37/3=3.94$	2	7.88	1.998	15.744
3. 一跨右支座钢筋	Φ22		$8.37/3+0.5+2.47+0.4-0.025+0.375=6.51$	2	13.02	2.984	38.852
4. 一跨下部钢筋	Φ22		$0.5-0.025+15×0.022+8.37+0.5-0.025+15×0.022=9.98$	4	39.92	2.984	119.121

续表

钢筋类型	钢筋直径	钢筋形状	单根长度/m	根数	总长度/m	理论质量/(kg/m)	质量/kg
5. 一跨下部钢筋	Φ 22		$0.5-0.025+15\times 0.022+8.37+0.5-0.025+15\times 0.022=9.98$	2	19.96	2.984	59.561
6. 一跨侧面抗扭钢筋	Φ 14		$0.5-0.025+15\times 0.014+11.34+0.4-0.025+15\times 0.014+0.672=13.282$	4	53.128	1.208	64.179
7. 一跨箍筋	Φ 8		$2\times[(0.3-2\times 0.025)+(0.7-2\times 0.025)]+2\times(11.9\times 0.008)+8\times 0.008=2.054$	47	96.538	0.394	38.036
			$2\times[(1.5\times 0.7-0.05)/0.15+1]$(取整)$+(6.27/0.2)-1$(取整)				
8. 吊筋	Φ 20		$0.24+2\times 0.05+2\times 20\times 0.02+2\times 1.414\times(0.7-2\times 0.025)=2.978$	2	5.956	2.466	14.687
9. 一跨拉筋	Φ 6		$(0.3-2\times 0.025)+2\times(0.075+1.9\times 0.006)+2\times 0.006=0.435$	44	19.14	0.222	4.249
10. 二跨下部钢筋	Φ 16		$41\times 0.016+2.47+0.4-0.025+15\times 0.016=3.741$	3	11.223	1.578	17.710
11. 二跨箍筋	Φ 8		$2\times[(0.3-2\times 0.025)+(0.4-2\times 0.025)]+2\times(11.9\times 0.008)+8\times 0.008=1.454$	20	29.08	0.394	11.458
12. 一跨拉筋	Φ 6		$(0.3-2\times 0.025)+2\times(0.075+1.9\times 0.006)+2\times 0.006=0.435$	14	6.09	0.222	1.352
构件名称	二层板(1a～3a,A～C)		构件数量(只计算部分钢筋)	1	钢筋总质量/t		1.017
1. 受力钢筋	Φ 8@100		$4.51+\max(0.24/2.5\times 0.008)+\max(0.24/2.5\times 0.008)+12.5\times 0.008=4.85$	132	640.2	0.395	252.239

钢筋类型	钢筋直径	钢筋形状	单根长度/m	根数	总长度/m	理论质量/(kg/m)	质量/kg
2. 受力钢筋	Φ8@150		$6.52+\max(0.3/2,5\times0.008)+\max(0.3/2,5\times0.008)+12.5\times0.008=6.92$	59	408.28	0.394	160.862
3. 受力钢筋	Φ8@150		$6.52+\max(0.3/2,5\times0.008)+\max(0.24/2,5\times0.008)+12.5\times0.008=6.89$	59	406.51	0.394	160.165
4. 受力钢筋	Φ8@180		$2.76+\max(0.24/2,5\times0.008)+\max(0.24/2,5\times0.008)+12.5\times0.008=3.1$	74	229.4	0.394	90.384
5. 受力钢筋	Φ6@200		$6.58+\max(0.3/2,5\times0.008)+\max(0.24/2,5\times0.008)+12.5\times0.008=6.95$	15	104.25	0.222	23.144
6. 受力钢筋	Φ6@200		$6.58+\max(0.3/2,5\times0.008)+\max(0.3/2,5\times0.008)+12.5\times0.008=6.98$	15	104.7	0.222	23.243
7. 1a 轴负筋	Φ8@200		$1.4+0.09+33\times0.008+6.25\times0.008=1.804$	68	122.672	0.394	48.333
8. 1a 轴负筋分布筋	Φ6@200		$6.85-1.3-1.5-0.18+0.15+0.15=4.17$	6	25.02	0.222	5.554
9. 1a 轴负筋分布筋	Φ6@200		$6.85-1.3-1.3+0.15+0.15=4.55$	6	27.3	0.222	6.061
10. A 轴负筋	Φ8@200		$1.5+0.09+33\times0.008+6.25\times0.008=1.904$	24	45.696	0.394	18.004

钢筋类型	钢筋直径	钢筋形状	单根长度/m	根数	总长度/m	理论质量/(kg/m)	质量/kg
11. A 轴负筋分布筋	Φ6@200		$1.93 + 0.15 + 0.15$ $= 2.23$	6	13.38	0.222	2.970
12. A 轴负筋	Φ8@200		$1.4 + 0.09 + 33 \times$ $0.008 + 6.25 \times 0.008$ $= 1.804$	21	37.884	0.394	14.926
13. A 轴负筋分布筋	Φ6@200		$1.75 + 0.15 + 0.15$ $= 2.05$	6	12.3	0.222	2.731
14. A 轴负筋分布筋	Φ6@200		$0.98 + 0.15 + 0.15$ $= 1.28$	6	7.68	0.222	1.705
15. 3 轴负筋	Φ10@100		$2.1 + 0.09 \times 2 = 2.28$	132	300.96	0.617	185.692
16. 3 轴负筋分布筋	Φ6@200		$4.77 + 0.15 + 0.15$ $= 5.07$	4	20.28	0.222	4.502
17. 3 轴负筋分布筋	Φ6@200		$4.07 + 0.15 + 0.15$ $= 4.37$	6	26.22	0.222	5.821
18. 3 轴负筋分布筋	Φ6@200		$4.93 + 0.15 + 0.15$ $= 5.23$	4	20.92	0.222	4.644
19. 3 轴负筋分布筋	Φ6@200		$4.23 + 0.15 + 0.15$ $= 4.53$	6	27.18	0.222	6.034

参 考 文 献

[1] 中华人民共和国住房和城乡建设部、中华人民共和国国家质量监督检验检疫总局. 建设工程工程量清单计价规范(GB 50500—2013). 北京:中国计划出版社,2013.

[2] 中华人民共和国住房和城乡建设部、中华人民共和国国家质量监督检验检疫总局. 混凝土结构设计规范(GB 50010—2010). 北京:中国建筑工业出版社,2010.

[3] 中国建筑标准设计标准研究院. 混凝土结构施工图平面整体表示方法制图规则和构造详图(现浇混凝土框架、剪力墙、梁、板)(11G101—1). 北京:中国计划出版社,2011.

[4] 中国建筑标准设计标准研究院. 混凝土结构施工图平面整体表示方法制图规则和构造详图(现浇混凝土框架、剪力墙、梁、板)(16G101—1). 北京:中国计划出版社,2016.

[5] 中国建筑标准设计标准研究院. 混凝土结构施工图平面整体表示方法制图规则和构造详图(现浇混凝土板式楼梯)(11G101—2). 北京:中国计划出版社,2011.

[6] 中国建筑标准设计标准研究院. 混凝土结构施工图平面整体表示方法制图规则和构造详图(现浇混凝土板式楼梯)(16G101—2). 北京:中国计划出版社,2016.

[7] 中国建筑标准设计标准研究院. 混凝土结构施工图平面整体表示方法制图规则和构造详图(独立基础、条形基础、筏板基础、桩基础)(11G101—3). 北京:中国计划出版社,2011.

[8] 中国建筑标准设计标准研究院. 混凝土结构施工图平面整体表示方法制图规则和构造详图(独立基础、条形基础、筏板基础、桩基础)(16G101—3). 北京:中国计划出版社,2016.

[9] 北京广联达软件技术有限公司. 通过案例学平法,钢筋平法实例算量和软件应用. 北京:中国建材工业出版社,2006.

[10] 刘福勤. 建筑工程概预算. 武汉:武汉理工大学出版社,2014.